ゲーム理論からの社会ネットワーク分析

Social Network Analysis through Game Theory

藤山英樹 著

Ohmsha

はじめに──社会ネットワーク分析とゲーム理論

社会ネットワークとゲーム理論を同時に学ぶ理由

　人と人が集まり社会が形成される。ここで人々は孤立して存在しているわけではない。家族では親子関係、婚姻関係があるだろう。企業では上司と部下、同じ部署に所属しているかどうかなどである。こうした関係はAさんとBさんの関係といった個々の関係を見るだけでは不十分である。例えば、家族関係については、歴史を学ぶときに王族の親子関係・婚姻関係の全体を見ることで、王位継承の争いをより深く理解できる。企業内でも、フォーマルであれ、インフォーマルであれ、誰と誰がより密な交流をしているかを全体として把握することで、企業内の派閥を確認でき、誰が出世しやすいかが見えてくるかもしれない。こうした個々の関係を超えた、集団や社会全体の関係、言い換えると、社会に存在する構造を明らかにする学問が**社会ネットワーク分析**である。

　他方で、人は意思決定を行う主体に他ならない。家族内では、子どもは学校でどのような行動をとるか (勉強するか、部活に打ち込むか、遊びに徹するかなど) を決めていき、親も子どもをどのようにしつけるかについて意思決定をしていくことになる。企業内でも、社員はそれぞれ意思決定をしながら、企業全体のパフォーマンスが決まっていく。このときに、自分の望ましさは必ずしも相手の望ましさと共通とはならないときが多い。子どもは勉強したくないし、親は勉強をさせたい。部下はサボりたいかもしれないし、上司はもっと頑張ってもらいたいかもしれない。こうした状況では、相手の行動に依存して、自分のとるべき行動が変わってくる。こうした状況は駆け引きのある状況といえるであろう。この駆け引きのある状況を分析する学問がゲーム理論である。

　本書は、ゲーム理論とRを通じて、社会ネットワーク分析を学んでいくテキストである。対象とする読者は、経済学や社会学を専攻する学部学生、理論的な社会分析に興味のある社会人となる。なるべく、予備知識を前提とせずに読み進められるように執筆した。

　社会ネットワーク分析では、社会全体の構造から個々人の特徴づけを行うので、構造が個人を規定するというトップダウンの考え方となる。他方で、ゲーム理論の考え方は、個々人の行動の総和として社会をとらえるものであり、ボトムアップの考え方である[*1]。このように、社会ネットワーク分析とゲーム理論は互いに補完しあい、我々の社会に対する認識能力を高めてくれる。

　では、結果として何がわかるのか。例えば、社会の閉塞感の背景にあるメカニズムを理解できる。ゲーム理論を学ぶと「ジレンマ」というキーワードが出てくるが、これは社会的によいと思われる状況に個々人の努力ではどうしてもたどり着けないときに使われる。こうしたメカニズムを理解できるのである。さらに、社会ネットワーク分析を含めると一人負けや一人勝ちがおきるメカニズムを解き明かすことができ、ネットワークの生成のモデルを踏まえると星形のネットワークがより多くの状況で安定かつ効率的となってしまうメカニズムを解き明かすこともできる。さらには、ネットワークの閉鎖性や、中心性など、より自分を有利な状況に導く指針も得られる。

---

*1　こうした考え方は、方法論的個人主義と呼ばれる。

もちろん、これらを踏まえて現実的に具体的にどのように行動するかは、それはそれで大きな問題とはなる。それでも、基本的なメカニズムがわかるだけでも、議論の起点を作れるという意味は大きい。社会への万能薬は存在しない。結局はその場そのときの判断は曖昧で難しいものといえる。テレビのコメンテータではないけれども、何かを言い切れる人ほど、疑ってかかるべきである。繰り返すが、学問は何かの問題に対処するときの起点を作ることに意味がある。そして、その起点について、背後のメカニズムまでしっかりわかっていることが、次の応用にもつながるのである。

本書の読み方

大学で用いられるテキストには二つのパターンがあり、一つは結果や主張をなるべく多く列挙し、直感的な説明だけで、あとは覚えて活用しようというものであり、もう一つは、背景にある論理展開も含めて懇切丁寧に述べるというものである。

最近は、前者の入門書が受けるようにも考えられる。というのも、ソーシャル・ネットワーキング・サービス (SNS) をはじめ、ワンフレーズで、見ただけで理解できるということが好まれる時代背景が大きいと思われるからである。もしくは、大学を卒業するためだけに単位を揃えるなら、考えるという思考のコストを払うより、覚えてすぐに忘れる方がコストパフォーマンスがよくなるためであろう。

しかしながら、先に述べたように、何かを応用しようとしたときには、背後にあるメカニズムを理解することによって、思わぬ誤用を避けることができる。このため、本書では社会ネットワーク分析の分野としても、ゲーム理論の分野としても取り扱う項目は限られているが、そこでの論理展開はできるだけ丁寧に追っていく。

ロジックの展開について、記号のもつ力は大きい。抽象化して、ポイントを絞り込むからである。また、記号の演算については、数学の力も大きい。もちろん、数学が苦手な人のために、はじめの説明では図を用いたり、非常に単純な例を用いたりして説明した。また、細かな計算規則にわずらわされない一つの方法として「R」[*2]の利用も有効である。そのため、本文の内容でRで再現できるものはRファイルを作成したので、コマンドを実行してもらいたい。記号の理解においては、「習うより慣れろ」の側面も強いので、Rの活用は重要となる。なお、Rおよび、それをより快適に用いるためのRStudioのインストールについては、筆者が授業でも用いている動画をYouTube上にアップロードしている。Rのスクリプトファイルのあるサポートページにリンク[*3]を貼っているので、そこから確認してもらいたい。

本書では、章のはじめに導入の文章をつけ、章末にはまとめをつけている。これで大きな流れを掴んでもらいたい。また、章末の「考えてみよう」については、大学の授業やゼミであれば、この点についていろいろ意見を交わしてもらいたい。もちろん、自問自答することも有効である。ここではブレインストーミングと同じで、合ってるか間違っているかというよりも、いろいろと議論の広がりがあることが望ましい。また、「記号や数学に関する確認問題」は、「基本的に本文内での式展開が自分でできますか」というものであり、本文内での式展開がそのまま答えとなっている。本

---

*2　統計分析向けのプログラミング言語・環境。

*3　https://www.ohmsha.co.jp/book/9784274230899/

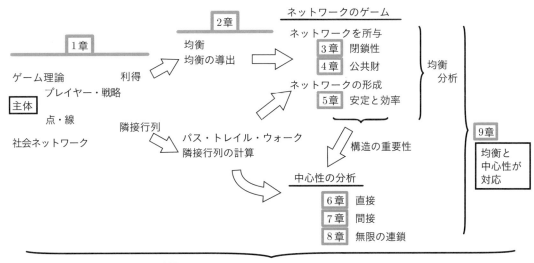

図1　各章の関係について

文内の説明は冗長さを気にせず書いているので、ポイントポイントで自分で確認問題を作ることも有益である。そして、「Rを用いて考えよう」では、各章に対応したRファイルの説明を記している。また、本書で終わることなく、より一層深く学ぶための情報は脚注に記し、コラムではやや軽めの話題や補足で述べておきたいことを記した。ここでは社会ネットワーク分析の多様性を感じてもらえたらと思っている。こうした点も必要に応じて活用してもらいたい。

各章の関係

　最後に、**図1**で各章の関係を示しておこう。というのも、社会ネットワーク分析とゲーム理論を複合的に解説するために、各章間の関係を全体として把握しておかないと、不必要な混乱を招いてしまうからである。

　第1章では、社会の主体をゲーム理論では意思決定主体 (プレイヤー) として、社会ネットワークでは点 (ノード) としてとらえる。ゲーム理論の意思決定においては何が選択できるかという戦略が、社会ネットワークにおいては個々の関係としての線 (リンク) が注目される。ここを起点として、ゲーム理論では各プレイヤーが得られる利得が、社会ネットワークでは隣接行列という概念が導き出される。

　第2章では、以上の概念をさらに発展させていく。ゲーム理論では、社会がどのような状況で落ち着くのかという均衡概念を示し、社会ネットワーク分析ではリンクの連鎖としてのさまざまな経路 (パス、トレイル、ウォーク) を示していく。

　つづく三つの章では具体的なネットワークに関するゲーム理論の分析を行う。つまり、各ゲームにおいて、どのような状態が均衡になるかをみていく。ネットワークの閉鎖性がより望ましい行動を導くことを第3章で示し、誰が公共財を供給するかについて第4章で議論する。これらは、ネットワーク構造を所与としての分析だが、第5章ではネットワーク形成自体に注目しどのようなネッ

トワークが均衡となり、どのようなネットワークが効率的なのかを議論する。

　以上からわかることは、ネットワーク構造が主体に大きな影響を与えるということである。そこで、社会ネットワーク分析におけるネットワーク構造からの主体の特徴づけとして、中心性概念を議論する。ここで第2章で示した隣接行列やパス、ウォークという概念が活用される。第6章では直接の関係からの中心性を、第7章では間接的な関係からの中心性を、第8章では関係の無限の連鎖を含んだ中心性を取り上げる。

　第9章では、あるゲームの均衡において、社会ネットワーク分析の中心性が導かれることを示す。つまり、社会における主体が、ゲーム理論ではプレイヤー、戦略、利得、均衡というように、社会ネットワーク分析では、ノード、隣接行列、中心性というように、それぞれの概念がどんどん分化していったが、ここに来てゲーム理論と社会ネットワーク分析が統合されることになる。

　最後に第10章では、社会関係資本という観点から、これまでの議論を全体として把握することを試みる。

　いずれにせよ、社会という大きな複雑性を見事に単純化し、直感ではなかなか思いつかない洞察を与えてくれる社会ネットワーク分析とゲーム理論の面白さを、そして、中心性とナッシュ均衡を通じてこれら二つの分野が統合される美しさを、少しでも伝えられたら幸いである。

謝辞

　本書の執筆にあたり、社会ネットワーク分析については、金光淳先生、鈴木努先生、今井哲郎先生、田中敦先生からさまざまな刺激を受けています。また、平井岳哉先生は同僚でもあり、特に企業ネットワークについて、日頃から助言をいただき、佐野一雄先生からは草稿についてコメントをいただきました。獨協大学の学部ゼミにおけるゼミ生からの、学生ならではの意見も有益なものでした。オーム社の津久井靖彦氏には企画段階において、編集に際しては橋本享祐氏から多くの助言をいただき、その中で匿名の先生からもコメントをいただきました。関係した皆様に、ここに記して感謝を申し上げます。本書で用いた企業データについては、JSPS科研費 (JP22K017318) と獨協大学研究奨励による助成を受けました。

2023年8月

藤山　英樹

目　次

記号表

$\equiv$	定義により等しい (3 ページ)。
$\{\}$	集合を示すときに要素を囲むカッコ (3ページ)。
$\in$	ある要素が集合に含まれることを示す (3ページ)。
$\displaystyle\sum_{i=1}^{n} x_i$	シグマ記号と呼ばれ、x_1 から x_n まですべて足し合わす。つまり、$x_1 + x_2 + \cdots + x_n$ とすること (4ページ)。
$\{S_i\}_{i=1}^{n}$	集合の集合で $\{S_1, S_2, \ldots, S_n\}$ ということ、シグマ記号 ($\sum$) からの類推で理解するとよい (4ページ)。
$\langle\rangle$	大きく集合をまとめるカッコとして用いている (6ページ)。
$S_1 \times S_2$	カルテシアン積と呼ばれ、順序を指定した集合の集合である (7ページ)。
(i, j)	順序が指定された要素の組み (14ページ)。
関数 f 内の ;	関数 f を考えるとき「以下を条件として」という意味で使っている (25ページ)。
$\boldsymbol{G}$	本書では行列およびベクトルは太字で示している (25ページ)。
$\boldsymbol{s}_{-i}$	主体 i を除くという意味で $-i$ を用いている (25ページ)。
$*$	注目する戦略を示したり、特に最適なものという意味で用いる (25ページ)。
$\|, -$	行列内の行やベクトルを視覚的にわかりやすいように用いている場合がある (40ページ)。
$A \iff B$	「A ならば B」かつ「B ならば A」がともに成立する。必要十分条件と呼ばれる。本書では主に定義を示すときや、式の展開のときに用いている (24ページ)。
$\boldsymbol{g}_{\cdot n}$	ドットのところにいろいろな値が入るという意味で用いている (40ページ)。
$\cdot$	掛け算の $\times$ と同じ意味でも用いられる。$4 \cdot 5$ や $a \cdot b$ などのように使われる。$\times$ を用いると、見た目がうるさくなるときに代わりに用いられる。また、xy のように $\cdot$ すら省略されるときもある (43ページ)。
$g - ij$	ネットワーク g からリンク ij を取り除くときにできるネットワーク (92ページ)。
$g + ij$	ネットワーク g からリンク ij を加えたときにできるネットワーク (92ページ)。
$\notin$	ある要素が集合に含まれないことを示す (93ページ)。
$i \neq j$	シグマ記号 ($\sum$) においては、j 以外のすべての要素を考えるという意味で用いられている (98ページ)。
$\bar{a}$	「バー」と呼ぶ。$\bar{a}$ ならば「エーバー」となる。統計学では平均を表すときに、よく用いられる (128ページ)。
$\max$ 式	式の値を最大にしたときの最大値である。本文ではネットワークをさまざまに変化させたときの最大値である。より一般には変数 x を操作して最大値を求める場合には、$\max_{x}$ と表記する (140ページ)。
-1 乗	a^{-1} とは $1/a$ であり、逆数を用いるときに -1 乗が用いられる。同様に、逆行列を表すときに -1 乗という表記がなされる (152ページ、182ページ)。
$\tilde{a}$	「チルダ」と呼ぶ。$\tilde{a}$ ならば「エーチルダ」となる (184ページ)。

i	虚数の記号である。これは $i \equiv \sqrt{-1}$ と定義される数値である (187ページ)。
$'$	G' というように、行列の転置の意味で用いている (193ページ)。
$\lvert \cdot \rvert$	絶対値をとる記号、つまり $\lvert -2 \rvert = 2$ となる (194ページ)。
$//$	二つのベクトルが並行であることを示している (198ペ ジ)。
$\displaystyle\lim_{k \to \infty}$	k を限りなく ∞ に近づけた状況での値を考え、極限と呼ばれる (198ページ)。
$\hat{a}$	「ハット」と呼ぶ。$\tilde{a}$ ならば「エーハット」となる (219ページ)。
$\check{a}$	「チェック」と呼ぶ。$\check{a}$ ならば「エーチェック」となる (224ページ)。
$\dfrac{df(x)}{dx}$	関数 $f(x)$ を x で微分するということ、結果として導関数が得られる。本書のレベルでは接線の傾きが得られて、傾きが 0 のところで利潤が最大になるので、そのために導関数を求めているという理解だけで大丈夫である (241ページ)。

第1章　ゲームとネットワークの記号表現

社会は基本的に複雑である。その複雑さを複雑なまま考察しようとしても、結局のところ、訳がわからなくなることも多い。そこで出てくるのが、抽象化である。抽象化とは記号による社会現象の表現と言い換えてよい。本章では、ゲーム理論と社会ネットワーク分析のそれぞれで、社会の抽象化そして記号表現の仕方を学んでいく。お互いの共通点や相違点の比較も見所の一つである。

1.1　主体と戦略に注目するゲーム理論

1.1.1　主体とその集合

社会とは何かと問われると、いろいろと定義づけが難しいが、そこには少なくとも、複数の人が含まれるといえる。さもなければ、単なる個人の思弁や行動にすぎないからである。個々人の考えや行動が、他の人に影響を与えてはじめて社会的な現象となっていく。

複数の人々の例とすると、家族であれば、祖父、祖母、父、母、子どもかもしれない。学校の中では、クラスの中に複数の児童や生徒、そして先生がいる。放課後に参加しているクラブ活動、スポーツ少年団などの、学業以外の活動でも、指導者、保護者、児童・生徒が含まれよう。

家族内であれば、勉強をしたがらない子どもと、勉強をさせたい両親の関係があるかもしれないし、クラスの中では、華やかな生徒群、一般の生徒群、我が道をいく生徒群などの各層が形成されているかもしれない。スポーツクラブでも、勝負をより重視するか、参加者の楽しみを重視するかなどで、指導者、保護者、児童・生徒の思惑は異なってくる。

このように、複数の人がいて、お互いにコミュニケーションすることにより、そこに社会ができあがってくる。こうした社会やグループを構成する人のことをここでは**主体**と呼んでおこう。

この主体は何も人だけではない。地域の自治会や、学校のPTAなどの活動を考えてみよう。ここでは、各世帯の代表者が会議などに参加をする。したがって、ここでの主体は世帯としてとらえられる。つまり、主体が一つの個人ではなく、集団としてとらえられるのである。企業においても、この関係をとらえるためには、この企業に所属する一人ひとりを意識するのではなく、労働者を雇用し経営について意思決定する経営者、経営者に雇われ担当業務を遂行する労働者(もしくは被雇用者)、資金を提供する株主というように、それぞれの役割ごとに主体をとらえた方が、企業内の関係をよりよく理解できることも多い。さらには、企業間の競争を考えるならば、一つの企業が主体となる。国家間の紛争を考えるときには、一つの国家が主体となる。

このように、主体が集まり社会は構成される。それぞれの主体は自分の都合を優先しがちで、なかなか社会全体のために行動するということは難しい。このため、社会の中で各主体が自分の望ま

しい状況に導こうとして駆け引きが起こってくる。

　この主体間の駆け引きを分析する理論がゲーム理論である。どんな主体でも注目することができるので、ゲーム理論は、経済学、社会学、政治学を含む社会科学全般で用いられており[*1]、社会の相互作用を分析するための共通言語といってもよい。

　これより、社会の構成要素である主体を個々にどのように呼ぶかという問題を考える。もちろん、企業の分析では、株主、経営者、労働者 (もしくは被雇用者) という名称をそのまま用いることが直感的に理解しやすい。しかしながら、学校のクラスで考えてみると、個々の固有の名前にはあまり意味がない。太郎、次郎、花子であれ、「John (ジョン)」「Фёдор (ヒョードル)」「Charlotte (シャルロット)」であれ、それらが区別可能であればそれでよい。したがって、理論的に考えるときには、主体1、主体2、主体3と番号で呼ぶことが多い。これは、固有名詞を用いることの煩雑さを解消し、簡略に分析することを可能にするからである。特に、主体が多いときには、この簡略さがありがたくなる。例えば、もし主体が100人いたとして、固有名詞をすべて列挙するときの大変さを考えてほしい。

　さらには、「主体1から主体20を考える」と述べた瞬間に、主体の数が20だということがすぐにわかることも利点といえよう。もちろん、主体数が5、10、100と分析対象において変わってくることが多い。これをまとめて分析するときには、「主体1から主体nを考える」とすると、何名かという具体的な数値も考えなくて済む。このように、理論における抽象化は、具体的なことを単純化することにあり、学生であれ誰であれ勉強する人を混乱させるためのものではないことに注意しておく。

　もちろん、具体的に考えることも直感的なイメージをつかむためには大事であり、具体的なイメージと抽象的なイメージを行き来できることが重要である。もし一緒に勉強できる仲間がいれば、具体性と抽象性の行き来が適切であるかどうかを、互いに確かめあうことができて、ベストだろう。もちろん、一人でも、数日たてば、過去の自分は他人に近くなるので、数日たってから自分の考えが適切かどうかを考え直してみることも有効である[*2]。なお、抽象化することのメリットとは、具体的なイメージからはなかなか導くことができない、本質的な関係や、そこからのさまざまな面白い性質を見出せることである。

　まとめると、個別具体的な現象に依存しないように、主体は、主体1、主体2、主体3、…、主体nとしてとらえられる。もう少し記号を用いると、主体の集合が

$$\{1, 2, 3, \ldots, n\} \tag{1.1}$$

としてとらえられる[*3]。さらに、これをまとめてNとしておくと、主体の集合が

---

*1　ゲーム理論と経済学との関係はミクロ経済学のテキストである神取 (2014)、社会学における関係は数理社会学会数理社会学事典刊行委員会 (2022, 4章) が参考となる。政治学については浅古 (2018) が、さらには、会計学についても田口 (2020) が、ゲーム理論との関係から執筆されたテキストとして挙げられる。

*2　文章の推敲でも、数日間、書いた文章を見ないようにして、その後読み直し修正していくことと、考え方は同じである。

*3　この段階で「集合」は一般的な意味での「集合」ではなく、数学的な意味での「集合」を意味している。

$$N \equiv \{1, 2, 3, \ldots, n\} \qquad (1.2)$$

と表現される。ここで、$\equiv$ とは定義として左辺の記号は右辺の式内容と等しいという意味である。また集合を示すときには $\{\}$（ブレイス）というカッコでくくられることが通例である。

　さらに、主体 1 が主体の集合 N に含まれるときには、$1 \in N$ と表現する。

　もちろん、番号を 1 以外にしたいこともあるので、より一般的な表現として i という記号を用いることが多い。つまり、「主体の集合 N に含まれる主体 i」もしくは「主体 i が主体の集合 N に含まれる」ということが、「含まれる」ことを意味する記号 $\in$ を用いて

$$i \in N \qquad (1.3)$$

で表現される。

　なお、ゲーム理論のテキストでは、「主体」は「**プレイヤー**(player)」と呼ばれる。ただし、本書では、ゲーム理論に特化したテキストではないので、より広い文脈からでも理解しやすい「主体」という用語を用いることにする。

　先の例では、一個人が主体になったり、世帯が主体になったり、労働者というような集団が主体になった。

1.1.2　意思決定を行う主体と戦略

　以上のように個人、集団で定義される主体であるが、もう少しその特徴について考察を深める。実は、主体とは意思決定を行うという意味で大きな役割を担っている。実際に、クラス内では各生徒が意思決定をして、その結果としてクラス内での状況が決まる。例えば、文化祭でどのような出し物をするのか、修学旅行でどのようなルートを選ぶのかが決まる。地域の自治会では世帯ごとに意思決定を表明して、総会などで予算や予定などの承認がなされる。労働者についても、労働組合を考えると、共通の利益のもとで集合的に意思決定を行っている。

　つづいて、この意思決定について行動の選択という観点からとらえていこう。なお、ゲーム理論では選択可能な行動のことを**戦略**(strategy)と呼ぶ[*4]。じゃんけんを考えると、各主体は同じように戦略を三つもつ。つまり、グーを出すか、チョキを出すか、パーを出すかである。なお、各主体で、戦略は異なっていてもかまわない。例えば、野球でピッチャーとバッターを考えると、ピッチャーは「直球」と「カーブ」という戦略があり、バッターには「打つ」「見送る」という戦略がある。

　以上のように考えると、主体の集合と同じように、ピッチャーの戦略の集合を $S_ピ \equiv \{$ 直球, カーブ $\}$ と表現できるし、バッターの戦略の集合を $S_バ \equiv \{$ 打つ, 見送る $\}$ と表現できる。具体的なイメージがつけば、やや抽象度を上げて表現するとより楽である。主体 i が k_i 個の戦略、つまり s_1 から s_{k_i} までをもつとするとその集合 S_i が

[*4]　より正確には、すべての状況でどのような選択ができるかをすべて示している行動の指針となる。これは、ゲームの展開形での表現のときに確認する。また、均衡を確認するときに必要な考え方となっている。しかし、現段階では戦略と行動を同じとみなしても問題はない。

$$S_i \equiv \{s_1, s_2, \ldots, s_{k_i}\}$$

と表現される。

主体の集合と同様に、「主体iの戦略の集合S_iに含まれる戦略s_i」が

$$s_i \in S_i \tag{1.4}$$

と表現される。

ここで主体の集合とは異なる側面が出てくる。主体は1からnまでいるので、S_1からS_nまで戦略の集合を考えないといけない。この全体の戦略の集合をまとめて

$$S \equiv \{S_1, S_2, \ldots, S_n\} \tag{1.5}$$

と表現しておく[*5]。

また、総和を求めるシグマ記号$\left(\sum_{i=1}^n\right)$と似た表記で

$$\{S_1, S_2, \ldots, S_n\} \equiv \{S_i\}_{i=1}^n \tag{1.6}$$

と表記する場合もある。

なお、じゃんけんをする3名を太郎、次郎、三郎としての記号との関係を**図1.1**に示す。左側にイメージを、右側に対応する記号を示している。同様に、野球のピッチャーとバッターの例を**図1.2**に示す。

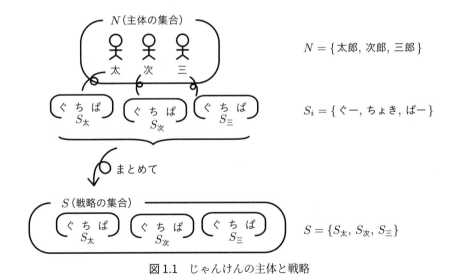

図1.1 じゃんけんの主体と戦略

[*5] 特に、Sと置き直すこともないのだが、主体の集合がNと単純に表記できたので、それに合わせたかったというだけである。

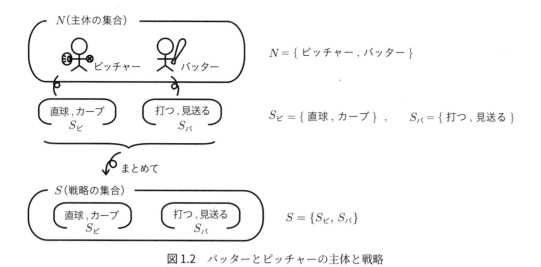

図 1.2　バッターとピッチャーの主体と戦略

以上で、ゲーム理論における社会現象の表現の第一歩が終わった。以上までのありがたさは何かというと、いま何らかの社会現象を分析したいと思ったときは、はじめに、意思決定主体が誰かを定義し、その次に、それぞれが、どのような行動 (選択) をとれるかを定義すればよいということである。

以上の定義は、比較的単純なことであるが、実際にはこうした認識は重要である。というのも、学校のクラスやPTA、地域の自治会などの組織内で閉塞感を感じたときには

- 選択できる行動が限られている

- そもそも意思決定主体ではない (何ら実質的な選択ができない)

ということから来るかもしれないからである。それがわかれば、どこを改善するかが見えてくる。これは組織のガバナンスの問題にも通じてくる。

1.2　点と線からなるネットワーク

1.2.1　点と線の集合

ここから、ネットワーク (network) で用いる概念について解説していく。ゲーム理論では社会における主体に注目し、さらに主体間の駆け引きをとらえるために戦略に注目していった。

ネットワークでも、社会における主体に注目する。しかし、ここでは戦略に注目するのではなく、主体間の関係に注目するのである。実際に、親子関係、友人関係、上司と部下の関係、企業間の関係、国家間の関係など、いろいろと考えることができる。このように、主体間の関係に注目することによって、社会を単純化してとらえ、社会全体の構造をとらえる学問が、社会ネットワーク分析である。

主体間の関係に注目しネットワークとしてとらえられる共通の特徴は、各自がもっているネッ

トワークのイメージを紙に描いてみるとよいかもしれない。すると、ほとんどの人が**図 1.3**のように、複数の点を描き、それらの点を結ぶ線を書き加えるのではないだろうか。この直感は正しく、ネットワークは通常、点と線の集合で定義される。以下でこれを詳しく見ていこう。

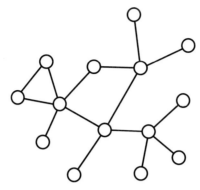

図 1.3　ネットワークのイメージ

　人のネットワークをイメージするときに、この点は人そのものである。これにより、先のゲーム理論における主体の議論を援用できる。つまり、**点**(point)の集合を

$$N \equiv \{1, 2, 3, ..., n\} \tag{1.7}$$

と表現する。また先と同様に

$$i \in N \tag{1.8}$$

によって、「i は点の集合 N に含まれる点である」が表現される。

　つづいて、ネットワークを特徴づける線について表現していく。図を描けばわかるように、線とは点と点を結んだ形で表現される。すると、**線**(line)は二つの点の組で表現されることがわかるだろう。このように、点1と点2を結ぶ線は$\{1, 2\}$と表現される。こうすると、**図 1.4**のようなネットワークは

$$点の集合 : \{1, 2, 3, 4\}$$

$$線の集合 : \{\{1, 2\}, \{2, 3\}, \{3, 4\}, \{4, 1\}\}$$

として表現できる。

　ここで線の集合を L と表現しておこう。すると、以上までの議論より、ネットワークは

$$\langle N, L \rangle \tag{1.9}$$

という二つの集合で表現できる[*6]。

[*6]　$\langle\ \rangle$は、ここで示したネットワークや後に見るゲームのように、大きく集合をまとめるカッコとして用いている。

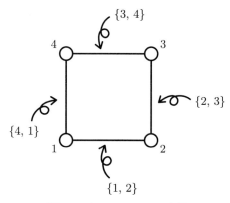

図 1.4　ネットワークの表現

　ここで興味深いことは、個々のネットワークを考えると、それらは多様であるが、その共通点に注目すると、非常にシンプルに表現できるということである。

1.3　ゲーム理論の三つ目の要素としての利得

1.3.1　利得

　ここではゲーム理論にもう一度戻って、主体と戦略からもう一歩、概念を展開させていこう。

　これまでに定義されたのは、主体の集合(N)と、それぞれの主体がもつ戦略の集合(S)であった。ここからもう一歩進めよう。家族内であれ、学校内であれ、企業内であれ、そうした社会の中で各主体は何らかの戦略を選択しており、その集合としてそれぞれの状況が示される。例えば、親のしつけと子どもの勉強量であり、各生徒のクラス活動への協力の程度、各従業員の仕事への貢献量に依存して、それぞれの状況は変化してくる。したがって、各主体 $i \in N$ のとっている戦略 $s_i \in S_i$ の集合

$$(s_1, s_2, \ldots, s_n) \tag{1.10}$$

として**社会状況**を定義する[*7]。

　そもそも我々が社会状況に注目する理由は、子どもが勉強しない、クラス活動をもっと活発にしたい、企業利潤を高めたいというように、それぞれの状況でかかえる問題に対して、何らかの対処

[*7]　社会状況 $(s_1, s_2, \ldots, s_n)$ は戦略の組として示されているが、ここでは選択された戦略は主体番号順に並んでおり、この順番を崩すわけにはいかない。このために {} ではなく () というカッコを用いた。こうしたときには、

$$(s_1, s_2, \ldots, s_n) \in S_1 \times S_2 \times \cdots \times S_n$$

というように表現されることもある。ここで用いられている × はカルテシアン積とも呼ばれ、順序を指定した集合の集合である。ゲーム理論のテキストを読んでいると、このような表記が出てくるので、補足として述べておく。というのも、それほど大した意味をもたないにもかかわらず、単に記号がわからず理解の妨げになることはもったいないからである。なお、$s \equiv (s_1, s_2, \ldots, s_n)$ とまとめてもよいのであるが、次に説明する利得関数で $(s_1, s_2, \ldots, s_n)$ をそのまま使うので、s でまとめて表現することはしなかった。

をしなければならないからである。ではなぜ問題が生じるかというと、誰かが不満をいだいているからといえよう。したがって、先に示した社会状況に対して、各主体の評価もしくは望ましさを考え、これを数値で表現する（もちろん、より大きい値がより望ましいとする）。つまり、主体iの望ましさをv_iとすると、まとめて、

$$(v_1, v_2, \ldots, v_n) \tag{1.11}$$

と表記する[*8]。この評価は「**利得**」(payoff)と呼ばれる。経済学に慣れ親しんだ人は「**効用**」(utility)とほぼ同じと考えてよい。ゲーム理論では、経済主体以外の主体も扱うので、より一般的な用語である利得を用いる[*9]。

　ここで主体iに注目すると、それぞれの戦略の選択の結果$(s_1, s_2, \ldots, s_n)$に対して、v_iという数値を与えていることになる。これは、$(s_1, s_2, \ldots, s_n)$がインプットされて、v_iがアウトプットされるという関係を示している。この関係は数学の「**関数**」(function)という関係に他ならない。つまり、**図1.5**に示すように、インプットされたものが、関数の中で変換されて、何らかがアウトプットされるというイメージである。実は、ちょっと古い数学の教科書を探してみると、「関数」を「函数」と表現していることが多い。この「函」は箱を意味しており、変換を行うブラックボックスというイメージとぴったりとなる。もう少し数学に寄せた記号表現をすると、関数をfとして

$$出力 = f(入力) \tag{1.12}$$

となる。選択された戦略の集合$(s_1, s_2, \ldots, s_n)$と主体iの利得v_iをさらに用いて、この主体$i \in N$の関数をf_iと表記すると

$$v_i = f_i(s_1, s_2, \ldots, s_n) \tag{1.13}$$

となる。以上は利得を生み出す関数なので、主体iについての**利得関数**と呼ばれる。

　もちろん、すべての主体がそれぞれの利得関数をもつので、これらもまとめて

$$F \equiv \{f_1, f_2, \ldots, f_n\} \equiv \{f_i\}_{i=1}^n \tag{1.14}$$

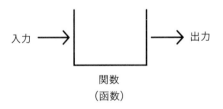

入力 →　　　　　→ 出力

関数
（函数）

図1.5　関数の関係

[*8]　ここでも、$v \equiv (v_1, v_2, \ldots, v_n)$とまとめてもよいのであるが、以後の議論で用いることはないので、あえてまとめた表記は示さなかった。

[*9]　例えば、生物学では各個体の子の数が利得となる。というのも、より多くの子孫を得ることがその種の繁栄につながるからである。

と表記する。

実は、以上でゲーム理論で注目する要素は尽きている。つまり、**ゲーム** (game) は、主体の集合 N、各主体のもつ戦略の集合 S、各主体の利得関数の集合 F で定義される G として

$$G \equiv \langle N, S, F \rangle \tag{1.15}$$

と表現される。

例えば、次のようなゲームを考えよう。二人が白のカードを出すか、黒のカードを出す。同じ色のカードを出したときは、二人とも100円もらえ、違う色であれば何ももらえないとする。このとき、ゲームは次のように定義される。

$$G \equiv \langle N, S, F \rangle \tag{1.16}$$

$$= \langle \{1, 2\}, \{S_1, S_2\}, \{f_1, f_2\} \rangle \tag{1.17}$$

$$= \langle \{1, 2\}, \{\{白, 黒\}, \{白, 黒\}\}, \{f_1, f_2\} \rangle \tag{1.18}$$

つづいて、利得関数をより細かく見ていこう。100円をもらえるときの利得を100として、何ももらえないときの利得を0とすると、主体1の利得関数は

$$利得 = f_1(主体1の選択した戦略, 主体2の選択した戦略) \tag{1.19}$$

$$\Longleftrightarrow \begin{cases} 100 & = f_1(白, 白) \\ 100 & = f_1(黒, 黒) \\ 0 & = f_1(白, 黒) \\ 0 & = f_1(黒, 白) \end{cases} \tag{1.20}$$

となる。同様に、主体2の利得関数も

$$利得 = f_2(主体1の選択した戦略, 主体2の選択した戦略) \tag{1.21}$$

$$\Longleftrightarrow \begin{cases} 100 & = f_2(白, 白) \\ 100 & = f_2(黒, 黒) \\ 0 & = f_2(白, 黒) \\ 0 & = f_2(黒, 白) \end{cases} \tag{1.22}$$

となる。最後に、イメージから記号表現までの対応を**図 1.6** に示す。

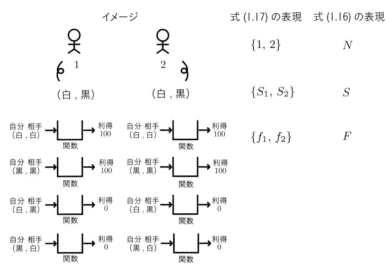

図 1.6　カードのゲームのイメージから記号表現まで

　ここでのありがたさは、注目する社会現象について、自分がどのように評価しているのか、自分以外の主体はどのような評価をしているのか、そして、実際には実現はしていないが実現可能な状況はどのようなものかが明らかとなり、これを前提により深く分析ができるということである。

1.3.2　ゲームの三要素をより見やすく表現する方法：表とゲームツリー

　ゲーム G の簡便な表現として、表による表現が知られている。例えば、先のカードを出すゲームでは、二人の主体がそれぞれ二つの戦略をもっていた。つまり、主体1と主体2がそれぞれ戦略1と戦略2をもっている状況である。このとき、主体、戦略、利得の三要素を**表 1.1** によって表現できる。読み方とすると、**表 1.2** で示すように、主体1が戦略1を選択したことを丸で、主体2が戦略1を選択したことを丸で、対応する利得の部分を波線で示している。

　ここでカードを出すゲームの状況を具体的にあてはめると、**表 1.3** を得る。これによって、主体1が白をとり、主体2が白をとるときに、主体1の利得が100であり、主体2の利得が100であることがわかる。他の状況も同様に確認できる。

　まとめると、主体がどの戦略をとるかについて、あり得る状況がすべて網羅されていて、対応する利得を容易に確認できるのである。この表は**利得表** (payoff matrix) と呼ばれる[10]。このように表現されたゲームは、**戦略形ゲーム** (strategic form game) と呼ばれる[11]。

---

[10] 英語ではpayoff matrixなので、そのままの訳は利得行列である。ただし、理解のしやすさを優先して利得表と呼ばれることも多いので、本書でも「利得表」を用いることにする。

[11] 別の呼び方として標準形ゲーム (normal form game) と呼ばれることがある。ゲーム理論の歴史的経緯より、利得表 (利得行列) を踏まえた分析から始まったということもあり、「標準」という言葉が用いられる。しかしながら、何を「標準」とするかという議論もあるので、「戦略形」と呼ばれることが多い。また、formの訳としては「形」も「型」も両方用いられるので、どちらを使うかは好みの問題である。

表 1.1　利得表の見方

主体 2

		戦略 1	戦略 2
主体 1	戦略 1	(主体 1 の利得, 主体 2 の利得)	(主体 1 の利得, 主体 2 の利得)
	戦略 2	(主体 1 の利得, 主体 2 の利得)	(主体 1 の利得, 主体 2 の利得)

表 1.2　利得表の見方 (ともに戦略 1 をとった場合)

主体 2

		戦略 1	戦略 2
主体 1	戦略 1	(主体 1 の利得, 主体 2 の利得)	(主体 1 の利得, 主体 2 の利得)
	戦略 2	(主体 1 の利得, 主体 2 の利得)	(主体 1 の利得, 主体 2 の利得)

表 1.3　カードを出すゲームの利得表

主体 2

		白	黒
主体 1	白	(100, 100)	(0, 0)
	黒	(0, 0)	(100, 100)

　以上から、もう一つ要因を加えてみる。それは、先のゲームでは主体 1 も主体 2 も同時に行動をするということが暗黙に仮定されていた[12]。しかし、意思決定の順番を含んだゲームの表現をしたいときもある。つまり、主体 1 が戦略を選択し、その後、主体 2 がその選択を踏まえ、自分の戦略を選択するというような状況である。

　このときには、**図 1.7** のような表現を行う。これも、直感的に理解できるだろう。ここでは左から右へ読んでいく。つまり、最初に主体 1 が白か黒かの選択をして、その後、それを踏まえて、主体 2 が白か黒を選択し、最後に結果として得られる利得の組が示されている[13]。

---

[12] より細かなことを述べると、主体 1 が意思決定をして、その後、その選択を知らないまま主体 2 が意思決定している状況を表現しているとも解釈ができる。したがって、意思決定の順番ではなく、各主体が相手の主体の選択を知らないという情報構造が本質的に重要となっている。しかしながら、最初の段階では、お互いに同時に意思決定をするという理解で十分である。

[13] ここで主体 2 は主体 1 の選択を知っているということが示されており、この意味で、先の利得表で示されたゲームとは本質的に異なったゲームとなっている。

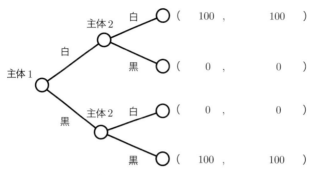

図 1.7　先のゲームのゲームツリーによる表現

　これは**ゲームツリー** (game tree) と呼ばれるものである。各専門用語を**図 1.8** に示す。各主体が意思決定をする点は、**意思決定点** (decision node) と呼ばれる。また、意思決定点には**選択肢** (alternative) があり、そのうちのどれか一つを選ぶことになる。すべての主体が意思決定をし終わったあとの点は**終点** (terminal node) と呼ばれ、そこには結果として得られる利得の組が示されている。なお、ゲームの一番最初の意思決定点は**始点** (initial node) と呼ばれる。

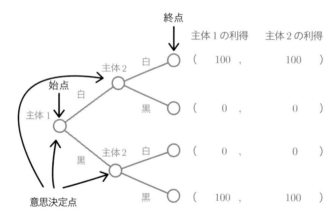

・各意思決定点で選択肢がある。
・終点では利得の組が示される。
・ゲームの最初の意思決定点は特に始点と呼ばれる。

図 1.8　ゲームツリーの説明

　具体的な例を**図 1.9** に示す。白と黒を選択するゲームで、主体1がはじめに白を選択したことを主体1と主体2をつなぐ灰色のハイライトで示す。つづいて、主体2が白を選択したことを主体2と終点をつなぐ灰色のハイライトで示し、最終的に得られた利得 (100, 100) を波線で示す。

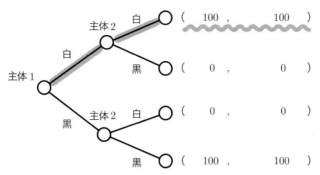

図 1.9　ゲームのツリーの見方 (ともに白をとった場合)

　このように表現されたゲームは**展開形ゲーム** (extensive form game) と呼ばれる。この展開形表現において、主体は意思決定点上で表現されている。戦略は各主体がそれぞれの意思決定点でどのような選択をするかということで表現できる[*14]。さらに、利得はすべての終点のところで表現されている。つまり、戦略形ゲームにおける三要素と、それに加えて、意思決定の順番というタイミングの要素が加わっているのである[*15]。

1.4　ネットワークの方向と行列表現

　前節は、ゲーム理論における主体と戦略を踏まえ、利得を定義していった。ここでは、社会ネットワーク分析における主体の言い換えとしての点と、関係の言い換えとしての線を踏まえて、線の方向を導入し、そして、点と線の表現方法としての行列表記という形で議論を発展させる。

　ネットワークは、点の集合と線の集合の組

$$\langle N, L \rangle \tag{1.23}$$

として表現できた。

　友人関係であれば、それぞれの点は人であり、線は両者が友人同士であることを示す。しかし、これがアドバイスを求める、与えるという関係であればどうだろうか。このときには二つの点は対等ではなく、一方が与える、他方が受けるという非対称な関係となっている。与える方がより上位に位置して、受ける方がより下位に位置すると考えられる。これを図示すると**図 1.10**のように

[*14] ここにおいて、実現可能な状況のすべてにおいてどのような選択をするかという行動の指針という性格が強く表れる。**図 1.7**において、主体2は主体1の選択に応じて、実現する意思決定点が異なってくる。しかし、ゲーム理論における戦略とはすべての実現可能な意思決定点でどのような選択をするかを示しておかないといけない。

[*15] 展開形で示されたゲームの記号表現もなされるが、本書ではそれを紹介してもそれほど用いないので、説明は省略する。興味ある読者は、学部上級もしくは、大学院レベルのゲーム理論の教科書を参照してもらいたい (Vega-Redondo, 2003; Mas-Colell et al., 1995)。

なる。

　つまり、単なる線ではなく、矢印で描いた方が非対称な関係をより適切に表現できる。例えば矢印をアドバイスにおける情報の流れと考えると、矢印の元の点がより上位の点という解釈となる。

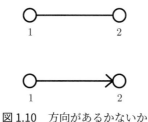

図 1.10　方向があるかないか

　以上の図のイメージを記号表現に落とし込もう。はじめに、矢印のある線は「点1から点2への線」と表現できるので、これを $(1, 2)$ と表現しておく。ここで、1番目の数値と2番目の数値は違いをもっている。つまり、はじめの数値が矢印の元であり、つづいての数値が矢印の先を示している。このように、順番が意味をもつ数値の組は順序対 (ordered pair) と呼ばれ、丸カッコで表現されることが通例である。

　つづいて、矢印のない線とは、ここでいう順番が意味をもたない。というのも、お互いに対称な関係だからである。したがって、単なる集合として {} を用いて、{1, 2} で示しておく。もちろん、{2, 1} と表現しても実質的な違いは全くない。

　ここでのありがたさは、社会現象をネットワークとしてとらえるときに役立つ。例えば、友人関係として対等な関係と思っていたことが、よくよく考えると、親分・子分という上下関係が生じていると認識し直すかもしれない。ボランティアとしての組織を考えるときに、実質的な決定権もしくは選択権が排除されていて、言葉の上では「対等な関係です」と述べつつも、実質的には、中心のメンバーとそれ以外のメンバーで上下関係が生じているかもしれない。**図 1.11** に示すネットワークでは、主体1と2が双方向で対等な関係といえ、主体3、4、5はこの2主体にしたがっている[*16]。

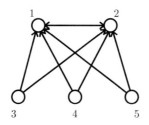

図 1.11　対等な関係と非対称な関係の混在

図 1.11 を点の集合と線の集合の組で表現すると

$$\langle N, L \rangle = \langle \{1, 2, 3, 4, 5\}, \{(1, 2), (2, 1), (3, 1), (3, 2), (4, 1), (4, 2), (5, 1), (5, 2)\} \rangle$$

---

*16　ここでは、矢印の元の主体が矢印の先の主体に頼っているという解釈となっている。

となる。

ここで、もう少し見やすい表現方法を紹介する。例えば、**図 1.11** のネットワークでは五つの主体があり、潜在的に**図 1.12** の空白で示されたマス目だけの関係がある (上段左端)。

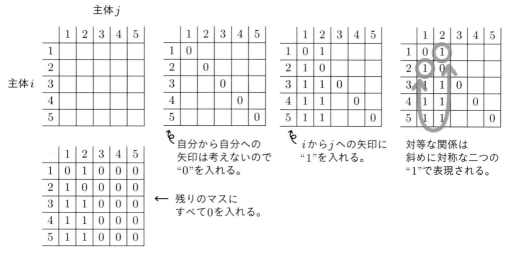

図 1.12 表によるネットワークの表現

ここで、**図 1.12** によるネットワークの表現を以下で示すが、よりわかりやすいように各 Step に分けて述べておく。

- Step1: 自分から自分への矢印は考えないこととし、対角線上のマス目にすべて 0 を入れる (上段左から 2 番目)。

- Step2: 主体 i から j への矢印が存在するならば、つまり (i, j) に対して、i 行 j 列に空白に 1 を入れる (上段左から 3 番目)。

  ・なお、ここでは数学の用語法にしたがい、**行** (row) とは横向きに並んだ数値であり

$$\left(数値, 数値, 数値, \ldots, 数値 \right)$$

  となり、**列** (column) とは縦向きに並んだ数値であり

$$\begin{pmatrix} 数値 \\ 数値 \\ 数値 \\ \vdots \\ 数値 \end{pmatrix}$$

  となる。

  ・ここで $\{(1, 2), (2, 1), (3, 1), (3, 2), (4, 1), (4, 2), (5, 1), (5, 2)\}$ がすべて表現された。

- Step3: ここで対等な関係を、1 から 2 への矢印があり、かつ 2 から 1 への矢印もあるものとして表現する (上段左から 4 番目)。

- Step4: 以上で存在する関係性はすべて表現されたので、残りのマス目にすべて0を含める（下段）。

図1.12の表のように、数値が縦と横に並んでいるものは、数学では**行列**(matrix) と呼ばれる。つまり、ネットワークは行列で表現できる。また、行列は太字で示されることも多いので、このネットワークをGとしておこう。ネットワークなのでNとしたいところであるが、主体に関連してNという文字を使うことが多く、数学ではネットワークのことをグラフとも呼ぶので、Gという文字を使うことが多い。ゲームのGと紛らわしいが、ここではネットワーク分析の表記の慣習にしたがっておく。結局のところ図1.11のネットワークGは

$$G = \begin{pmatrix} 0 & 1 & 0 & 0 & 0 \\ 1 & 0 & 0 & 0 & 0 \\ 1 & 1 & 0 & 0 & 0 \\ 1 & 1 & 0 & 0 & 0 \\ 1 & 1 & 0 & 0 & 0 \end{pmatrix} \tag{1.24}$$

と表現される。

矢印のない、つまり方向のない線についても同様に表現される。例えば、図1.13のネットワークを、点の集合と線の集合の組で表現すると

$$\langle N, L \rangle = \langle \{1,2,3,4,5\}, \{\{1,2\}, \{1,4\}, \{2,3\}, \{3,4\}, \{2,5\}, \} \rangle$$

となる。ここで、$\{1,2\}$は点の集合であり、順番に意味がないことを思い出す。

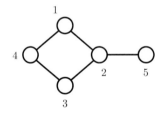

図1.13　方向のない線のネットワーク

つづいて、表で表現すると図1.14のようになる。

これより、図1.13のネットワークGは

$$G = \begin{pmatrix} 0 & 1 & 0 & 1 & 0 \\ 1 & 0 & 1 & 0 & 1 \\ 0 & 1 & 0 & 1 & 0 \\ 1 & 0 & 1 & 0 & 0 \\ 0 & 1 & 0 & 0 & 0 \end{pmatrix} \tag{1.25}$$

と表現される。はじめに、i行i列の要素 (ここではg_{ii}) は、対角線上に並んでおりこれは**対角要素**

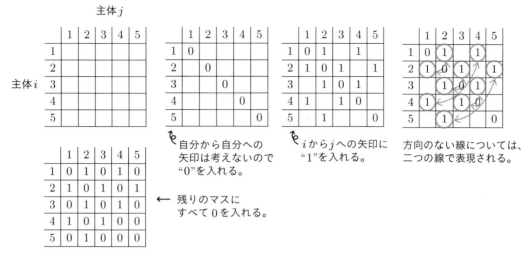

図 1.14　方向のない線のネットワークの表による表現

(diagonal element) と呼ばれ、これらの要素はすべて0となる。また、第 i 行第 j 列の要素と第 j 行第 i 列の要素は必ず同じ値となっている。このことを**図 1.15**によって、もう少し詳しく説明すると、第4行第1列の要素と第1行第4列の要素はともに1であり、第5行第3列の要素と第3行第5列の要素はともに0である。このように、対角要素に対して対称な数値はすべて同じ値となっており、このような行列は**対称行列** (symmetric matrix) と呼ばれる。まとめると、方向のない線で作られたネットワークは対称行列で表現される。

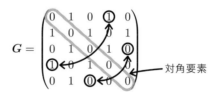

対角要素に対して、すべての対称と
なる要素は同じ値になっている。

図 1.15　対称行列

　ここで専門用語について確認しておこう。工学の分野におけるネットワーク科学では、点は**ノード** (node) と呼ばれ、線は**リンク** (link) と呼ばれる。ネットワークを分析する学問とすると、数学の分野では**グラフ理論** (graph theory) と呼ばれ発展してきた。ここでは、ネットワークは**グラフ** (graph)、点は**頂点** (vertex) と呼ばれ、線は**辺** (edge) と呼ばれる。社会学や経済学では、上記の用語を援用したり、また、線は、よりつながりという意味を踏まえ、**紐帯** (relational tie もしくは単に tie) と呼ばれたりもする。本書では専らリンクを用いる。

　このように、発展してきた分野によって異なる用語が用いられている。このため、はじめに英語表現をおさえて、その後、対応する日本語訳を確認した方が理解しやすい。

以上を**表1.4**にまとめる。

表1.4　点と線のさまざまな呼び方

	ネットワーク	点	線
工学系	Network (ネットワーク)	Node (ノード)	Link (リンク)
数学系	Graph (グラフ)	Vertex (頂点)	Edge (辺)
より一般に	Network (ネットワーク)	Point (点)	Line (線)
社会科学系	Network (ネットワーク)	上記のどれか文脈に合わせて	上記のどれか文脈に合わせて、もしくは、Relational tie (紐帯)、Tie (紐帯)

さらに、方向の無いことは、undirectedと表現され、「向きが無い」もしくは「**無向**」、方向の有ることはそのままdirectedすなわち、「向きの有る」もしくは「**有向**」と表現される。

なお、Nooy et al. (2018)では、無方向の線をedge(エッジ、辺)として、有方向の線をarc(アーク、弧)として定義している。以上の用語は分野により同じ意味で異なる用語が使われたりするので、何か違和感を感じたら、その都度定義にあたる必要がある。

最後に、ここでは、方向のない線を、双方向の線としてとらえた。これを**図1.16**に示す。つまり、方向のない線が$\{1, 2\}$であり、その同一表現として、$(1, 2)$かつ$(2, 1)$としてとらえた。これはネットワークの行列表現をするときに便利というあくまでも便宜的なものである。

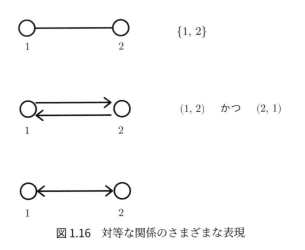

図1.16　対等な関係のさまざまな表現

ここで**図1.16**を眺めると、上段は友人関係という「対等な関係」を示していると理解できるだろう。他方で、中段の図は、例えばアドバイスをする・しないの関係で、主体1も主体2も互いに得意分野で、相手に対してアドバイスをしているとも考えられる。最後に、下段の関係は主体1と主体2のミーティング上でのディスカッションとして、一方的な情報の伝達を原則として排除している状況とも考えられる。しかしながら、ネットワークを行列で表現するときには、すべて同じ対称行列となる。後に見るように、ネットワークの行列表現は非常に便利なものであるが、その裏に

は豊かな現実が存在しており、その実質的な意味も考えることを忘れてはいけない。

　最後に、ネットワークを示す行列は**隣接行列**（adjacency matrix）と呼ばれる。点の数がnの場合は

$$
G = \begin{pmatrix}
0 & g_{12} & \cdots & g_{1n} \\
g_{21} & 0 & \cdots & g_{2n} \\
\vdots & \vdots & \ddots & \vdots \\
g_{n1} & g_{n2} & \cdots & 0
\end{pmatrix}
\tag{1.26}
$$

と表現される。以上で、g_{ij}が1ならば有向な線(i, j)は存在し、0ならば存在しないことを示している。この対角要素については0とすることが通例である。これはあくまでも、ある主体と他の主体の関係をとらえているからである。もちろん、自分から自分への関係をあえて表記したいなら、当該の対角要素に1を入れることも可能である。しかし、特にそうした指示がない場合はすべての対角要素は0として考える。

1.5　Rでのネットワークの表現

　最後に、**図1.11**で示したネットワークのグラフをR上で描くことにする。ここでは、おおよその流れを確認してもらいたい。紙面の都合上コマンドだけ記載して、細かな説明は省いているので、より詳しい説明はrファイルを確認して欲しい。

　ここでは"sna"というパッケージを用いるので、インストールしていない場合は

```
install.packages("sna")
```

としてインストールをしておく。一旦インストールすると、再度インストールする必要はない。

　インストールしただけでは用いることはできないので

```
library(sna)
```

として呼び出しておく。

　図1.11のネットワークをRに読み込ませるためには、線の集合で行うには

```
myedgelist <- rbind(
                  c(1, 2),
                  c(2, 1),
                  c(3, 1),
                  c(3, 2),
                  c(4, 1),
                  c(4, 2),
                  c(5, 1),
                  c(5, 2))
```

として、それをネットワークオブジェクトに変換するために

```
mynet <- network(myedgelist, matrix.type="edgelist", directed=T)
```

とする。最後に、これを描画するために

```
gplot(mynet, gmode = "digraph", label =c(1, 2, 3, 4, 5))
```

とすればよい。

　隣接行列からネットワークを定義し、グラフを表示する場合は

```
mynetmatrix <- rbind(
c(0, 1, 0, 0, 0),
c(1, 0, 0, 0, 0),
c(1, 1, 0, 0, 0),
c(1, 1, 0, 0, 0),
c(1, 1, 0, 0, 0))

mynet <- network(mynetmatrix, matrix.type="adjacency", directed=T)

gplot(mynet, gmode = "digraph", label =c(1, 2, 3, 4, 5))
```

とする。

📖 章末まとめ

- ゲーム理論では、プレイヤー、戦略、利得で社会を表現する。
- 社会ネットワーク分析では、ノードとリンクでネットワークを表現する。
- 利得表やゲームツリーを用いると、ゲーム理論での表現をより理解しやすくなる。
- 行列を用いると、社会ネットワーク分析でのネットワークをより表現しやすくなる。

☁ 考えてみよう

1. 各自が興味のある社会現象について、主体と戦略を定義してみよう。
   - 実際に、どの部分に注目するか、どのように単純化するかは難しいことも多い。それを実感することがこの問題の狙いとなる。同様の確認問題も狙いは同じである。
2. もし興味のある社会現象が見当たらない場合は、新聞やニュースサイトから一つ社会的な事象をみつけ、主体と戦略を定義してみよう。
3. 前の確認問題で、各自が興味のある社会現象について、主体と戦略を定義したが、ここでの実現しうる各状況に対する各主体の利得を考えてみよう。
4. 各自が興味のある社会現象について、ネットワークとして定義できるか考えてみよう。
5. もし興味のある社会現象が見当たらない場合は、新聞やニュースサイトから一つ社会的な

事象をみつけ、ネットワークとして定義できるか考えてみよう。

6. 前の確認問題で、各自が興味のある社会現象について、ネットワークを定義したが、線について向きがあるかないかを踏まえて、ネットワークの図を表現してみよう。

No5 記号や数学に関する確認問題

1. **図 1.11** で示されたネットワークを隣接行列で表しなさい。

2. **表 1.3** で示された利得表を主体、戦略、利得の観点から説明しなさい。

3. **図 1.7** で示されたゲームツリーを主体、戦略、利得の観点から説明しなさい。

R Rを用いて考えよう

- "記号表現-グラフの表現.r" では以下を行っている。
  - ・igraph と sna というパッケージを用いる。
  - ・点と線の集合からネットワークを定義し、グラフを描く。
    *用いるパッケージによって、線の向きがある・ないの取扱いについては注意が必要である。
  - ・隣接行列からネットワークを定義し、グラフを描く。

コラム

非協力ゲームと協力ゲームの違い

　ゲーム理論には二つのカテゴリーがある。一つは非協力ゲーム理論 (non-cooperative game theory) であり、もう一つは協力ゲーム理論 (cooperative game theory) である。本書で扱っているゲームは非協力ゲームだけであり、特に最近のゲーム理論の本であれば、何も断りがなければ、非協力ゲームと考えて問題はない。しかし、1960年代後半までは協力ゲームの研究が主流だったので、やや古い本を読むときなどは注意が必要である。

　名前から勘違いされやすいが、協力ゲームが協力を扱うゲームで、非協力ゲームが協力を扱わないゲームということではない。実際に、本書では非協力ゲーム理論しか扱わないが、第10章の社会関係資本については、協力と深く関係している。また、後のコラムで扱う囚人のジレンマゲームは「黙秘」は囚人の間での協力行動と、「自白」は囚人の間での非協力行動ととらえることもでき、まさに協力の問題を考えたゲームとなっている。

　はじめに、非協力ゲームの特徴を紹介していこう。ここでは、個々の主体は利得を最大にするように行動する。主体、戦略、利得が定義される中で、主体は利得を最大にする行動に対して何ら制約を課せられない。これは、各自の利潤最大化行動が自由にとれる状況であり、協力要請という拘束でさえも強制されないという意味で、「非協力」を許容するゲームと考えるとよい。

　では、協力ゲームの特徴は何であろうか。ここでの代表的な分析手法として、社会的に望ましい複数の公理 (axiom) を設定し、それをすべて満たすような社会状況を考えるというものがある。もちろん、各主体の好き嫌いや価値観を踏まえるならば、社会的に望ましい公理にも、必ずしもしたがう必要はないとも考えられる。しかし、協力ゲームではそうした社会的に望ましい公理に対して、必ず主体がしたがうような協力的な拘束が可能だと考える。この意味で「協力ゲーム」と考えると理解しやすいであろう。

　協力ゲームの重要な分野に提携ゲーム (coalitional game) がある。これは主体の組を考えて、誰と誰が提携するかを考えるゲームである。つまり、主体の組みの中で、複数の主体のグループを作っていき、どのグループ分けが一番社会的に望ましいかを考えるものである。もちろん、グループ分けに依存して各主体がどれくらいの利得を得るかは事前に決められている。ここにおいて、グループ分けをした結果どのような利得を得られるかについて、ネットワーク構造を含めることも可能となる。こうした協力ゲームの中でのネットワーク分析の先駆的業績としてMyerson (1977) があり、その現代的な展開については Jackson (2008, 12章) が参考となる。

第2章　ゲームとネットワークの記号表現の活用

ここでは前章で学んだ記号表現を活用していく。ゲーム理論においては、どのような社会状況が実現しやすいかについての考察を行う。実現しやすい状況として社会が安定した状況を考える。というのも、そうした安定な状況からは他の状況へ変化しないという意味でより状況が観測されやすいからである。このような状態は均衡と呼ばれる。社会ネットワーク分析では、隣接行列のありがたさが示される。というのも、行列の掛け算を行うだけで、ある点から他の点への経路を調べることができるからである。

2.1　安定な状態について

　第1章において、我々はさまざまな社会状況に対して、主体、戦略、利得に注目してゲームという形で表現できることを学んだ。これらを踏まえて、ここではさらに概念を発展させていこう。社会状況は、戦略の組として表現されたが、実際に可能となる社会状況は数多くある。例えば、二人の主体がそれぞれ二つの戦略をもつという非常に単純なゲームにおいても、四つの社会状況が可能となる。より複雑な状況ではより多くの状況を考えなければならない。そこで、潜在的に多くある実現可能な状況から、実現しやすい状況を絞り込むことを行っていこう。

　それではどのように絞り込みをしていくかというと、**誰も戦略を変更しようとしない状況**を考える。というのも、そうでないと、他の社会状況へ変化してしまい、実現しやすいとはいえないからである。

　社会状況が変化してしまうかどうかについて、**表2.1**に示した利得表のときの[*1]

$$(主体1の戦略, 主体2の戦略) = (白, 黒)$$

を考えてみる。

　このとき、主体1を考えてみると、主体2が黒を選択しているので、自分も戦略を黒に変更した方が、利得が0から100となり、より大きな利得を得られる。つづいて、主体2を考えてみても、同様

表2.1　カードを出すゲームの利得表

主体2

		白	黒
主体1	白	(100, 100)	(0, 0)
	黒	(0, 0)	(100, 100)

---

*1　これは第1章の**表1.3**の再掲である。

である。つまり、主体1が白を選択しているので、自分も戦略を白に変更した方が、利得が0から100となり、より大きな利得を得られる。いずれにせよ、(主体1の戦略, 主体2の戦略) = (白, 黒)という状況は、それぞれが戦略を変更しようとすると考えることが自然であり、不安定な状況といえる。

　では、誰も戦略を変更しようとしない、安定な状況について見ていこう。これは例えば、次に示された状況

$$(主体1の戦略, 主体2の戦略) = (白, 白)$$

である。主体1を考えてみると、ここで戦略を黒に変更すると、利得が100から0へ減少してしまう。これは、主体2についても同じ議論が成立する。つまり、**図2.1**に示すように、この状況では主体1も2も戦略を変更しないということが自然である。つまり、この状態は安定な状態であるといえる。以上を言い換えると、「すべての主体が最適な戦略を選択しているので、誰も戦略を変化させない」となる。ここで示した安定性は**ナッシュ均衡** (Nash equilibrium) と呼ばれる[*2]。つまり、図式化して示すと

「すべての主体が最適な戦略を選択しているので、　　$\Longleftrightarrow$　「ナッシュ均衡である」
誰も戦略を変化させない」

となる[*3]。

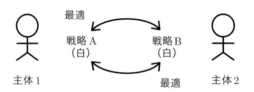

図2.1　ナッシュ均衡のイメージ

　これより、「最適な戦略」を利得関数を用いて表現する。式 (1.13) では、主体iの利得関数は

$$f_i(s_1, s_2, \ldots, s_n) \tag{2.1}$$

であった。しかし、ある主体iの戦略

$$s_i \tag{2.2}$$

の、自分以外の、つまり"s_i"を省いた

$$(s_1, \ldots, s_{i-1}, s_{i+1}, \ldots, s_n) \tag{2.3}$$

---

*2　均衡とはちょうど釣り合った状態であり、安定した状態となっている。これは物理学でも用いられる用語であり、物理学では平衡とも呼ばれる。

*3　記号 " $\Longleftrightarrow$ " は、数学の記号であり、「A $\Longleftrightarrow$ B」は「A ならば B」かつ「B ならば A」であるという意味であり、「必要十分条件」を示す記号である。

に対する最適性を判断していることを考慮すると、主体 i の利得関数を

$$f_i(s_i; (s_1, \ldots, s_{i-1}, s_{i+1}, \ldots, s_n)) \tag{2.4}$$

と表記する方がわかりやすい。ここで、関数 f_i のカッコの中の "；" は、「以下を所与として」という意味で使っている。さらに、$(s_1, \ldots, s_{i-1}, s_{i+1}, \ldots, s_n)$ は表記が長く、結局は「主体 i 以外の戦略の組」が示されればよいので

$$\boldsymbol{s}_{-1} \equiv (s_1, \ldots, s_{i-1}, s_{i+1}, \ldots, s_n) \tag{2.5}$$

と表記する[*4]。そうすると、主体 i の利得関数の新しい表記が

$$f_i(s_i; \boldsymbol{s}_{-i}) \equiv f_i(s_1, s_2, \ldots, s_n) \tag{2.6}$$

となる。

　ここから「最適な戦略」を式で表現していく。何に対して最適かというと相手の戦略 $\boldsymbol{s}_{-i}$ に対して最適なのである。ここで、最適な戦略を s_1 にアスタリスク $(*)$ を付けて s_1^* としておくと、この最適性とは、相手の戦略 $\boldsymbol{s}_{-i}$ に対して、自分が取り得るすべての戦略 $s_i \in S_i$ と比較して、戦略 s_i^* は同じか、より大きな利得をもたらすということに他ならない。すなわち主体 1 のどんな戦略 $s_i \in S$ に対しても

$$f_i(s_i^*; \boldsymbol{s}_{-i}) \geq f_i(s_1; \boldsymbol{s}_{-i}) \tag{2.7}$$

として示される[*5]。

　以上の、ある相手の戦略 $\boldsymbol{s}_{-1}$ に対して、利得を最適にするように反応した戦略 s_1^* は、**最適反応戦略** (best response strategy) と呼ばれる。

　先に述べた

> 「すべての主体が最適な戦略を選択しているので、誰も戦略を変化させない」　$\Longleftrightarrow$　「ナッシュ均衡である」

をもう一度思い出すと、つづいて「すべての主体」という点を表現しなければならない。これについては

- どのような主体 $i \in N$ に対しても
  - どのように $s_i \in S_i$ を選んでも

$$f_i(s_i^*; \boldsymbol{s}_{-i}^*) \geq f_i(s_i; \boldsymbol{s}_{-i}^*) \tag{2.8}$$

  　が成立する

とすればよい。

[*4]　$\boldsymbol{s}_{-1}$ が太字なのは、複数の戦略をまとめているということを示すことが多いため、それを意識するために用いている。計量経済学や数学などでベクトルや行列が太字で示されることにならっている。もちろん、主体が二人の場合は、自分以外の戦略として一つの戦略しか含まれないが、これは例外として認めておく。

[*5]　後述するが、この $s_i \in S_i$ なので、$s_i = s_i^*$ とすることもできる。

表2.1のゲームにおいて安定であった

$$(主体1の戦略, 主体2の戦略) = (白, 白)$$

が以上の条件を満たしていることを確認しよう。

主体1については、$f_1(白;白) = 100, f_1(黒;白) = 0$であるので

$$f_1(白;白) \geq f_1(黒;白) \tag{2.9}$$

が成立している。さらに

$$f_1(白;白) \geq f_1(白;白) \tag{2.10}$$

も (等号で) 成立する。したがって、主体1の戦略「白」は主体2の戦略「白」に対して、最適反応戦略となっている。

同様に、主体2については、$f_2(白;白) = 100, f_2(黒;白) = 0$であるので

$$f_2(白;白) \geq f_2(黒;白) \tag{2.11}$$

が成立している。さらに

$$f_2(白;白) \geq f_2(白;白) \tag{2.12}$$

も (等号で) 成立する。したがって、主体2の戦略「白」は主体1の戦略「白」に対して、最適反応戦略となっている。

したがって、「(主体1の戦略, 主体2の戦略) = (白, 白)」という状況において、「すべての主体が最適な戦略を選択しているので、誰も戦略を変化させない」ことを確認できた。さらに、もともとの

「すべての主体が最適な戦略を選択しているので、　⟺　「ナッシュ均衡である」
　誰も戦略を変化させない」

から、「ナッシュ均衡」であることがわかる。

以上から、ナッシュ均衡は、**戦略の組**として社会状況が与えられて、それぞれが最適反応であるかを調べることによって、確認できる。重要なことなので繰り返すが、ナッシュ均衡とは戦略の組に対して定義される。

以上を次のようにまとめておく。

○ 定義：**ナッシュ均衡**

戦略の組 $(s_1^*, s_2^*, \ldots, s_n^*)$ はナッシュ均衡である。

⟺

どのような主体 $i \in N$ に対しても、どのように $s_i \in S_i$ を選んでも

$$f_i(s_i^*; \boldsymbol{s}_{-i}^*) \geq f_i(s_i; \boldsymbol{s}_{-i}^*) \tag{2.13}$$

が成立する。

2.2 利得表に対する具体的なナッシュ均衡の求め方

それでは、先に示した具体的な例からナッシュ均衡を求めてみよう。ナッシュ均衡の定義からわかるポイントは、「お互いがお互いに最適な行動をとっている」ということである。したがって、第一に行うことは、さまざまなケースで最適な行動を調べることである。

はじめに、**図 2.2** においては、主体2の戦略を「白」で固定し、主体1の最適な行動を探している。ここでは、主体1は「白」なら100の利得、「黒」なら0の利得なので、「白」を選択することが最適な選択といえる。

以上の分析を利得表の中で記録として残しておく、このためには**図 2.3**で示したように利得の下に波線でチェックをしておく。この波線の意味は、「主体2の「白」に対して、主体1は「白」を選択して100を得ることが最適」ということである。

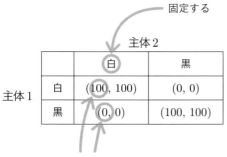

固定する

主体2

	白	黒
白	(100, 100)	(0, 0)
黒	(0, 0)	(100, 100)

主体1

主体1はどちらかを選択。ここでは「白を選択 100を得る」がよりよい。

図 2.2 主体2の行動を固定しての、主体1の最適な行動

主体2

	白	黒
白	(100, 100)	(0, 0)
黒	(0, 0)	(100, 100)

主体1

主体2の白に対して、主体1は白を選択し、100を得ていることが最適である。

図 2.3 主体1の最適な行動のマーク

同様のことを、主体2で行ってみよう。**図 2.4**では、主体1の戦略を「白」で固定し、主体2の最適な行動を探している。主体2は「白」なら100の利得、「黒」なら0の利得なので、「白」を選択することが最適な選択といえる。この結果は**図 2.5**で示されていて、二重下線が「主体1の「白」に対して、主体2は「白」を選択して100を得ることが最適である」ことを意味している。

残りのケースとしては

- 主体2の戦略を「黒」で固定し、主体1の最適な行動を探すこと

- 主体1の戦略を「黒」で固定し、主体2の最適な行動を探すこと

であり、それぞれの結果を波線と二重下線で追記したものが**図 2.6**である。

最後に、以上の分析を踏まえてナッシュ均衡を探していこう。**図 2.7**で示すように、一つのマス目の中に、波線と二重下線がともに含まれているところがナッシュ均衡となっている。というのも、利得表の作り方より、例えば、主体1も主体2も白をとっている状況では

主体2はどちらかを選択。ここでは
「白を選択 100 を得る」がよりよい。

図 2.4　主体1の行動を固定しての、
主体2の最適な行動

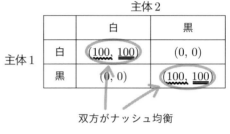

主体1の白に対して、主体2は白を選択し、
100 を得ていることが最適である。

図 2.5　主体2の最適な行動のマーク

		主体2	
		白	黒
主体1	白	(100, 100)	(0, 0)
	黒	(0, 0)	(100, 100)

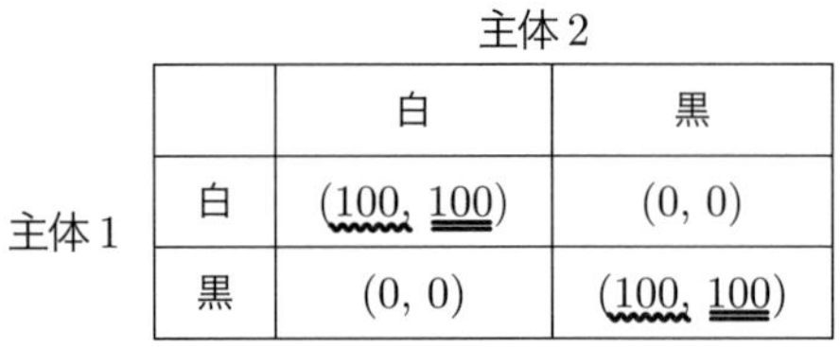

図 2.6　すべての最適な行動のマーク

		主体2	
		白	黒
主体1	白	(100, 100)	(0, 0)
	黒	(0, 0)	(100, 100)

双方がナッシュ均衡

図 2.7　ナッシュ均衡

- 主体1の「白」に対して、主体2は「白」を選択して100を得ることが最適である

- 主体2の「白」に対して、主体1は「白」を選択して100を得ることが最適である

と、お互いがお互いに最適な選択をとりあっており、そこから戦略を変更しようとはしない。実際に、ナッシュ均衡の定義を以上の状況は満たしている[6]。

つづいて、**図 2.8**として示した展開形ゲームは、第 1 章の**図 1.7**の再掲である。これについて分析を行う。ここでは、主体1の選択から順番に考えたくなるがそれはうまくいかない。というのも、主体1の選択がどのような利得をもたらすかは、主体2の選択に依存するので、主体2の選択について何も分析していない状態では、主体1の選択は分析できないのである。したがって、主体2の選択から分析をすることになる。ここでは、主体2の選択の後には何ら不確実な状況がないので、分析が可能となる。

それでは、**図 2.9**で主体2の上側の意思決定点から考えていく。ここでは、主体2は「白」を選択した方がより高い利得の100を得ることになる。この最適な選択は**図 2.10**のように灰色のハイライトで示す。さらに、主体2の下側の意思決定点の最適な行動は**図 2.11**で記す。

以上を前提として、はじめて主体1の最適な選択を分析することができる。これは**図 2.12**のように考えられ、白を選択すると、その後主体2は白を選択することがわかっており、結果として主体1の利得は100となる。他方、黒を選択すると、その後主体2は黒を選択することがわかっており、

---

[6]　興味のある人は、実際に確認してもよい。

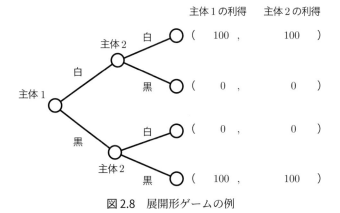

図 2.8　展開形ゲームの例

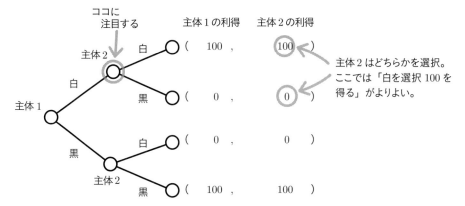

図 2.9　主体 2 の上側の意思決定点での最適な選択

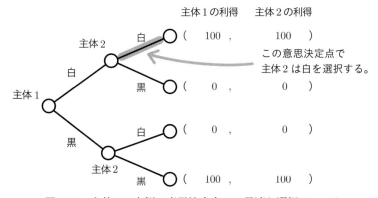

図 2.10　主体 2 の上側の意思決定点での最適な選択のマーク

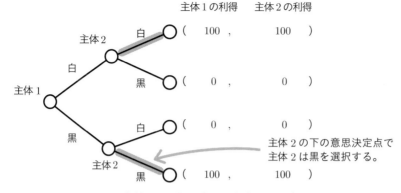

図 2.11　主体 2 の下側の意思決定点での最適な選択

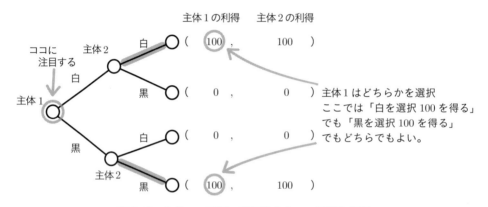

図 2.12　主体 2 の下側の意思決定点での最適な選択

結果として主体1の利得は100となる。したがって、どちらの利得も同じであり、どちらの選択も同じく最適であるということがわかる[*7]。

　以上をまとめると、**図 2.13**に示すように展開形ゲームでも二つの均衡が得られる。この均衡においても、相手の戦略を前提として、自分の戦略を変更する必要はない。例えば、上側の均衡において、主体 2 の上側の意思決定点で「白」から「黒」へ変更したら、主体 2 の利得は下がってしまうのである。一つ注意しておくと、上側の均衡でも、下側の均衡でも、主体1は選択を変更しても、利得は100のまま維持される。しかし、ここでも、利得はあくまでも同じであり、より大きくなるということではないので、戦略を変更する必要はないのである。

　さて、以上の展開形ゲームの均衡は**部分ゲーム完全均衡**(subgame perfect equilibrium)と呼ばれる。というのも、各意思決定点で最適な行動を考えていったが、それぞれはゲームの一部分とみなされて**部分ゲーム**(subgame)と呼ばれ、それら部分ゲームでは分析の手続きにより、最適な行動をとっているので「完全」となっているからである。分析の手続きは、相手の意思決定の不確実性

---

*7　最適を考えるときに、必ず一つに絞り込まないといけないわけではないことに注意する。

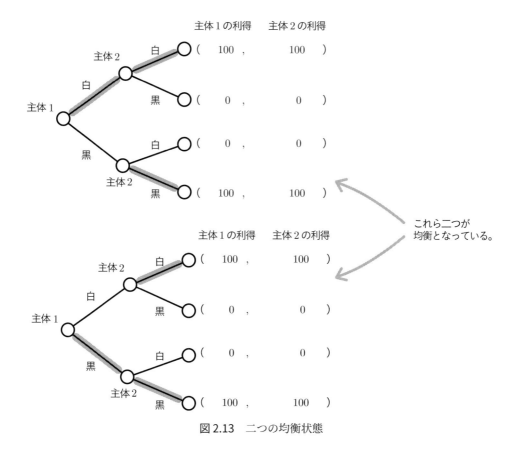

図2.13 二つの均衡状態

を排除するために、ゲームの終点に近いそれぞれの意思決定点から、順にさかのぼりながら、最適な行動を考えていく。つまり、実際の意思決定の順番と逆に最後から分析をしていくのである。そのため、この分析方法は**後ろ向き帰納法**(backward induction) と呼ばれる。

　さて、最後に意思決定の順番を加えると、ゲーム自身が本質的に変わり、得られる均衡が異なってくることを示す。ここで、先の白か黒のカードを出すゲームで、双方が白を出したときに、主体1の利得は200として、主体2の利得は100とし、双方が黒を出したときに、主体1の利得は100として、主体2の利得は200とする。

　このときの戦略形表現でのゲームの分析は**図2.14**となっている。ここでも二つの均衡が先と同様に示されている。しかしながら、ここで主体1が先に意思決定するとして展開形ゲームで分析をすると、**図2.15**となり、主体1が白、主体2が白という状況が唯一の均衡となっている。

　以上では、お互いに白を出す状況は主体1により望ましく、お互いに黒を出す状況は主体2により望ましくなっている。そして、主体1が先に意思決定できる状況では、主体1は白を選択することにより、主体2に最適な行動として白を選択させ、自分の望ましい状況へ導くことができる。しかしながら、戦略形の分析では、意思決定の順番がないので、主体1の有利な状態も、主体2の有

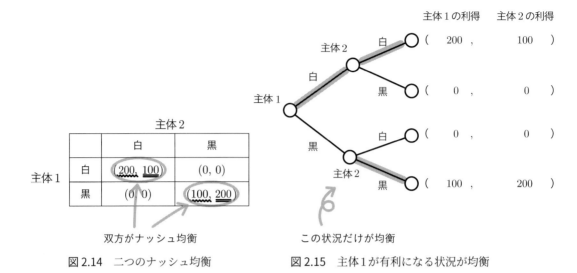

図 2.14　二つのナッシュ均衡　　　　図 2.15　主体1が有利になる状況が均衡

利な状態もともに、均衡として実現し得る[*8]。

　このように、得られる均衡が異なることからも、意思決定の順番を加えることは、ゲームの性質を本質的に変えることがわかる。

2.3　距離とさまざまな経路(パス、トレイル、ウォーク)

　ここからは社会ネットワーク分析に移ることにする。第1章では、ネットワークが点の集合と線の集合で定義でき、隣接行列で表現されることを学んだ。また、線とは二つの点を結ぶものであった。なお、以下では、2点を結ぶ直感的なイメージが得やすいため、線ではなくリンクと呼び議論を進めることにする。例えば、**図 2.16**(a)で示されたネットワークは、(b)に示される五つの点と四つのリンクで定義される。これらを踏まえて、そこから発展して得られる概念を見ていこう。

　はじめに、ネットワーク上の距離を定義する。これは直感的に素直な考え方となっている。**図 2.17**に示す例で考えてみると、ここで点1と点2は隣り合っており、この距離を1とする。つづいて、点1と点3の距離を2と定義する。これは、点1から点3までに、リンクが二つあるからである。このように、ある点からある点までたどり着くために必要なリンク数を距離とする。他の例では、点5から点3までの距離は3となり、点4から点2までの距離は2となる。

　このように異なる2点を考え、この2点を結ぶリンクのつながりを**パス**(path)と呼ぶ。では、**図 2.18**を考えてみる。ここで点1と点3を考えると、点1、点2、点3というパスと点1、点5、点4、点3というパスの二つがあることがわかる。すると、最初のパスで考えると距離が2となり、二つ

[*8]　実際にどちらが選択されるかは、歴史的な経緯や、偶然などに依存して決まる。もちろんこのように均衡が一つに決まらないことに、不満を覚える方もおられるかもしれないが、これは逆にいうと、ゲーム理論の記述の多様性という意味で望ましい性質としてもとらえられる。もちろん、複数の均衡から、より現実妥当性の高い均衡を絞り込むということもなされており、これは均衡の精緻化(refinement)と呼ばれる。

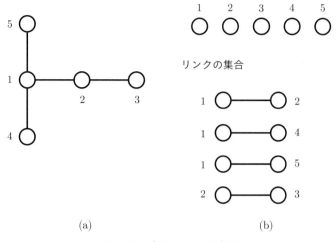

図 2.16 点とリンクの確認

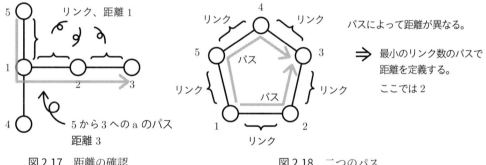

図 2.17 距離の確認　　　　　　図 2.18 二つのパス

目のパスで考えると距離が3となる。したがって、以上のような混乱を避けるため、2点の距離を定めるときには、最小のリンク数のパスを選んで、そこでのリンク数で**距離**(geodesic distance)が定義される[*9]。

つづいて、もう少し複雑なケースを考える。**図2.19**における点1から点5までのパスは、素直に点1、点2、点5というものとなる(**図2.20**の左端)。しかし、ここでは点1、点2、点3、点4、点2、点5という行きかたや(**図2.20**の真ん中)や、点1、点2、点4、点3、点2、点5という行きかたもある(**図2.20**の右端)。

この後者二つは、パスとは呼ばれない。しかし、単に距離が長くなるという理由ではない。実際に、**図2.18**の点1、点5、点4、点3という行きかたはパスと呼ばれた。

ここでの決定的な違いは、これまでパスと呼んできた行きかたは同じ点を通っていないが、

***

[*9] ここでのgeodesicとはネットワーク上のリンクに沿いながらという意味である。geodesicを明示したい場合は定訳である「測地線」を用いて、「測地線距離」と訳される。他の呼び方として、最短距離(shortest distance)、最短パス長(shortest path length)が用いられるときもある。

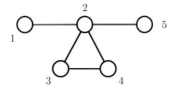

図 2.19　トレイルがある例

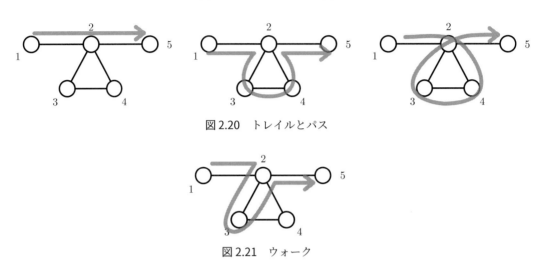

図 2.20　トレイルとパス

図 2.21　ウォーク

図 2.20 の真ん中および右端の行きかたは、同じ点(点2)を2回含んでしまっている。このような行きかたは、パスと区別をつけるために**トレイル**(trail)と呼ばれる。

　以上より、直感的には、「トレイルはパスよりも寄り道を含むことができる」といえる。ここでの「寄り道」とは、同じ点を2回以上含んでもよいということである。

　ここで、**図 2.18** に戻ってみると、点1と点3を結ぶ二つのパスがあった。つまり、点1、点2、点3というパスと点1、点5、点4、点3というパスである。どちらのパスも同じ点を2回以上含むという意味での「寄り道」はしていない。しかし、最初の第一歩の違いが、結果としてそれぞれのパスの距離の違いを生み出している。つまり、後者のパスは「寄り道はしなかったが、最初の第一歩の方角を間違えてしまった」のである。

　ここで、さらに「より道」の概念を拡張する。つまり、点の重複だけではなく、2回以上のリンクの重複も認めるのである。また、2回以上の線の重複は必ず2回以上の同じ点を含むことになるから、この考え方は「トレイル」より程度の大きい寄り道となる。まとめると、点の重複とリンクの重複も認めるパスのことを**ウォーク**(walk)と呼ぶ。例を、**図 2.21** に示す。点2が2回含まれ、線(2,3)も2回含まれている。

　最後に、パス、トレイル、ウォークの関係をまとめておく。いま注目しているものは、異なる2点を結びつける点と線のつながりである。このつながりにおいて最も基準が緩いものは、ウォークであり、どのようなつながりも許容する。しかし、トレイルにおいては、ある種の「寄り道」（もしくは「無駄」「冗長性」）を取り除くことになる。つまり、「2点を結ぶつながりの中で、2回以上

	同じ点を2回以上 含んでもよい	同じ線を2回以上 含んでもよい
ウォーク	○	○
トレイル	○	×
パス	×	×

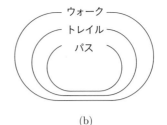

(a)   (b)

図 2.22　ウォークとトレイルとパスの関係

同一の線を含むことは“できない”」とするのである。さらに、パスにおいては、「2点を結ぶつながりの中で、2回以上同一の点を含むことも“できない”」となる。結果として、**図 2.22**(a)という関係が得られる。また、こららは包含関係となっており、これを(b)に示す。これより、例えば「すべてのパスはトレイルでもある」というような関係を読み取れる。

2.4　パスの応用

2.4.1　ゲームツリーの特徴について

　パスの概念を用いると、ゲームツリーの特徴を理解できる。つまり、ゲームツリーとは、始点と終点を考えたとき、ただ一つのパスが決まり、複数のパスをもたないネットワークといえる。

　この状況を**図 2.23**で示す。各点の横に示されているローマ数字は意思決定をする主体を示している。一番左端の点が始点で一番右端の各点が終点となっている。ここで、始点sから、終点eまでのパスを**図 2.24**に示す。ゲームツリーの特徴のおかげで、始点と終点を定めただけで、各主体が、各点でどのような意思決定をしていったかを、ただ一つに定めることができる。こうした状況では単純かつ明快な分析ができるのである。

　言い換えると、もし複数のパスをとることができると、始点と終点を結ぶ複数の経路が出てしまい、誰がどのタイミングでどのような意思決定をしたかについて一つに定めることができなくなってくる。こうした状況は**図 2.25**で示される。ここでも始点sから終点eまでのパスを考えてみる。このときには、**図 2.26**、**図 2.27**と二つのパスをとることができる。こうすると、終点のeだけをみても、どのようなパスで意思決定がなされたかが、わからなくなってしまう。このような面倒を排除するために、ゲームツリーでは始点と終点が指定されたときに、ただ一つのパスが決まるようなネットワークが用いられる[*10]。

---

*10　より詳細なゲームツリーが満たすべき性質については、渡辺 (2008, 7章2節) を参照されたい。

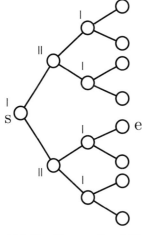

図2.23　ゲームツリーの例

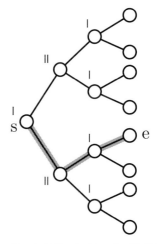

図2.24　ゲームツリーにおいて、始点から終点
までのパスはただ一つに決まる

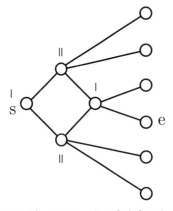

図2.25　ゲームツリーとはならないケース

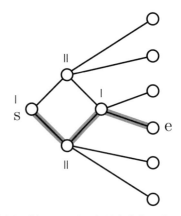

図2.26　ゲームツリーとはならないケース：
始点から終点までのパスの一つ目

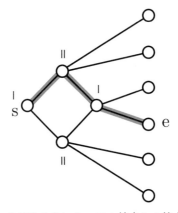

図2.27　ゲームツリーとはならないケース：始点から終点までのパスの二つ目

2.4.2 コンポーネントについて

これまでのネットワークでは、すべての点がつながっていることを前提としていた。例えば、**図 2.28** のようなネットワークである。他方で、**図 2.29** に示されるような、いくつかの部分に分かれているネットワークも考えられる。この部分に分かれているネットワークに注目していこう。

以上は直感的な理解だったので、もう少し厳密に定義していこう。このときにはパスの概念を用いるとよい。はじめに二つの点に対してその間にパスが存在する場合は、これを「**到達可能** (reachable)」と呼ぶ。この定義を用いると、**図 2.28** においては、任意の二つの点が到達可能となっている。このときには、そのネットワークを「**連結** (connected)」と呼ぶ。

他方で、もしある二つの点において、到達可能ではない場合は、そのネットワークを「**非連結** (disconnected)」と呼ぶ。このことは**図 2.29** の点に番号をつけた**図 2.30** で考えるとわかりやすい。例えば、点1と点5は到達可能ではない。したがって、このネットワークは連結ではない。

ここで点5、6、7、8だけで構成されるネットワークを考える[*11]。ちなみに、こうした全体のネットワークの一部となるネットワークは部分ネットワーク (subnetwork) と呼ばれる[*12]。この点5、6、7、8で構成される部分ネットワークは連結となっている。このように部分ネットワークを連結という概念によって特徴づけることができる。

ふたたび、**図 2.30** に注目するとき、このネットワークは四つの部分ネットワークと考えることが自然である。つまり、点1、2、3で構成される部分ネットワーク、点4のみで構成される部分ネットワーク、点5、6、7、8で構成される部分ネットワーク、点9、10で構成される部分ネットワークである。

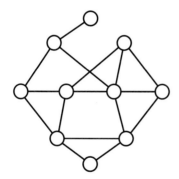 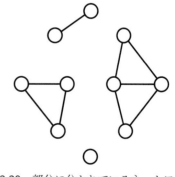

図 2.28　すべての点がつながっているネットワーク　図 2.29　部分に分かれているネットワーク

[*11] より厳密には点5、6、7、8のもつすべてのリンクというように、リンクの集合まで述べないといけないが、ここではそこまで厳密な表現はしないでおく。

[*12] ここでの議論では、部分ネットワークとは「ネットワークの一部分」という理解だけで十分である。念の為、部分ネットワークの定義をもう少し丁寧に述べていく。はじめに、ネットワークは点の集合とリンクの集合で定義されたことを思い出す。したがって、点の部分集合とリンクの部分集合で新たに定義されたネットワークはすべて部分ネットワークとなる。ただし、リンクの部分集合で用いられている点は、必ず点の部分集合に含めないといけない。例えば、リンク $(1, 2)$ を考えているにもかかわらず、点1を点の部分集合に含まないというようなことをしてはいけない。

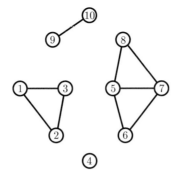

図2.30　点にそれぞれ番号をつける

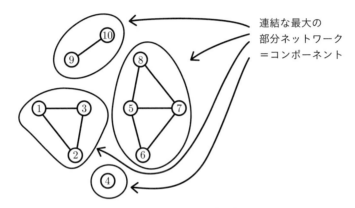

図2.31　四つのコンポーネント

　以上の部分ネットワークへの分割では、点5、6、7、8で構成される部分ネットワークを考えており、点5、6、7だけで構成される部分ネットワークは考えていない。他方で、点5、6、7も互いに連結となっており、連結という概念だけでは、点5、6、7だけで構成される部分ネットワークを排除できない。

　そこで、「最大の」という条件をつけることにする。つまり、「連結な最大の部分ネットワーク」を考えるとよい。すると、点1、2、3で構成される部分ネットワークも、点4のみで構成される部分ネットワークも、点5、6、7、8で構成される部分ネットワークも、点9、10で構成される部分ネットワークも、それぞれ「連結な最大の部分ネットワーク」となり、これ以外に「連結な最大の部分ネットワーク」は存在しない。

　以上から、「連結な最大の部分ネットワーク」を考えることで、直感的に理解できる、ネットワークの各部分を適切に定義することができる。そして、この「連結な最大の部分ネットワーク」は**コンポーネント** (component) と呼ばれる。つまり、**図2.31**で示したネットワークには、四つのコンポーネントが存在している。

このように、パスという概念から到達可能性が定義され、到達可能性から連結が定義され、連結なネットワークからコンポーネントが定義されるのである[*13]。このコンポーネントという概念はゲーム理論の文脈では第5章で、社会ネットワーク分析の文脈では第8章で出てくることになる。

2.5 隣接行列の掛け算とさまざまなウォーク

2.5.1 隣接行列の中のベクトルの意味

1.4節で述べた隣接行列を前提として興味深い演算を紹介する。隣接行列とは、ネットワーク上でのリンクを示すものであり

$$
\boldsymbol{G} = \begin{pmatrix} 0 & g_{12} & \cdots & g_{1n} \\ g_{21} & 0 & \cdots & g_{2n} \\ \vdots & \vdots & \ddots & \vdots \\ g_{n1} & g_{n2} & \cdots & 0 \end{pmatrix} \tag{2.14}
$$

と表現されるものであった。ここでの (i, j) 要素、つまり g_{ij} が1ならば、有向線 (i, j) が存在する。

以下では、行列の掛け算と、そこに含まれるさまざまなウォークとの関係について説明していく。

はじめに、隣接行列の $g_{ij} = 1$ とは、点 i から点 j は隣接していることを示し、点 i から点 j へのウォークが存在していることを示している[*14]。

さて、この隣接行列の意味をもう少し詳しく見ていこう。行列はその名前の通り、行と列で構成される。行は横方向の数値の並びであり**横ベクトル**とも呼ばれ、列は縦方向の数値の並びであり**縦ベクトル**とも呼ばれる。

ここで縦ベクトルをそれぞれ

$$
\boldsymbol{g}_{\cdot 1} \equiv \begin{pmatrix} 0 \\ g_{21} \\ \vdots \\ g_{n1} \end{pmatrix}, \ \boldsymbol{g}_{\cdot 2} \equiv \begin{pmatrix} g_{12} \\ 0 \\ \vdots \\ g_{n2} \end{pmatrix}, \ \cdots, \boldsymbol{g}_{\cdot n} \equiv \begin{pmatrix} g_{1n} \\ g_{2n} \\ \vdots \\ 0 \end{pmatrix} \tag{2.15}
$$

とする。ここで縦ベクトルを強調するために

$$
\boldsymbol{g}_{\cdot 1} \equiv \begin{pmatrix} | \\ \boldsymbol{g}_{\cdot 1} \\ | \end{pmatrix}, \ \boldsymbol{g}_{\cdot 2} \equiv \begin{pmatrix} | \\ \boldsymbol{g}_{\cdot 2} \\ | \end{pmatrix}, \ \cdots, \boldsymbol{g}_{\cdot n} \equiv \begin{pmatrix} | \\ \boldsymbol{g}_{\cdot n} \\ | \end{pmatrix} \tag{2.16}
$$

[*13] ここでは方向性のないリンクでパス、トレイル、ウォーク、到達可能性、連結、コンポーネントを定義した。方向性のあるリンクに対しても、同様の考えを素直に拡張して定義できる。ただし、方向がある分だけ考察すべき状況が増え、扱うべき概念も多くなってしまう。詳細を知りたい場合は、Wasserman and Faust (1994, 4.3節) を参考にするとよい。

[*14] もちろん、この段階では、パスと呼んでも、トレイルと呼んでもよいが、のちの議論でウォークの概念がより適切となるので、はじめからウォークで考えていく。

という表記も併せて示しておく[*15]。$\boldsymbol{g}$ の添え字の $\cdot$ は、ここの部分の値がいろいろ変わるということを示している。

　すると、先の隣接行列が縦ベクトルを用いて

$$G = \begin{pmatrix} | & | & & | \\ \boldsymbol{g}_{\cdot 1} & \boldsymbol{g}_{\cdot 2} & \cdots & \boldsymbol{g}_{\cdot n} \\ | & | & & | \end{pmatrix} \tag{2.17}$$

と表現できる。

　さらに、縦ベクトル $\boldsymbol{g}_{\cdot i}$ は作り方から、主体 i へ向かうすべての線についての情報を含んでいる。

　つづいて、横ベクトルを

$$\boldsymbol{g}_{1\cdot} \equiv \begin{pmatrix} 0 & g_{12} & \cdots & g_{1n} \end{pmatrix}, \tag{2.18}$$

$$\boldsymbol{g}_{2\cdot} \equiv \begin{pmatrix} g_{21} & 0 & \cdots & g_{2n} \end{pmatrix}, \tag{2.19}$$

$$\vdots$$

$$\boldsymbol{g}_{n\cdot} \equiv \begin{pmatrix} g_{n1} & g_{n2} & \cdots & 0 \end{pmatrix} \tag{2.20}$$

とする。ここで横ベクトルということを強調するために

$$\boldsymbol{g}_{1\cdot} \equiv \begin{pmatrix} - & \boldsymbol{g}_{1\cdot} & - \end{pmatrix}, \tag{2.21}$$

$$\boldsymbol{g}_{2\cdot} \equiv \begin{pmatrix} - & \boldsymbol{g}_{2\cdot} & - \end{pmatrix}, \tag{2.22}$$

$$\vdots$$

$$\boldsymbol{g}_{n\cdot} \equiv \begin{pmatrix} - & \boldsymbol{g}_{n\cdot} & - \end{pmatrix} \tag{2.23}$$

という表記も併せて示しておく。先と同様に、$\boldsymbol{g}$ の添え字の $\cdot$ は、ここの部分の値がいろいろ変わるということを示している。

　そうすると、これらを用いて

$$G = \begin{pmatrix} - & \boldsymbol{g}_{1\cdot} & - \\ - & \boldsymbol{g}_{2\cdot} & - \\ & \vdots & \\ - & \boldsymbol{g}_{n\cdot} & - \end{pmatrix} \tag{2.24}$$

と表現できる。

　以上のように、隣接行列は縦ベクトルを並べたもの、もしくは、横ベクトルを並べたものととらえられる。ここで第 i 行の縦ベクトル $\boldsymbol{g}_{\cdot i}$ の各要素を足し合わせると

[*15] このような表記は一般的ではないが、直感的に理解できるのでこのような表記もした。なお、Strang (2009, p. 71) でも、同様の表記を確認できる。

$$\begin{pmatrix} | \\ \boldsymbol{g}_{\cdot i} \\ | \end{pmatrix} \text{の各要素の総和} = \sum_{j=1}^{n} g_{ji} \tag{2.25}$$

が得られ、g_{ji} は点 i から点 j への線がある場合は 1 をとり、ない場合は 0 をとるので、この総和は、主体 i へ向かう線が何本あるかを示している。

同様に

$$\begin{pmatrix} - & \boldsymbol{g}_{i\cdot} & - \end{pmatrix} \text{の各要素の総和} = \sum_{j=1}^{n} g_{ij} \tag{2.26}$$

は主体 i から出ていく線が何本あるかを示している。

このように、隣接行列を列ベクトルの組、もしくは行ベクトルの組とみて、各縦ベクトルと横ベクトルに注目し、要素の総和をとることで、各点に入ってくる、もしくは出ていく線が何本あるかを知ることができる。

2.5.2 行列とベクトルの掛け算

これから、隣接行列の積について解釈をしていく。その準備としてここでは、ごく簡単に行列とベクトルの掛け算について紹介をしておく[16]。

はじめに行列とベクトルの掛け算の基本は

$$\text{行} \times \text{列} \tag{2.27}$$

であり、対応する要素を掛けて足し合わせていくことである。

具体的なイメージを掴むことで、より容易に理解できるので、三つの要素のベクトルで考えると

$$\begin{pmatrix} 1 & 2 & 3 \end{pmatrix} \times \begin{pmatrix} 4 \\ 5 \\ 6 \end{pmatrix} = 1 \times 4 + 2 \times 5 + 3 \times 6 = 4 + 10 + 18 = 32 \tag{2.28}$$

となる。このような計算方法をわざわざとるのは、このようにした方が数学的な性質がよいからである[17]。

数値ではなく、記号表現とすると

---

[16] もちろん適当な線形代数の教科書を参考にされたい。このあたりは三宅 (1991, 1 章) など、薄めのテキストで例題が多いものが理解しやすいかもしれない。統計学と計量経済学のテキストではあるが拙著 (藤山, 2007, 22 章) では、行列とベクトルの基礎的な計算規則をかなり丁寧に説明しているのでこれも参考にされたい。

[17] 平岡・堀 (2004) が強調するように、行列の計算は、空間のイメージや変換のイメージを踏まえると、より直感的に理解できる。ここにおいて、ここでの掛け算の定義で、行列の計算と空間や変換の直感との対応関係をとることができる。

$$\begin{pmatrix} x_1 & x_2 & \cdots & x_n \end{pmatrix} \times \begin{pmatrix} y_1 \\ y_2 \\ \vdots \\ y_n \end{pmatrix} = x_1 y_1 + x_2 y_2 + \cdots + x_n y_n = \sum_{i=1}^{n} x_i y_i \qquad (2.29)$$

とも表現できる。

各要素を特に示さない場合は

$$\begin{pmatrix} - & \boldsymbol{x} & - \end{pmatrix} \times \begin{pmatrix} | \\ \boldsymbol{y} \\ | \end{pmatrix} = \sum_{i=1}^{n} x_i y_i \qquad (2.30)$$

とも表現できる。

次に行列とベクトルの積を考えよう。はじめに行列を

$$\boldsymbol{X} \equiv \begin{pmatrix} x_{11} & x_{12} & \cdots & x_{1n} \\ x_{21} & x_{22} & \cdots & x_{2n} \\ \vdots & \vdots & \ddots & \vdots \\ x_{n1} & x_{n2} & \cdots & x_{nn} \end{pmatrix} \equiv \begin{pmatrix} - & \boldsymbol{x}_{1\cdot} & - \\ - & \boldsymbol{x}_{2\cdot} & - \\ & \vdots & \\ - & \boldsymbol{x}_{n\cdot} & - \end{pmatrix} \qquad (2.31)$$

と表現しておこう。また縦ベクトルを

$$\boldsymbol{y} \equiv \begin{pmatrix} | \\ \boldsymbol{y} \\ | \end{pmatrix} \equiv \begin{pmatrix} y_1 \\ y_2 \\ \vdots \\ y_n \end{pmatrix} \qquad (2.32)$$

としておく。

こうすると行列とベクトルの掛け算が、ベクトルとベクトルの掛け算の延長として

$$\boldsymbol{X}\boldsymbol{y} = \begin{pmatrix} - & \boldsymbol{x}_{1\cdot} & - \\ - & \boldsymbol{x}_{2\cdot} & - \\ & \vdots & \\ - & \boldsymbol{x}_{n\cdot} & - \end{pmatrix} \cdot \begin{pmatrix} | \\ \boldsymbol{y} \\ | \end{pmatrix} = \begin{pmatrix} \boldsymbol{x}_{1\cdot} \cdot \boldsymbol{y} \\ \boldsymbol{x}_{2\cdot} \cdot \boldsymbol{y} \\ \vdots \\ \boldsymbol{x}_{n\cdot} \cdot \boldsymbol{y} \end{pmatrix} = \begin{pmatrix} \sum_{i=1}^{n} x_{1i} y_i \\ \sum_{i=1}^{n} x_{2i} y_i \\ \vdots \\ \sum_{i=1}^{n} x_{ni} y_i \end{pmatrix} \qquad (2.33)$$

となる。

簡単な数値による計算で確かめると

$$\begin{pmatrix} 1 & 2 & 3 \\ 4 & 5 & 6 \\ 7 & 8 & 9 \end{pmatrix} \cdot \begin{pmatrix} 1 \\ 2 \\ 3 \end{pmatrix} = \begin{pmatrix} 1\times1+2\times2+3\times3 \\ 4\times1+5\times2+6\times3 \\ 7\times1+8\times2+9\times3 \end{pmatrix} = \begin{pmatrix} 1+4+9 \\ 4+10+18 \\ 7+16+27 \end{pmatrix} = \begin{pmatrix} 14 \\ 32 \\ 50 \end{pmatrix} \qquad (2.34)$$

となる。

最後に、行列と行列の掛け算を示しておく。行列 X は先に定義したものを用いて、つづいて、行列 Y として

$$Y \equiv \begin{pmatrix} y_{11} & y_{12} & \cdots & y_{1n} \\ y_{21} & y_{22} & \cdots & y_{2n} \\ \vdots & \vdots & \ddots & \vdots \\ y_{n1} & y_{n2} & \cdots & y_{nn} \end{pmatrix} \equiv \begin{pmatrix} | & | & & | \\ \boldsymbol{y}_{\cdot 1} & \boldsymbol{y}_{\cdot 2} & \cdots & \boldsymbol{y}_{\cdot n} \\ | & | & & | \end{pmatrix} \qquad (2.35)$$

を定義しておく。このとき

$$X \cdot Y = \begin{pmatrix} - & \boldsymbol{x}_{1\cdot} & - \\ - & \boldsymbol{x}_{2\cdot} & - \\ & \vdots & \\ - & \boldsymbol{x}_{n\cdot} & - \end{pmatrix} \cdot \begin{pmatrix} | & | & & | \\ \boldsymbol{y}_{\cdot 1} & \boldsymbol{y}_{\cdot 2} & \cdots & \boldsymbol{y}_{\cdot n} \\ | & | & & | \end{pmatrix} = \begin{pmatrix} \boldsymbol{x}_{1\cdot}\boldsymbol{y}_{\cdot 1} & \boldsymbol{x}_{1\cdot}\boldsymbol{y}_{\cdot 2} & \cdots & \boldsymbol{x}_{1\cdot}\boldsymbol{y}_{\cdot n} \\ \boldsymbol{x}_{2\cdot}\boldsymbol{y}_{\cdot 1} & \boldsymbol{x}_{2\cdot}\boldsymbol{y}_{\cdot 2} & \cdots & \boldsymbol{x}_{2\cdot}\boldsymbol{y}_{\cdot n} \\ \vdots & \vdots & \ddots & \vdots \\ \boldsymbol{x}_{n\cdot}\boldsymbol{y}_{\cdot 1} & \boldsymbol{x}_{n\cdot}\boldsymbol{y}_{\cdot 2} & \cdots & \boldsymbol{x}_{n\cdot}\boldsymbol{y}_{\cdot n} \end{pmatrix}$$

$$(2.36)$$

$$= \begin{pmatrix} \sum_{i=1}^{n} x_{1i}y_{i1} & \sum_{i=1}^{n} x_{1i}y_{i2} & \cdots & \sum_{i=1}^{n} x_{1i}y_{in} \\ \sum_{i=1}^{n} x_{2i}y_{i1} & \sum_{i=1}^{n} x_{2i}y_{i2} & \cdots & \sum_{i=1}^{n} x_{2i}y_{in} \\ \vdots & \vdots & \ddots & \vdots \\ \sum_{i=1}^{n} x_{ni}y_{i1} & \sum_{i=1}^{n} x_{ni}y_{i2} & \cdots & \sum_{i=1}^{n} x_{ni}y_{in} \end{pmatrix} \qquad (2.37)$$

となる。

　これも簡単な数値による計算で確かめてみよう。要素が多くなるので2行2列の行列の積を考える。すると

$$\begin{pmatrix} 1 & 2 \\ 3 & 4 \end{pmatrix} \cdot \begin{pmatrix} 5 & 6 \\ 7 & 8 \end{pmatrix} = \begin{pmatrix} 1\times 5 + 2\times 7 & 1\times 6 + 2\times 8 \\ 3\times 5 + 4\times 7 & 3\times 6 + 4\times 8 \end{pmatrix} = \begin{pmatrix} 19 & 22 \\ 43 & 50 \end{pmatrix} \qquad (2.38)$$

となる。

2.5.3　隣接行列の掛け算

　これより、隣接行列の掛け算を行い、その意味を探っていくことにする。

　はじめに隣接行列の2乗、つまり、G^2 について考えていく。このとき

$$G^2 = GG = \begin{pmatrix} - & \boldsymbol{g}_{1\cdot} & - \\ - & \boldsymbol{g}_{2\cdot} & - \\ & \vdots & \\ - & \boldsymbol{g}_{i} & - \\ & \vdots & \\ - & \boldsymbol{g}_{n\cdot} & - \end{pmatrix} \cdot \begin{pmatrix} | & | & & | & & | \\ \boldsymbol{g}_{\cdot 1} & \boldsymbol{g}_{\cdot 2} & \cdots & \boldsymbol{g}_{\cdot j} & \cdots & \boldsymbol{g}_{\cdot n} \\ | & | & & | & & | \end{pmatrix}$$

$$
= \begin{pmatrix}
\boldsymbol{g}_{1\cdot}\boldsymbol{g}_{\cdot 1} & \boldsymbol{g}_{1\cdot}\boldsymbol{g}_{\cdot 2} & \cdots & \boldsymbol{g}_{1\cdot}\boldsymbol{g}_{\cdot j} & \cdots & \boldsymbol{g}_{1\cdot}\boldsymbol{g}_{\cdot n} \\
\boldsymbol{g}_{2\cdot}\boldsymbol{g}_{\cdot 1} & \boldsymbol{g}_{2\cdot}\boldsymbol{g}_{\cdot 2} & \cdots & \boldsymbol{g}_{2\cdot}\boldsymbol{g}_{\cdot j} & \cdots & \boldsymbol{g}_{2\cdot}\boldsymbol{g}_{\cdot n} \\
\vdots & \vdots & \ddots & \vdots & \ddots & \vdots \\
\boldsymbol{g}_{i\cdot}\boldsymbol{g}_{\cdot 1} & \boldsymbol{g}_{i\cdot}\boldsymbol{g}_{\cdot 2} & \cdots & \boldsymbol{g}_{i\cdot}\boldsymbol{g}_{\cdot j} & \cdots & \boldsymbol{g}_{i\cdot}\boldsymbol{g}_{\cdot n} \\
\vdots & \vdots & \ddots & \vdots & \ddots & \vdots \\
\boldsymbol{g}_{n\cdot}\boldsymbol{g}_{\cdot 1} & \boldsymbol{g}_{n\cdot}\boldsymbol{g}_{\cdot 2} & \cdots & \boldsymbol{g}_{n\cdot}\boldsymbol{g}_{\cdot j} & \cdots & \boldsymbol{g}_{n\cdot}\boldsymbol{g}_{\cdot n}
\end{pmatrix} \tag{2.39}
$$

が得られる。

ここで (i,j) 要素の $\boldsymbol{g}_{i\cdot}\boldsymbol{g}_{\cdot j}$ を解釈すると

$\boldsymbol{g}_{i\cdot}$ で点 i からどこかへ行き、$\boldsymbol{g}_{\cdot j}$ でそのどこかから点 j へ向かうような線

を表現しているように思える。そして、行列の積の計算ではすべての項の積を網羅しているので、そうした線がすべて含まれるように予想できる。実はこの予想は正しい。

ここで例を通じて考えてみる。4行4列の隣接行列として

$$
\boldsymbol{G} \equiv \begin{pmatrix}
0 & g_{12} & g_{13} & g_{14} \\
g_{21} & 0 & g_{23} & g_{24} \\
g_{31} & g_{32} & 0 & g_{34} \\
g_{41} & g_{42} & g_{43} & 0
\end{pmatrix} \tag{2.40}
$$

を考える。ここで2乗を考えると

$$
\boldsymbol{G}^2 = \begin{pmatrix}
g_{12}g_{21} + g_{13}g_{31} + g_{14}g_{41} & g_{13}g_{32} + g_{14}g_{42} \\
g_{23}g_{31} + g_{24}g_{41} & g_{21}g_{12} + g_{23}g_{32} + g_{24}g_{42} \\
g_{32}g_{21} + g_{34}g_{41} & g_{31}g_{12} + g_{34}g_{42} \\
g_{42}g_{21} + g_{43}g_{31} & g_{41}g_{12} + g_{43}g_{32}
\end{pmatrix}
$$

$$
\begin{matrix}
g_{12}g_{23} + g_{14}g_{43} & g_{12}g_{24} + g_{13}g_{34} \\
g_{21}g_{13} + g_{24}g_{43} & g_{21}g_{14} + g_{23}g_{34} \\
g_{31}g_{13} + g_{32}g_{23} + g_{34}g_{43} & g_{31}g_{14} + g_{32}g_{24} \\
g_{41}g_{13} + g_{42}g_{23} & g_{41}g_{14} + g_{42}g_{24} + g_{43}g_{34}
\end{matrix} \tag{2.41}
$$

となる。$(1,2)$ 要素を見ると

$$
g_{13}g_{32} + g_{14}g_{42}
$$

となる。ここでは

- $g_{13}g_{32}$ は「点 1 →点 3 →点 2」というウォークである
- $g_{14}g_{42}$ は「点 1 →点 4 →点 2」というウォークである

となる。$g_{13}g_{32}$ に注目すると、各要素が g_{13} と g_{32} がともに 1 ではじめて $g_{13}g_{32}$ も 1 となり、このときにこのウォークも存在することになる。$g_{14}g_{42}$ についても同様である。これらは距離 2 の点 1 か

ら点2へのウォークとなっており、行列の掛け算の性質より、可能なウォークはすべて示されている。したがって、$\boldsymbol{G}$ の $(1, 2)$ 要素の値が1ならば、ネットワーク $\boldsymbol{G}$ において、距離2の点1から点2へのウォークが一つ存在していることになる。

さらに、ここでもう一つ考えを進める。そのために、$\boldsymbol{G}^2$ の (i, j) 要素を $\hat{g}_{ij}$ と表記しておく。すると

$$\boldsymbol{G}^2 \equiv \begin{pmatrix} 0 & \hat{g}_{12} & \hat{g}_{13} & \hat{g}_{14} \\ \hat{g}_{21} & 0 & \hat{g}_{23} & \hat{g}_{24} \\ \hat{g}_{31} & \hat{g}_{32} & 0 & \hat{g}_{34} \\ \hat{g}_{41} & \hat{g}_{42} & \hat{g}_{43} & 0 \end{pmatrix} \tag{2.42}$$

という表現が得られる。式 (2.41) との対応より、例えば $\boldsymbol{G}^2$ の $(1, 2)$ 要素は

$$\hat{g}_{12} = g_{13}g_{32} + g_{14}g_{42} \tag{2.43}$$

であり、$\hat{g}_{12}$ によって点1から点2への距離2のすべてのウォークが示されていることになる。

そうすると

$$\boldsymbol{G}^3 = (\boldsymbol{G}^2)\boldsymbol{G} \tag{2.44}$$

$$= \begin{pmatrix} 0 & \hat{g}_{12} & \hat{g}_{13} & \hat{g}_{14} \\ \hat{g}_{21} & 0 & \hat{g}_{23} & \hat{g}_{24} \\ \hat{g}_{31} & \hat{g}_{32} & 0 & \hat{g}_{34} \\ \hat{g}_{41} & \hat{g}_{42} & \hat{g}_{43} & 0 \end{pmatrix} \cdot \begin{pmatrix} 0 & g_{12} & g_{13} & g_{14} \\ g_{21} & 0 & g_{23} & g_{24} \\ g_{31} & g_{32} & 0 & g_{34} \\ g_{41} & g_{42} & g_{43} & 0 \end{pmatrix} \tag{2.45}$$

$$= \begin{pmatrix} \hat{g}_{12}g_{21} + \hat{g}_{13}g_{31} + \hat{g}_{14}g_{41} & \hat{g}_{13}g_{32} + \hat{g}_{14}g_{42} \\ \hat{g}_{23}g_{31} + \hat{g}_{24}g_{41} & \hat{g}_{21}g_{12} + \hat{g}_{23}g_{32} + \hat{g}_{24}g_{42} \\ \hat{g}_{32}g_{21} + \hat{g}_{34}g_{41} & \hat{g}_{31}g_{12} + \hat{g}_{34}g_{42} \\ \hat{g}_{42}g_{21} + \hat{g}_{43}g_{31} & \hat{g}_{41}g_{12} + \hat{g}_{43}g_{32} \end{pmatrix}$$

$$\begin{pmatrix} \hat{g}_{12}g_{23} + \hat{g}_{14}g_{43} & \hat{g}_{12}g_{24} + \hat{g}_{13}g_{34} \\ \hat{g}_{21}g_{13} + \hat{g}_{24}g_{43} & \hat{g}_{21}g_{14} + \hat{g}_{23}g_{34} \\ \hat{g}_{31}g_{13} + \hat{g}_{32}g_{23} + \hat{g}_{34}g_{43} & \hat{g}_{31}g_{14} + \hat{g}_{32}g_{24} \\ \hat{g}_{41}g_{13} + \hat{g}_{42}g_{23} & \hat{g}_{41}g_{14} + \hat{g}_{42}g_{24} + \hat{g}_{43}g_{34} \end{pmatrix} \tag{2.46}$$

となる。$\boldsymbol{G}^3$ の $(1, 2)$ 要素を確認すると

$$\hat{g}_{13}g_{32} + \hat{g}_{14}g_{42}$$

となっている。これは「距離2で点1から点3へ行き、その後、距離1で点3から点2」というウォークと「距離2で点1から点4へ行き、その後、距離1で点4から点2」というウォークを示している。したがって、「距離3の点1から点2」というウォークを示している。

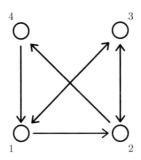

図 2.32　隣接行列の積とウォークについて

　図 2.32 に示す、具体的なグラフで確認をしてみよう。この隣接行列は

$$G \equiv \begin{pmatrix} 0 & 1 & 1 & 0 \\ 0 & 0 & 1 & 1 \\ 1 & 1 & 0 & 0 \\ 1 & 0 & 0 & 0 \end{pmatrix} \tag{2.47}$$

となる。ここで

$$G^3 = \begin{pmatrix} 2 & 2 & 2 & 1 \\ 0 & 2 & 3 & 1 \\ 3 & 2 & 1 & 1 \\ 1 & 1 & 1 & 1 \end{pmatrix} \tag{2.48}$$

となる[*18]。ここにおける $(2,3)$ 要素が 3 となっている。つまり、「距離が 3 で点 2 から点 3 への ウォーク」が三つあることがわかる。ちなみに、この三つのウォークは**図 2.33** で示されているも のである。

　ここで、G の各要素を g_{ij} で表現すると、G^3 の $(2,3)$ 要素は

$$g_{21}g_{12}g_{23} + g_{21}g_{14}g_{43} + g_{23}g_{31}g_{13} + g_{23}g_{32}g_{23} + g_{23}g_{34}g_{43} + g_{24}g_{42}g_{23} + g_{24}g_{41}g_{13}$$

となっている[*19]。ここで 0 が入る要素を明示すると

$$g_{21}(=0)g_{12}g_{23} + g_{21}(=0)g_{14}(=0)g_{43}(=0) + g_{23}g_{31}g_{13}$$
$$+ g_{23}g_{32}g_{23} + g_{23}g_{34}(=0)g_{43}(=0) + g_{24}g_{42}(=0)g_{23} + g_{24}g_{41}g_{13}$$

となっている。ここで、残っているのは

$$g_{23}g_{31}g_{13} + g_{23}g_{32}g_{23} + g_{24}g_{41}g_{13}$$

---

*18　この計算については、2.6 節で R による行列の掛け算として取り上げている。

*19　計算は面倒なので、これは Mathematica や Maxima などで計算するとよい。

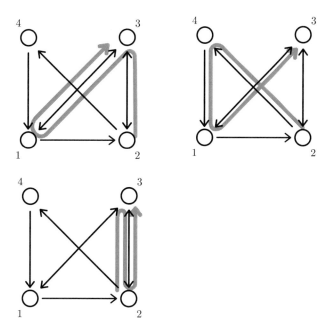

図 2.33 三つのウォーク

となる。最後に、これらの各 g_{ij} が 1 なので、$1+1+1$ となり、先の計算で $(2,3)$ 要素が 3 となることを確認できる。

　最後にまとめると、G^3 の $(2,3)$ 要素は、点 2 から点 3 への、距離が 3 のウォークをすべて含んでいる。値としては、実際に存在する点 2 から点 3 へのウォークの数を示している。

　このことはより一般的に言えて

- G^n の (i, j) 要素は、
  - 点 i から点 j への、距離が n のウォークをすべて含んでおり
  - 値としては、実際に存在する点 i から点 j へのウォークの数を示している

となる。

　このように隣接行列 G の n 乗は、各点間の距離が n のウォークのすべての情報を含んでいるのである。

2.6 　Rによるベクトルや行列の掛け算

前節では、ベクトルと行列の掛け算が出てきた。計算結果をRで確認していこう。

式 (2.28) の計算は以下のようにすればよい。すなわち、行ベクトルを

```
a <- rbind(c(1, 2, 3))
```

でaとして、列ベクトルを

```
b <- rbind(
        c(4),
        c(5),
        c(6))
```

でbとして、掛け算の記号は%*%を用いて

```
a %*% b
```

とすれば、計算結果が得られる。

式 (2.34) についても同様に、行列を

```
A <- rbind(
        c(1, 2, 3),
        c(4, 5, 6),
        c(7, 8, 9))
```

でAとして、列ベクトルを

```
b <- rbind(
        c(1),
        c(2),
        c(3))
```

でbとして、

```
A %*% b
```

とすれば、計算結果が得られる。

残りも同様なので、コマンドをまとめて示すと、式 (2.38) については

```
A <- rbind(
        c(1, 2),
        c(3, 4))

B <- rbind(
        c(5, 6),
```

```
        c(7, 8))

  A %*% B
```

とすればよい。

また、式 (2.48) についても

```
  G <- rbind(
          c(0, 1, 1, 0),
          c(0, 0, 1, 1),
          c(1, 1, 0, 0),
          c(1, 0, 0, 0))

  G %*% G %*% G
```

とすればよい。

📑 章末まとめ

- ゲーム理論における安定な状況としてのナッシュ均衡は、誰もが他の戦略へ変更をしようとしない状態である。

- 戦略形ゲームでは、相手の戦略を固定して自分の最適な戦略を決めていくことにより、ナッシュ均衡が求められる。展開形ゲームでは、後ろ向き帰納法を用いて部分ゲーム完全均衡を求める。

- ネットワークの経路には、パス、トレイル、ウォークがあり、点やリンクの重複を認めるかどうかで異なってくる。

- 隣接行列の掛け算によって、ネットワークにおけるウォークを調べることができる。

💭 考えてみよう

1. 前章の「考えてみよう」で考えたゲームでナッシュ均衡を求めてみよう。

2. 前章の「考えてみよう」で考えたゲームで意思決定の順番を定め、ゲームツリーで表現し、後ろ向き帰納法を用いて、部分ゲーム完全均衡を求めてみよう。

3. 情報が流れていくとき、パス、トレイル、ウォークが望ましい状況をどのようなものか考えてみよう。
   - 指令・命令などであれば、情報にノイズが入ることは望ましくないので、パスでの情報伝達が望ましいであろう。他方で、ブレインストーミングなど、創造的なアイデアを出すためには、情報の行き来の重複は望ましく、トレイルやウォークにおける情報伝達が望ましいであろう。

$\underset{0}{N_5}$ 記号や数学に関する確認問題

1. **表 2.1** で示された利得表で、自分でナッシュ均衡を導くことができるか確認しなさい。

2. **図 2.8** で示されたゲームツリーで、自分で部分ゲーム完全均衡を導くことができるか確認しなさい。

3. **図 2.19** のネットワークにおいて、点1から点5への経路で、パス、トレイル、ウォークをそれぞれ挙げなさい。

4. 式 (2.28) で示されたベクトルとベクトルの積を自分でできるか確認しなさい。

5. 式 (2.34) で示された行列とベクトルの積を自分でできるか確認しなさい。

6. 式 (2.38) で示された行列と行列の積を自分でできるか確認しなさい。

7. 式 (2.48) について、ウォークの観点から数値の意味を説明しなさい。

R Rを用いて考えよう

- "記号表現の活用-ウォークの数.r" では以下を行っている。
  - 本文内で行った、ベクトルと行列の積を計算している。
  - 本文内で行った、隣接行列の積を計算している。

コラム

弱い紐帯

第3章では、閉鎖的なネットワークが情報の共有を促し、逸脱行動の抑制のために機能することを解説する。これは、グループ内の人々が同じ情報をもつことの便益を示している。

しかしながら、違う情報が価値を生むことも少なくない。例えば、経済学では「利潤は差異から生まれる」と述べられたりする (岩井, 2003, p. 205)。このときには、どうやって新規の情報を得るかが問題となってくる。この場合は、異なる種類のリンクを考えることが有益となる。

Granovetter (1973, 1995) は、新しい情報の得やすさという観点から、「**弱い紐帯** (weak ties)」という概念を提唱した。本文に合わせて「弱いリンク」と呼んでもよいが、ここでは Granovetter (1995) の訳にあわせて「紐帯」としておく。ここでの分析においては、人付き合いとしての紐帯が考えられ、そこでの「強度」は、接触頻度で計測された。つまり、「しばしば」 (少なくとも週2回以上)、「時々」 (年2回以上で週2回未満)、「まれに」 (年1回以下) という三つの強度が考えられた。また、具体的な情報とすると、就業情報が注目された。

結果としては、より弱い紐帯からより有益な情報が得られるという傾向が見出された。つまり、職を見つけた人の84％が「時々」もしくは「まれに」付き合っていた相手から情報を得ていたのである。さらには、職を得やすいように行う「口添え」も、より弱い付き合いの知り合いがより行っていたのである (つまり、「まれに」のケースの100％で、「時々」のケースの90％で、「しばしば」のケースの67％で口添えが行われた)。

このように、より質の高い就業情報が、より弱い紐帯から得られ、実際に職を見つけるという成功にもつながっていたのである。つまり、情報が同質化してしまう近い友人よりも、異なる情報をもつ遠くの知人から、新しい情報を得られたと解釈できる。

また、「まれに」付き合っていた相手からの情報を得て転職をした人は、失業期間を経ることなく、次の職へ移った。このことから、日頃から、弱い紐帯としての知人を大事にし、浅くとも広いつきあいを維持しながら、チャンスがあればそれを活かすという視点が重要であるといえよう。

このように、異なる紐帯 (つまりリンク) や、そこを流れる異なる情報を考えながら、本文で考えたアイデアを拡張していくことは、ときとして難しいこともあるが、興味深いことといえる。

閉鎖性というネットワーク構造において、社会的に望ましい行動が促進される。有名な研究としては、親同士の閉鎖性によって生徒の退学率が低下するというものがある。背後のメカニズムは、ゲーム理論によって理解することができる。こうした、閉鎖性に関連するネットワークの指標として、相互性および推移性がある。

3.1　閉鎖的なネットワークの効用

　社会ネットワークが注目される理由は、そこでの構造によって人々の行動が影響を受けるためである。例えば、人々のつながりから、伝わる情報が異なってきて、その情報をもとに、人々の行動も異なってくる。情報共有のしやすさと関係するネットワーク構造の一つとして**閉鎖性**を挙げることができ、ここでは、Coleman (1988) の議論を通じて、閉鎖的な構造の重要性を見ていく。

　閉鎖性と情報共有のしやすさの関係は、Coleman (1988) では**図 3.1** のように示されている。この図で主体Bと主体Cは子どもであり、主体BとCの線は学校での友人関係を示している。また、主体Aは主体Bの親であり、主体Dは主体Cの親であり、これらの親子関係も線で示されている。ここで上図では、親Aには友人Eがいて、親Dにも友人Fがいる。ただし、友人EとFは互いに知り合いではなく、親Aと親Dの間には交流がないことを示している。他方で、下図では、親Aと親Dがお互いに友人となっている。

　親Aと親Dから見ると、下図では、ネットワークが閉じていて、上図では閉じていない。つまり、下図は閉鎖的なネットワークであり、上図は閉鎖的なネットワークではない。閉鎖的なネットワークで、親Aと親Dは直接に交流しており、より容易に情報を交換できるといえる。

　こうした親同士の情報共有は、子どもへの教育やしつけにおいて重要となる。例えば、子どもが望ましくない行動をとっていることに対して、親が注意をすることを考えてみよう。ここでの、よくある子どもの言い逃れとして「他の友達もやっている」というものがある。このときに、この言い逃れが本当かどうかを親同士で確認することができる。また、「他の友達もやっている」のであれば、友達の親と協力して、望ましくない行動を正すこともできよう。他にも、直接には聞きづらい自分の子どもの情報も、友達の親から聞くことも可能となる。したがって、**図 3.1** の下図が、つまり、閉鎖的なネットワークが、子どもへの教育においてより望ましいものとなる。

　以上は推論にすぎないが、Coleman (1988) では、この望ましさを実際のデータからも明らかにしている。ここで注目されたのはカトリック系宗教団体が設立した私立の高校である。というのも、こうした学校では親も同じ宗教を信仰していることが多く、宗教的な行事を通じて知人になる

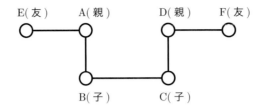

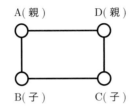

これは Coleman (1988) の Fig. 2. を改変して作成

図 3.1　親子関係と閉鎖性

確率が高いからである。ここで、比較対象となるのは、通常の公立高校となっている。生徒に対する評価については、学校の退学率が考察されている。

　結果としては、公立高校の退学率は 14.4 ％であり、カトリック系の高校の退学率は 3.4 ％と大きな違いを見せていた。もちろん、退学率は、親の学歴、収入、人種、兄弟数、転校などからも影響を受けるので、これらについて公立高校の 2 年生の平均で各属性を統一したとしても、公立高校の退学率は 14.4 ％であり、カトリック系の高校の退学率は 5.2 ％と、単純な平均とほとんど変わらなかった。

　さらに、カトリックの生徒の退学率 (3.4 ％) は、非カトリックの生徒の退学率 (3.7 ％) よりほんの少し小さいに過ぎず、カトリックという特定の宗教が及ぼす影響でもなかった。しかし、学校外の宗教的活動への参加頻度は退学率に大きく影響し、公立高校での、ほとんど宗教的活動に参加しない学生の退学率は 19.5 ％で、しばしば宗教的活動に参加する学生の退学率は 9.1 ％となっていた[1]。

　このように、データから「親同士の交流が、教育に好影響 (退学率の抑制) を与える」ことが支持された。つまり、社会ネットワークを踏まえた推論から得られる仮説と整合的な結果となっている。

---

[1]　ここでは生徒の親の学校外の宗教的活動の参加は、生徒の参加率に比例すると暗黙に仮定されている。

相互性と推移性

前節で確認できたように、ネットワーク上での閉鎖性は大きな意味をもつ。そこで、関連するネットワーク指標を紹介する。最も単純なものとして**図3.2**で示すような2点のネットワークからはじめる。方向のある線で考えると、関係が存在しない、一方向の関係、そして、双方向の関係となる。恋愛関係ならば、無関心、片思い、両想いに対応するであろう。主体間の交流や情報伝達の視点から見れば、交流や情報伝達なし、一方向の交流・伝達、双方向の交流・伝達となってくる。

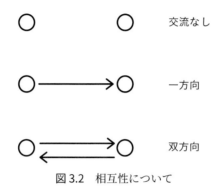

図 3.2 相互性について

なお、双方向の交流が社会に望ましい影響を与えることは想像しやすい。実際に、職場においても、双方向の交流・伝達が、職場内の対立の解消において望ましいことが指摘されている。例えば、沼上他 (2007, 8章) では、「徹底的に議論して、議論で白黒をつける」という「直接対決」、「上司が自分の考え方に基づいて妥協せずにトップダウンで意思決定を行う」という「強権」、「対立がないかのように皆が振る舞い、決定を先延ばしにしたり、決定を回避する」という「問題回避」という行動パターンが考察されている。これらを方向性のあるリンクで解釈すると、「直接対決」は双方向の交流・伝達で、「強権」は一方向の交流・伝達で、「問題回避」は交流や情報伝達なしとなる[*2]。さらに、組織内の調整活動の困難さと組織の劣化状態が「組織の＜重さ＞」として計測されている。そして、「直接対決」がより行われている組織では、この重さが小さくなる傾向、つまり組織がより改善される傾向があった。他方で、「問題回避」がより行われている組織では、この重さが大きくなる傾向があった。なお、「強権」には統計的に有意な関係はなかった。つまり、双方向の交流・伝達の重要さが示されている[*3]。

このように、双方向の関係は非常に重要であり、社会ネットワーク分析でも名前がつけられており**相互性**と呼ばれる。対応する英語にすると、reciprocity、mutuality がある。他に、**対称性**(symmetry) と呼ばれることもある。

---

*2　なお、「議論を尽くす前に意見対立を足して2で割る妥協案にまとめる」という「妥協」もあり、これは、軽い意味での双方向の交流・伝達に含まれるかもしれない。

*3　ちなみに、「妥協」がより行われている組織では、「組織の＜重さ＞」が大きくなる傾向があった。これは形式的ではない、異なる質の双方向の交流・伝達の重要性を示している。

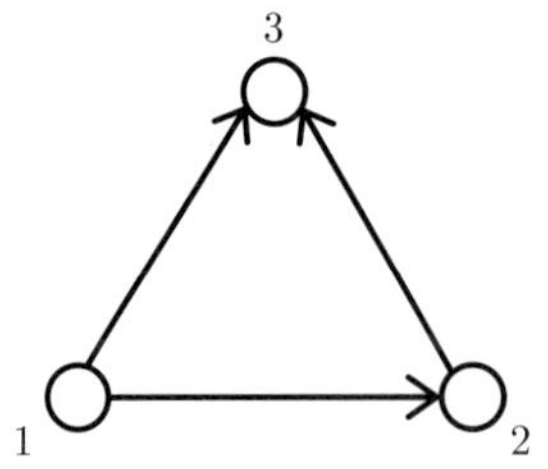

図3.3　推移性について

　つづいて、3点における密な関係として以下が知られている。直感的には、「友達の友達も、また、友達である」という関係である。この関係を**図3.3**に示す。記号で表現すると$(1,2)$という関係と$(2,3)$という関係を前提として、$(1,3)$という関係も存在している状況である。これは**推移性**(transitivity)と呼ばれる。三者においてより密な関係といえよう。

　このときのありがたさを確認するために、例を用いて説明しよう。**図3.3**のリンクは情報へのアクセスを示していることにしよう。つまり、リンク$(1,2)$によって、主体1が主体2から情報を得ているとする。矢印の方向と情報の流れの方向が逆になっていることは注意してほしい。ここでは、**図3.3**から、主体1は、主体2からも主体3からも、情報を得られることがわかる。

　さらに、主体1が主体3からある好意的な情報を得ていたとして、その真偽のほどが判断できないとしよう。しかし、そのようなときでも、主体3の情報を主体2を通じて得ることができ、この間接的な情報でもともとの情報の**信ぴょう性**(credibility)をより正確に判断できる。これが、主体1にとって推移性が望ましくなる例の一つである。

　他にも、もし主体3が主体1の意にそぐわない行動をとっていて、主体1は主体3に何らかの注意もしくは、懲罰を与えたいとしよう。このときに、主体1が単独で懲罰を与えるよりも、主体2の協力も得られれば、より効果的なものとなる。

　このように、推移性という構造の重要性を確認できる。もちろん、方向のない線を考えるならば、推移性とは単なる三角形の構造を示している。たとえ方向性のない線であっても、解釈は変わらない。というのも、情報交流をより密にできるので、情報の信頼性を確かめることや、相手に共同で注意や罰を与えることが、より容易となるからである。

　最後に、以上の推移性における効果の解釈は、先のColeman (1988)の親同士の交流において確認した効果と同様である。この意味でも、Coleman (1988)の閉鎖性が、3点のネットワーク構造としては推移性によって表現される[*4]。

[*4]　実際に、Coleman (1988)のFig. 1.でも、閉鎖的なネットワークとしての3角形の構造が示されている。

3.3 ゲーム理論的な解釈

以上のネットワーク上での議論を簡単なゲームに落とし込んでみよう。

はじめに親子のゲームを考える。子どもは、勉強を積極的にするなど「良い行動」をとるか、そうではない「悪い行動」をとるかを選択できる。親とすると家での行動を見るだけでは、本当に子どもにとって望ましいのか望ましくないのかの確証を得ることができず、しつけのための積極的な行動をとれないとする。しかしながら、友人の親と情報を共有することによって、子の行動をより正確に把握し、より適切にしつけができることとする。

はじめに子どもが自分の行動を決定し、その行動を踏まえて、親が友人の親と情報共有をするかしないかを決定するととらえることにより、1.3.2 項で示したゲームツリーで表現でき、**図 3.4** となる。一番上の点が子どもの意思決定点であり、そこでの選択を踏まえて親の意思決定点に到達する。さらに、親の選択に依存して、一番下の点、つまり終点に到達し、子どもと親の利得が決まる。

子の利得は、良い行動をするときには1とし、悪い (つまり、好き勝手な) 行動をし、親からもしつけられない (つまり、怒られない) ときには2とする。しかし、親からしつけのための積極的な行動を受ける (つまり怒られる) 場合は、3のコスト (−3) をこうむってしまい、あわせて利得は−1とする。以上をまとめると

- 子どもが良い行動をして、親は情報を共有するときに、子の利得は1となる

- 子どもが良い行動をして、親は情報を共有しないときに、子の利得は1となる

- 子どもが悪い行動をして、親が情報を共有するときに、子の利得は$-1(= 2 - 3)$となる

- 子どもが悪い行動をして、親が情報を共有しないときに、子の利得は2となる

となる。

親の利得は、子どもが良い行動をとっているときに2とし、悪い行動をとっているときに−2とする。また、子どもの情報を共有するときには追加的に1のコストが生じ (−1)、他方で子どもがしつけられることによって追加的に2の利得が生じるものとする。以上をまとめると

- 子どもが良い行動をして、親は情報を共有するときに、親の利得は$1(= 2 - 1)$となる

- 子どもが良い行動をして、親は情報を共有しないときに、親の利得は2となる

- 子どもが悪い行動をして、親が情報を共有するときに、親の利得は$-1(= -2 - 1 + 2)$となる。つまり、悪い行動に対して、情報の共有の結果、しつけがなされたということである

- 子どもが悪い行動をして、親が情報を共有しないときに、親の利得は−2となる

となる。

2.2 節で述べた後ろ向き帰納法をとると、子どもの最適な選択は「良い行動」が、均衡においてとられることになる (**図 3.5**)。

他方で、もし親が、情報を共有するという選択肢がない場合は、**図 3.6** のように示されて、子ど

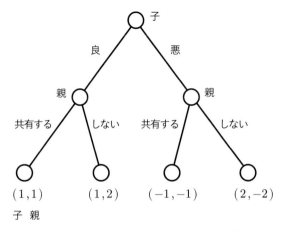

図 3.4　親子の関係と、親同士の情報の共有

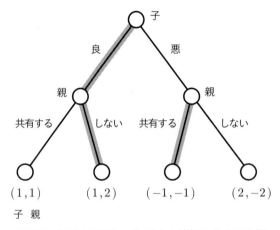

図 3.5　親子の関係と、親同士の情報の共有の均衡

もは「悪い行動」を選択するようになってしまう。ここからも、親同士の情報共有の効果を確認することができる。

　また、**図 3.5** における均衡で重要なことは、実際には実行されないが、子どもが「悪い行動」をすれば、親に情報が共有され子どもへのしつけがなされ、その分、子どもの利得が減ってしまうということである。こうした潜在的に存在する親の行動によって、子どもは「良い行動」をとらなければならなくなっている。

　このことを、もう少し深く理解するために、状況を少し変えてみよう。つまり、親が町内会や学校の行事に参加して交流があったとして、子どもが悪い場合でも、そうした話題は面倒なので避けたいと考え、他の話題を共有して会話を楽しもうとするかもしれない。この状況を**図 3.7** の利得の+3で示す。そうすると、ここでは親は子どもが悪い行動をする場合でも、「子の情報を共有」しようとはしないのである。

　ここで均衡を求めてみると、子どもは悪いことをしても親が情報の共有をしないことを見越し

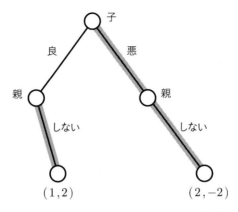

図 3.6 親子関係と、情報共有がない場合

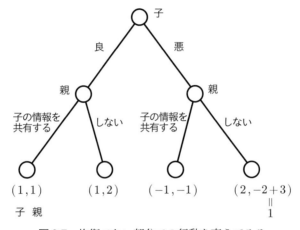

図 3.7 均衡でない部分での行動を変えてみる

て、子どもは「悪い行動」を選択するようになってしまう。さらには、もし、親が「もし悪いこと
していたら、友達の親と情報を共有してそれを確認し、罰を与えるよ」と脅したとしても、子ども
は、そうした脅しの信ぴょう性がないことを判断できてしまう (**図 3.8**)。

　このように、ゲーム理論によって、ネットワーク構造に含まれる要因を、個々の主体の利得に適
切に落とし込んで、より豊かな分析を行うことができる[5]。

　つづいて、相互性についても、ゲーム理論からの分析で理解を深めることができる。二人の主体
において協力関係を築けるかどうかを考える。ここでも非協力な行動に対して、うまく罰を与えら
れるかがポイントとなる。一方的な行動のみが可能であれば、非協力行動に対して罰を与えること
ができない。しかし、相互性がある場合は、罰を与えることができる。

　このことを**図 3.9**の中央の図に示す。ここでは、主体1が協力行動をとると、主体1と主体2は

---

[5]　脅しの信ぴょう性の議論は非常に有名であり、興味のある読者は、好みのゲーム理論のテキストを参照さ
　　れるとよい。

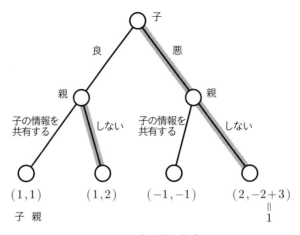

図3.8　変更後の均衡

$(2,2)$と利得を分け合うが、協力をしないと主体1は4の利得を独り占めし、かつ、主体2は精神的な不快さも含めて-2という利得になってしまう。他方で、主体2はコスト1を払って、主体1に罰を与えることができ、このときには主体1の利得は3減少する。これは以下のようにまとめられる。主体1については

- 主体1が協力して、主体2が罰を与える場合は、主体1の利得は-1となる。というのも、協力の利得2に、罰を受けるコストつまり-3と合わせて$2-3=-1$となるので

- 主体1が協力して、主体2が罰を与えない場合は、主体1の利得は2となる。というのも、協力の利得2だけとなるので

- 主体1が協力しないで、主体2が罰を与える場合は、主体1の利得は1となる。というのも、主体1は楽をして利得4を得るが、罰のコストつまり-3と合わせて$4-3=1$となるので

- 主体1が協力しないで、主体2が罰を与えない場合は、主体1の利得は4となる。というのも、主体1は楽をして得た利得4だけとなるので

となる。主体2については

- 主体1が協力して、主体2が罰を与える場合は、主体2の利得は1となる。というのも、協力の利得2に、罰を与えるコストつまり-1と合わせて$2-1=1$となるので

- 主体1が協力して、主体2が罰を与えない場合は、主体2の利得は2となる。というのも、協力の利得2だけとなるので

- 主体1が協力しないで、主体2が罰を与える場合は、主体2の利得は-1となる。というのも、主体2はまったく利得を得られず罰のコストだけとなり、つまり$0-1=-1$となるので

- 主体1が協力しないで、主体2が罰を与えない場合は、主体2の利得は-2となる。というのも、主体2はまったく利得を得られず、精神的な不快さ-2だけとなるので

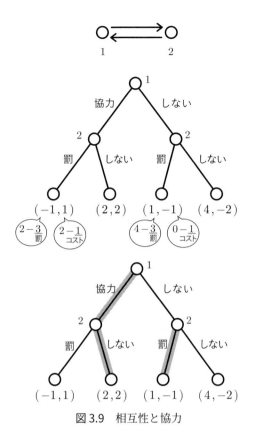

図 3.9　相互性と協力

となる。

　このときの後ろ向き帰納法で得られる均衡が**図 3.9**の下図で示されている。ここでも、協力をしないときの罰が効いて、主体1は協力行動をすることになる。

　他方において、こうした罰が与える機会がない場合は、**図 3.10**で示されているように、主体1は協力を選択しないことになる。

　ここでも、主体1が非協力をとるときに、主体2は罰を与えるインセンティブをもたないといけない。そうしたインセンティブをもたない状況は次のような場合である。**図 3.11**では、主体2は主体1だけの関係ではなく、主体3との結びつきができて、主体2が裏切られ、かつ罰を与えないときには、（主体3は主体2を可哀想に思い）利得2だけの助けを得られるとする。このときには、罰を与えて自分がコストを払うより、罰を与えず、主体3からの助けを得ることが望ましい。そうすると、均衡においては主体1は裏切りをすることになる。これは、主体2の状況の改善が、逆に主体1の裏切りを可能にしたのである。

　この分析は「背水の陣」の故事にも通じるものである。自分の状況をあえて厳しいものにして、自分がより頑張るインセンティブを作り、良い結果を得ようとする考え方である。逆の言い方をすると、自分の状況が厳しくない場合は、頑張りが効かず、そこに付け入られて不利な状況が実現してしまうのである。もしくは、親の過保護によって子どもが成長できない状況とも通じるかもしれない。

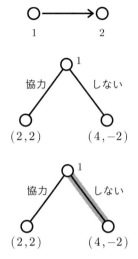

図 3.10　一方向の関係と協力

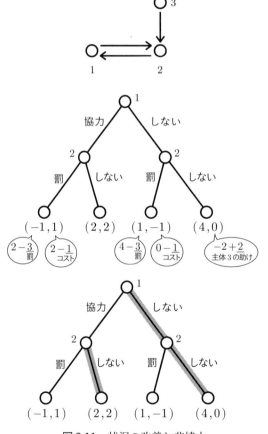

図 3.11　状況の改善と非協力

3.4　ネットワーク全体の指標

　これまで見てきたように、相互性、推移性によって、より密な主体間の交流が可能となり、結果として、特定の行動を促進させることができる。これまでは一つの相互性や推移性について見てきたが、ネットワーク全体として、どれほど相互性や推移性という関係が存在するかという指標について考えていく。

　ネットワーク全体の相互性については、存在するリンクの内で、相互性を満たすリンクの比率を求める。つまり

$$\frac{相互性を満たすリンクの数}{存在するリンクの数}$$

として求められる。具体的には**図3.12**のネットワークで考えてみよう。**図3.13**では、具体的なリンクを示しており、#はカッコ内のリンクの数という意味で用いている。これより存在するリンクが5であり、相互性を満たすリンクが3であり、相互性が0.6と示される。

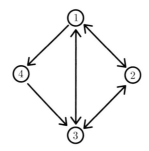

図 3.12　相互性と推移性の値を求めるためのネットワーク

$$\# \{ ①\leftrightarrow②\ ,\ ①\leftrightarrow③\ ,\ ②\leftrightarrow③ \}$$

$$\overline{\rule{0pt}{0pt}\qquad\qquad\qquad\qquad\qquad}$$

$$\# \left\{ \begin{array}{l} ①\leftrightarrow②\ ,\ ①\leftrightarrow③\ ,\ ①\leftrightarrow④ \\ ②\leftrightarrow③\ ,\ ④\leftrightarrow③ \end{array} \right\}$$

$$=\ \frac{3}{5}\ =\ 0.6$$

図 3.13　ネットワーク全体の相互性

　ネットワーク全体の推移性については、存在する距離が2のパスの内で、そのパスの始点と終点を結ぶリンクも存在する比率を求める。つまり

$$\frac{距離が2のパスで始点と終点を直接結ぶリンクも存在するものの数}{距離が2のパスの数}$$

として求められる。具体的には**図3.12**のネットワークで考えてみよう。**図3.14**では、具体的なリンクを示しており、#はカッコ内のリンクの数という意味で用いている。ここでは、距離が2のパスの数は11であり、始点と終点を直接結ぶリンクも存在するものの数は7となり、推移性が$\frac{7}{11} = 0.636...$と示される。

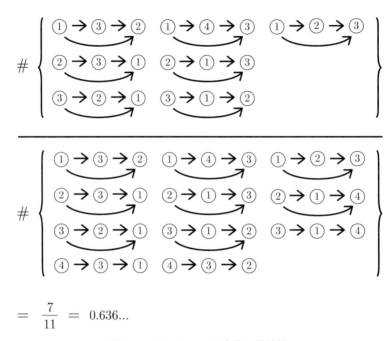

$$= \quad \frac{7}{11} \quad = \quad 0.636...$$

図3.14　ネットワーク全体の推移性

　相互性も推移性も、ネットワーク全体の指標を求める場合は、上で示した以外の方法もある。これらは実際のソフトウェアではオプションで指定可能である。また、Rのライブラリのigraphでは推移性は無向ネットワークに対してのみ求められる。これらの説明はやや煩雑になるので、Rのスクリプト内でのみ、これらを紹介する(ファイル名は「推移性.r」である)。

　推移性に類似する概念として、**クラスター係数**(clustering coefficient)がある。これは工学を中心としたネットワーク科学においてよく用いられる[*6]。クラスター係数も無向ネットワークに対して定義されるので、ここでは、**図3.12**を無向ネットワークとした、**図3.15**で考えていく。

---

*6　研究対象となるネットワークは、インターネット内の情報も含め、大規模なネットワークであり、複雑ネットワーク (complex network) と呼ばれる。包括的なサーベイ論文としてはNewman (2003) が挙げられる。この論文の3.2節で推移性とクラスター係数が説明されている。ただし、どちらも同じ用語で述べられており、本書の推移性もクラスター係数も、クラスター係数と呼ばれているので注意する。Newman (2003) のTable 3.1ではさまざまな複雑ネットワークが紹介されていて興味深い。その中における$C^{(1)}$が本書での推移性に対応し、$C^{(2)}$が本書でのクラスター係数に対応する。また、両方とも無向ネットワークでの定義となっている。複雑ネットワークに対するテキストとしては増田・今野 (2010) を挙げられる。

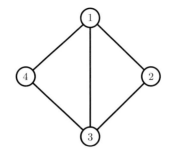

図 3.15 　図 3.12 のネットワークの無向化

クラスター係数ははじめに点ごとに定義され、点 i のクラスター係数 C_i は

$$C_i = \frac{点\,i\,を含む三角形の数}{点\,i\,とリンクされる点で点\,i\,を含み三角形が可能な組の数} \tag{3.1}$$

となる。

はじめに点 1 に注目してみよう、点 1 とリンクされる点で三角形が可能なものは

$$(4)-(1)-(3), \qquad (2)-(1)-(3), \qquad (2)-(1)-(4) \tag{3.2}$$

となる。ここで実際に三角形が形成されている点の組は

$$(4)-(1)-(3), \qquad (2)-(1)-(3) \tag{3.3}$$

である。これより、比率をとって 2/3 が点 1 のクラスター係数となる。

つづいて、点 2 に注目してみよう、点 1 とリンクされる点で三角形が可能なものは

$$(1)-(2)-(3) \tag{3.4}$$

となる。ここで実際に三角形が形成されている点の組は

$$(1)-(2)-(3) \tag{3.5}$$

である。これより、比率をとって 1/1、つまり 1 が点 2 のクラスター係数となる。

繰り返しを厭わずに、点 3、点 4 についても求めていく。点 3 とリンクされる点で三角形が可能なものは

$$(1)-(3)-(4), \qquad (1)-(3)-(2), \qquad (2)-(3)-(4) \tag{3.6}$$

となる。ここで実際に三角形が形成されている点の組は

$$(1)-(3)-(4), \qquad (1)-(3)-(2) \tag{3.7}$$

である。これより、比率をとって 2/3 が点 3 のクラスター係数となる。

最後に、点 4 とリンクされる点で三角形が可能なものは

$$(1)-(4)-(3) \tag{3.8}$$

となる。ここで実際に三角形が形成されている点の組は

$$(1) - (4) - (3) \tag{3.9}$$

である。これより、比率をとって1/1、つまり1が点4のクラスター係数となる。

ネットワーク全体のクラスター係数は各点のクラスター係数の平均で求められる。**図3.12**のネットワークでは

$$\frac{\frac{2}{3} + 1 + \frac{2}{3} + 1}{4} = 0.833... \tag{3.10}$$

となる。

3.5　Rによる相互性と推移性の導出

本文の中ででてきた相互性と推移性を、Rで求めていこう。**図3.12**の隣接行列を

```
mynet <- matrix(c(
    0,1,1,1,
    1,0,1,0,
    1,1,0,0,
    0,0,1,0),
    nrow = 4,
    byrow = TRUE)
```

として与えておく。Rのライブラリのsnaを用いるため

```
library(sna)
```

を実行する。

相互性はコマンドgrecipを用いて

```
grecip(mynet, measure = "dyadic.nonnull")
```

で得られる。

推移性については、コマンドgtransを用いて

```
gtrans(mynet, mode="digraph")
```

とすればよい。

クラスター係数はRのライブラリのigraphで求められる。なお、Rのライブラリーigraphを読み込む前に、先にsnaを読み込んでいた場合は、コマンドの競合問題があるため、snaを取り除いておく。すなわち

```
detach(package:sna)
```

とする。その後

```
library("igraph")
```

として読み込む。

はじめに、無向ネットワークとした**図3.15**の隣接行列を

```
mynet.nd <- matrix(c(
    0,1,1,1,
    1,0,1,0,
    1,1,0,1,
    1,0,1,0),
    nrow = 4,
    byrow = TRUE)
```

として与えておく。さらに、ネットワークオブジェクトを

```
mynetg.nd <- graph_from_adjacency_matrix(mynet.nd, mode="undirected")
```

として作成する。

各点のクラスター係数は、コマンドtransitivityのオプションのtypeをlocalにすることによって、すなわち

```
transitivity(mynetg.nd, type="local")
```

で得られる。

ネットワーク全体のクラスター係数は、各点のクラスター係数の平均値なので、平均が得られるコマンドmeanを用いることによって、すなわち

```
mean(transitivity(mynetg.nd, type="local"))
```

から得られる。

📖 章末まとめ

- 情報共有というネットワークの閉鎖性によって、望ましい行動を促すことができる。
- ネットワークの閉鎖性を示す概念として、相互性および推移性がある。
- ゲーム理論によっても、ネットワークの閉鎖性が社会的に望ましい状況をもたらすことを分析できる。
- 相互性は二つの点に対して、推移性は三つの点に対して定義された概念である。これを、ネットワーク全体の概念に拡張することができる。

💭 考えてみよう

1. 閉鎖性が有効な状況を他に考えてみよう。

- 企業グループも閉鎖性が互いの情報の共有を容易にし、各企業が機会主義的な行動 (自分勝手な行動) を抑え、全体の利益を高めているとも考えられる。農業が盛んな地域では、地域内での協力が必要で、この意味で閉鎖的なコミュニティーがより求められたといえるかもしれない。

2. 閉鎖性が逆にマイナスとなる状況を考えてみよう。

- 閉鎖的なコミュニティーでは、交友関係が固定化され、新しい情報が入りにくいと指摘されることも多い。新しい情報を得るためには、閉鎖的なコミュニティーは不利といえるかもしれない。

N₅⁰ 記号や数学に関する確認問題

1. **図 3.3**をもとにして、推移性の定義を説明しなさい。

2. **図 3.4**のゲームツリーの均衡を求めなさい。他の均衡を得られる状況を利得を変化させつつ説明しなさい。

- **図 3.8**の状況を自分で説明できるか、もしくは、他の状況を自分で考えてみるとよい。

3. **図 3.12**のネットワークで、ネットワーク全体の相互性を求めなさい。

4. **図 3.12**のネットワークで、ネットワーク全体の推移性を求めなさい。

5. **図 3.12**のネットワークで、各点のクラスター係数を求めなさい。

R Rを用いて考えよう

- "相互性.r" では以下を行っている。
  - 本文内で求めた相互性を、Rによって求めている。また、snaやigraphで得られる他の相互性も紹介している。オプションを変えることによって得られる。

- "推移性.r" では以下を行っている。
  - 本文内で求めた推移性とクラスター係数を、Rによって求めている。
  - 隣接行列を利用した推移性の導出も紹介している。
  - igraphでは、無向ネットワークでのみ推移性が求められる。

コラム

期待値について

確率を含む状況で利得を考えるときには、利得の期待値 (expected value) を考えると便利である。というのも、数値を一つに定めることができるからである。

例えば、確率 0.1 で 1000 円が当たり、確率 0.9 で 100 円が当たるクジを考える。このときには、当たりの金額が二つ生じてしまい、扱いが面倒となる。したがって、一つの数値に定めようという動機が生じる。

このときに有益なのが期待値である。ここでは、数値に確率を掛けてすべて足し合わせるということを行う。先の例では

$$0.1 \times 1000 + 0.9 \times 100 = 190 \tag{3.11}$$

となり、利得の期待値は 190 円となる。

記号を用いて表すと、n 個の数値 $x_1, x_2, \ldots, x_n$ を考え、それぞれの数値が出る確率を $p_1, p_2, \ldots, p_n$ とすると、この期待値は

$$p_1 x_1 + p_2 x_2 + \cdots + p_n x_n \tag{3.12}$$

となる。総和を求めるシグマ記号 ($\sum$) で表記すると

$$\sum_{i=1}^{n} p_i x_i \tag{3.13}$$

となる。

期待値は非常に便利であるが、限界もある。例えば、親戚からお年玉をもらえることを考えて、「必ず 1000 円もらえるお年玉」と「確率 0.9 で何ももらえないが、確率 0.1 で 1 万円もらえるお年玉」が提示されたとしよう。このときに、期待利得はそれぞれ $1000 \times 1 = 1000$ と $0.9 \times 0 + 0.1 \times 10000 = 1000$ となり同じものとなる。しかしながら、人によっては確実にもらえる 1000 円を好むであろうし、ギャンブラー的な性格が強い人だと「確率 0.1 で 1 万円もらえる」お年玉を選ぶであろう。このような不確実性に対する好き嫌いまでは、期待値は示すことができない。

なお、利得の期待値で考える議論は、先に示した二つのお年玉の不確実性についての要因 (つまり、リスク) を一切気にしないという意味で、リスク中立的 (risk neutral) と呼ばれる。

第4章　ネットワーク上の公共財供給と進化ゲーム

友人関係や、ご近所付き合いなど、ネットワーク構造を前提として我々は社会生活を営んでいる。こうしたネットワーク構造を前提としたゲームを考えてみよう。このゲームでは、公共財といって、それを作り出したもしくは購入した人のみならず、他の人にも良い影響を与えるという性質をもつ財について考える。この他の人への影響がネットワークを通じてなされるのである。残念なことに、「一人勝ち」「一人負け」という均衡の安定性も確認される。特に、一人負け均衡は、PTAや自治会の役員担当が貧乏くじを引かされたという負担感に対応するだろう。

4.1　公共財とは

　4月になると、小学校ではPTAの役員決めの難しさが話題となる。過去からの経緯で廃止することも難しく、一定程度の役割を認めつつも、誰かが役員になってもらいたい、しかし、自分はなるべくなりたくない、という状況が生まれる。これは、PTAの役員決めだけではなく、地域の自治会や町会の活動における役員決めでも同様のことがいえる。

　このようなことは、二人ゲームでは次のように表現できる。一つのクラスからは少なくとも一人の役員を出さないといけない。役員を出さないときにはクラス全体で不利益を被るとして、これを利得の組 $(-1, -1)$ と表現しておく。二人で役員をしてもよいが、仕事量とすると、一人で十分にこなせる量であり、二人で行うメリットはないものとする。したがって、二人で役員をしたときの利得の組を $(1, 1)$ とする。最後に、自分が役員をせずに、相手が役員をしたときの利得を3とし、逆に、自分が役員をして、相手が役員をしないときの利得を1とする。この利得表を**図 4.1**で示す。

　さらに、第2章で学んだようにお互いの最適な反応を求めると、ナッシュ均衡が**図 4.2**で示される。ここでは、主体1の最適な反応が直線で、主体2の最適な反応が波線で示されている。つまり、どちらか一方が役員をして、他方が役員をしないという二つの均衡が得られた。ここでの均衡が、誰かがやってほしいけど、自分はしたくない、しかし、均衡によっては、自分が役員をせざるを得ないという状況が描写されている。

主体2

主体1	役員になる	ならない
役員になる	1, 1	1, 3
ならない	3, 1	−1, −1

図 4.1　役員になるかならないかのゲーム

主体2

主体1		役員になる	ならない
	役員になる	1, 1	<u>1</u>, 3
	ならない	3, <u>1</u>	−1, −1

図4.2　役員になるかならないかのゲーム：均衡を求める

　さらに、ここで二人を超えて、n 人のゲームで考えてみよう。クラスをイメージして、$n = 30$ で考えてもらってもよい。ここでは、クラスで二人の役員が必要として考えていこう。

　利得は以下のようにしよう。誰も役員がいない場合は、すべてのクラスの生徒 (とその保護者) は −1 とマイナスの利益を被ってしまう。もし、一人目の役員が指名されると、すべてのクラスの生徒 (とその保護者) は 3 の利得を得る。しかし、役員を担当する生徒 (とその保護者) は役員負担のコスト 2 を被ってしまう[*1]。つづいて、二人目の役員が指名されると、すべてのクラスの生徒 (とその保護者) は、さらに追加で 3 の利得を得る。ここでも二人目の役員を担当する生徒 (とその保護者) は役員負担のコスト 2 を被ってしまう。ただし、三人以上の役員がいたとしても追加的な利益はなく、二人までの役員からの利得である 6 がつづき、しかし、三人目以降も役員となるコストはそれぞれ 2 だけかかってしまうこととする。

　これより最適反応戦略を考えていこう。やり方とすると、一人の主体に注目し、かつ、周りの状況を場合分けし、利得が最大となる行動を求めていけばよい。可能な状況としては

- 自分以外に誰も役員がいない
- 自分以外に一人役員がいる
- 自分以外に二人以上の役員がいる

となる。それぞれ順番に考えていこう。

　「自分以外に誰も役員がいない」状況では、もし自分が役員になるとクラス内の役員が一人存在することになり、自分は役員のコストを被るが 3 − 2 で 1 の利得を得る。もし自分が役員にならない場合は、誰も役員がいない状況がつづき −1 の利得となる。したがって、このときの最適反応は「役員になる」である。

　「自分以外に一人の役員がいる」状況では、もし自分が役員になるとクラス内の役員が二人存在することになり、自分は役員のコストを被るが 3 + 3 − 2 で 4 の利得を得る。もし自分が役員にならない場合は、一人だけが役員の状況がつづき 3 の利得となる。したがって、このときの最適反応は「役員になる」である。

---

*1　このコストは保護者が負担するが、生徒と保護者を含めた世帯ごとの利得を考えているので「生徒 (とその保護者)」という表現を続けている。

「自分以外に二人以上の役員がいる」状況では、もし自分が役員になるとクラス内の役員が三人以上存在することになり、自分は役員のコストを被るが$3+3-2$で4の利得を得る。もし自分が役員にならない場合は、役員が二人以上の状況がつづき6の利得となる。したがって、このときの最適反応は「役員にならない」である。

以上を前提とすると、以下の状況でナッシュ均衡が得られる。つまり、クラスの中の二人が役員になり、その他の人は役員とならない。確認する方法は、役員の人は役員をやめるインセンティブはないし、役員でない人は役員になるインセンティブもないことを示せばよい。このことは、先の場合分けからの議論よりすでに示されている。したがって、この状態はナッシュ均衡といえる。

ここでは、誰が役員になるかについては、理論的に決めることはできない。いえることは、誰か二人のみが役員になるということである。二人ゲームとの対応でいうと、誰が役員になるかはわからないが、誰かが役員になるという点で共通の特徴をもっている。

以上の話では、役員はクラス全体にサービスを提供していることに他ならない。経済学の立場からは、このサービスは次の二つの性質をもつととらえられる。一つ目は、**非競合性** (non-rivalness) である。例えば、クラス役員が学校の美化運動に協力をして、花壇を管理しているとしよう。すると、花壇を鑑賞できるという便益は、誰か一人がこの便益を受けると、他の人の便益が減るというようなものではない。つまり、各生徒・保護者間で競合するようなサービスではない。この意味で非競合性と呼ばれる。

二つ目は、**非排除性** (non-excludability) である。先の例では、校門の横に花壇があったとしよう。ここで、特定の生徒や保護者に対して、この花壇を見せないようにすることはできない。つまり、特定の主体に対して、便益を排除することができないということである。これが非排除性と呼ばれる性質である。

なお、非競合性と非排除性をもつ財・サービスは**公共財** (public goods)・サービスと呼ばれる。これらの財やサービスが提供されると、多くの人が等しく、分け隔てなく便益を享受できるからである。よく出される例としては、港の灯台、国内の軍事力などがある。

しかし、非競合性と非排除性をもつ公共財・サービスには一つの大きな問題が生じる。役員の問題を考えると明らかなように、自分はやりたくないが、自分以外の誰かがやってほしいという気持ちが起きるのである。実際に、先のクラス内の役員のゲームでは、二名だけが役員となり、それ以外は役員とはならなかった。つまり、役員実施のコストを払うのは役員になる二名だけであり、それ以外は、役員の提供するサービスを、コストを払わず享受できてしまうのである。これは役員からの便益の**フリーライド** (free ride)、もしくは、ただ乗りと呼ばれるものである。

先のゲームでは、ゲームの構造上、フリーライドが均衡として生じることを示している。実際には、クラス内での役員決めでくじ引きが行われるのは、こうしたフリーライド問題が話し合いで決着できない場合の最終手段としてとられているのである[*2]。

このように公共財・サービスの供給においては、フリーライドの問題が生じてしまう。つまり、

---

*2　もちろん、各人の能力、性格、時間的な融通の利きやすさなどから、役員が決められ、くじ引きが回避される場合もある。

誰がコストを負担し、誰がコストを負担しないかという問題が生じてしまうのである。つづいて、ネットワーク構造を含めたときにどのように議論が拡張されるかを次節で見ていく[*3]。

4.2　ネットワーク上での公共財供給

4.2.1　ネットワークの分類とゲーム

　ネットワーク構造として、図4.3の以下の四つのパターンを考える。はじめに、図4.3(a)で、主体の数を4とする**星形ネットワーク** (star network) を示している。これはリーダーもしくは中心的な主体がいる構造を示している。つづいて、図4.3(b)は**円形ネットワーク** (circle network) である。主体が四つの場合は四角形になってしまうが、より多くの主体においては円形に並べることができるからである。これは近くの主体とのみコミュニケーションをするという構造を示している。図4.3(c)は**完備ネットワーク** (complete network) である。全員とコミュニケーションをするという構造を示している。最後に、図4.3(d)は**空ネットワーク** (empty network) である。コミュニケーションが全くない状況を示している。

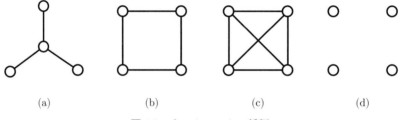

図4.3　ネットワークの種類

　ここでは、以下のようなネットワーク上のゲームを考えよう。主体の数は4とする。つまり

$$N \equiv \{1, 2, 3, 4\} \tag{4.1}$$

としておく。ここで主体iの戦略をe_iとして、0から1までの値をとるものとする。つまり、主体$i \in N$において

$$0 \le e_i \le 1 \tag{4.2}$$

となる。これは主体iの貢献量もしくは努力量ととらえられるものである。ここでグループ内で貢献量の総和が1を超えると、主体iは便益を得られるものとする。例えば、大学生が友達の協力を得ながら課題を提出したい状況や、服などでセンスのよいものを買うために、もしくは、パソコンやアプリをうまく利用するために、十分な情報を集めたい状況がこれに当てはまる。自分と友人を合わせて、十分な協力や情報を得られるかがポイントとなっている。つまり、ここでのグループと

[*3]　本章の議論はBramoullé and Kranton (2007)を参考にしている。より詳細な、もしくは一般的な議論はここで展開されている。

は主体ごとに定義されるグループである。以下では、主体iに直接につながっている主体の集合をG_iと示しておく。

十分な努力が集まった場合の便益を1とすると、努力のコストe_iを引いた主体iの利得は

$$\begin{cases} 1 - e_i & \text{if } \sum_{j \in G_i} e_j + e_i \geq 1 \\ 0 - e_i & \text{if } \sum_{j \in G_i} e_j + e_i < 1 \end{cases} \tag{4.3}$$

となる。

4.2.2 星形ネットワークの均衡

星形ネットワークでは、中心の人は自分および周りの人の貢献の総和が1以上であれば、利得1を得る。周りの人は、自分と中心の人の貢献の総和が1以上であれば、利得1を得る。周りの人は、中心の人が直接払う貢献しか利用できず、中心の主体が他の周りの人から得ている貢献を間接的には利用できないことに注意する。

はじめに星形のネットワークにおける均衡を求める。ここではGuess and Verifyという方法で求めていく。これは予想をして、それが均衡であることを確かめるというものである。一つの均衡の候補は中心の主体だけが貢献して、他の周りの主体は貢献しないという状況である (図4.4(a))。もう一つの均衡の候補は中心の主体だけが貢献"せず"、他の周りの主体は貢献"する"という状況である (図4.4(b))。

これらはそれぞれ均衡となっている。これを確認していこう。それぞれの主体が戦略を変更するインセンティブがないことを確認すればよい。

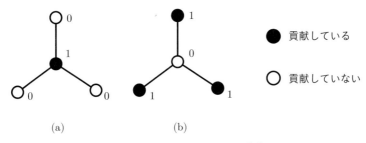

(a)　　　　(b)

● 貢献している

○ 貢献していない

図4.4　星形ネットワークの均衡

中心の主体だけが貢献している状況 (図4.4(a))を考えよう。ここでは、周りの主体が全く貢献をしないので、自分がすべての貢献をするしかない[4]。他方で、中心の主体がすべて貢献をしてくれるので、周りの主体は全く貢献をする必要はない。つまり、すべての主体で戦略を変更するインセンティブがなく、ナッシュ均衡となっている。

次に、すべての周りの主体だけが貢献している状況 (図4.4(b))を考えよう。ここでは、中心の

---

[4] ここで注意は、真ん中の主体は1の貢献をしても、0の貢献であっても得られる利得は0となる。つまり、1の貢献も0の貢献もどちらとも同じ利得を得るという意味で、どちらとも最適である。この意味で、戦略を変更するインセンティブがないと考える。

主体が全く貢献をしないので、周りにいる各主体はすべての貢献をするしかない。他方で、周りの主体が貢献をしてくれるので、中心の主体は全く貢献をする必要がない。ここでも、すべての主体で戦略を変更するインセンティブがないので、ナッシュ均衡となる。

　以上の二つは対照的な均衡となっている。公共財供給においては、供給のためのコストを払わず、つまり貢献をせずに、便益だけを受けることが利得の意味で一番望ましい。その観点からは、**図4.4**(a)の均衡は中心が一番損をしているということになる。他方で、**図4.4**(b)の均衡は中心が一番得をしているということになる。こうした、格差のある状況が均衡として得られてしまうのである。

　ここでより平等な均衡があるかを考えてみる。つまり、主体の貢献が0もしくは1ではなく、すべての主体が0より大きく1より小さい、ある貢献をしているような状況を考える。

　しかし、こうした状況は星形ネットワークでは均衡とはならない。これは次のように確認できる。はじめに、均衡ではグループ内での貢献の総和は1となる必要がある[*5]。もし1より大きな値だとすると、そのグループの中の主体は貢献を小さくするインセンティブをもち、均衡ではなくなるからである。もし総和が1より小さい場合は、1になるための残りの分だけ貢献を増加させれば、得られる公共財もしくはサービスによる利得が1であるので、貢献を増加させても自分の利得は増加するのである。

　以上からすべての主体iにおいて$0 < e_i < 1$となる均衡は成立しない。より厳密な議論は以下の通りである。いま、ある周辺の主体をjとし、中心の主体をkとして、先の条件より、周辺の主体jの観点からは

$$e_j + e_k = 1 \tag{4.4}$$

が成立しないといけない。これはすべての周辺の主体について成り立つ。他方で、中心の主体kの観点からは、主体数を4としているので

$$\sum_{j \in G_i} e_j + e_k = 3e_j + e_k = 1 \tag{4.5}$$

とならないといけない。しかし、以上を解くと

$$e_j = 0, \quad e_k = 1 \tag{4.6}$$

となり、「すべての主体iにおいて$0 < e_i < 1$」という条件を満たさない。つまり、この条件を満たす均衡は存在しない。

　直感的な理解としては、中心の主体kは複数の周辺の主体をもっているので、個々の周辺の主体の均衡の式である$e_j + e_k = 1$で示されたe_kよりも、より小さい貢献をしたいというインセンティブが出てきてしまうからである。

　このような状況を**図4.5**に示す。**図4.5**(a)については、周りの主体は貢献をちょうど1だけ集め

[*5]　すべての主体の貢献が0というものもナッシュ均衡となるが、この均衡は、あらかじめ以下での議論から排除しておく。もちろん、誰も貢献をしないということが潜在的にあり得ることの認識は重要である。しかし、主たる議論の流れをより見やすくするように、このような排除を行った。

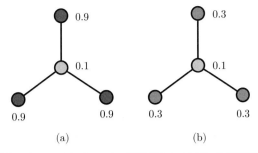

図 4.5 星形ネットワークにおいて、貢献が0と1以外では均衡とはならない

ており、戦略を変更するインセンティブはないが、中心の主体は貢献の総和が1を超えており、戦略を変更する (つまり貢献を減少させる) インセンティブがある。図 4.5(b) については、中心の主体は貢献をちょうど1だけ集めており、戦略を変更するインセンティブはないが、周りの主体は貢献の総和が1に足りず、戦略を変更する (つまり貢献を増大させる) インセンティブがある。

　以上から、星形ネットワークはその構造から不平等な均衡を生み出す性質をもっているのである。

　中心だけが貢献をする例とすると、自治会などで会長が多くの仕事をして、それとつながる形の他の会員たちは比較的何もしないという状況が一つ考えられるであろう。もう一つの均衡は、会長は周りのメンバーに仕事を振って、自分は比較的楽なポジションにいるということになるであろう。ここでは、「分割して統治する」というものに対応するかもしれない。

　また、貢献自身がマイナスの側面ばかりかというとそうではない。ソーシャル・ネットワーキング・サービス (SNS) 内でのインフルエンサーを考えると、中心の主体が貢献をし情報を提供している状況である。もちろん、中心の主体は情報提供のための貢献・コスト負担を担っているが、別途、影響力というものも得ているわけで、これについてプラスの評価をするのであれば、ここでの中心の主体が一人だけ貢献することが、そのまま一人で損をしているということでもなくなってくる。

4.2.3 円形ネットワークの均衡

　つづいて円形ネットワークについて考えていく。これも、Guess and Verify で考えよう。はじめに次の二つの直感を利用する。はじめのものはすでに述べたものである。つまり

- 均衡においては、正の貢献をしている主体は貢献の総和をちょうど1としていないといけない。というのも、1より大きいならば貢献を小さくしてコストを少なくすることができ、1より小さいならば貢献を多くして貢献を1にして財を生産させようとするインセンティブがあるからである

となる。もう一つの直感は次のものである。つまり

- 均衡において、自分は全く貢献をしていない主体は、周りから得られる貢献の総和を1以上としないといけない。というのも、1以上であれば、自分が正の貢献をしてもコストが増すだけであり、1より小さいならば貢献を多くして貢献の総和を1にして便益を得ようとするイン

センティブがでてくるからである

となる。

このことから、実は次のような均衡を考えることができる (図4.6)。

はじめの均衡は星形ネットワークと同様に、すべての貢献をする主体と全く貢献をしない主体が混在する均衡である (図4.6(a))。もう一つはすべての主体が平等に貢献を負担する均衡である (図4.6(b))。

均衡であることをそれぞれ調べていこう。図4.6(a) については、全く貢献をしていない主体は周りから合計で2の貢献を得ている。したがって、十分な貢献量を得ているので、自分の貢献を増加させるインセンティブはない。他方で、貢献を1している主体は、周りから全く貢献を得ていない。したがって、貢献を減少させるインセンティブはない。

図4.6(b) については、すべての主体において、つながっている二つの主体とあわせて貢献の総和をちょうど1としている。したがって、各主体は貢献を変化させるインセンティブはない。

図4.6(a) は貢献の格差が生じている格差均衡と解釈でき、他方で、図4.6(b) は完全な平等均衡となっている。

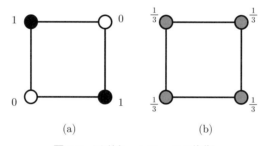

図4.6　円形ネットワークの均衡

実は、格差均衡と完全平等均衡の中間に位置する均衡はない。主体数が4の状況では、次のように示される。はじめに各主体iの貢献をe_iと示しておく (図4.7)。

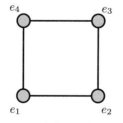

図4.7　一般的な貢献の状況

ここでは、均衡においてすべての主体iで$0 < e_i < 1$となっている状況に注目している。したがって、すべての主体で貢献量の総和は1となっていないといけない。というのも、ある主体の貢献量の総和は1を超えるとその主体の貢献量は0とするか、より貢献量を小さくするインセンティ

ブをもつ。つまり、$0 < e_i < 1$ という条件を満たさないか、均衡ではないことになってしまう。また、ある主体の貢献量の総和が1より小さければ、その主体は貢献の総量をちょうど1にするように貢献量を増加させるインセンティブをもつから均衡ではなくなる。

図 4.7 より、主体1は主体2と主体4とつながっており、かつ、貢献量の総和は1となっていないといけないから

$$e_1 + e_2 + e_4 = 1 \tag{4.7}$$

が成立していないといけない。同様に、すべての主体にこの条件が課せられるので、結果として、均衡においては

$$e_1 + e_2 + e_4 = 1 \tag{4.8}$$

$$e_2 + e_3 + e_1 = 1 \tag{4.9}$$

$$e_3 + e_4 + e_2 = 1 \tag{4.10}$$

$$e_4 + e_1 + e_3 = 1 \tag{4.11}$$

が成立していないといけない。四つの変数で、四つの方程式なので、各変数の値が求められそうである。加減法で何とかなりそうなので、さしあたり、はじめの条件式から二つ目の条件式を引いてみると

$$\text{式 (4.8)} - \text{式 (4.9)} \iff e_4 - e_3 = 0 \tag{4.12}$$

となる。この調子で、はじめの条件式から三つ目の条件式を引いてみると

$$\text{式 (4.8)} - \text{式 (4.10)} \iff e_1 - e_3 = 0 \tag{4.13}$$

となる。もちろん、はじめの条件式から四つ目の条件式を引いて全く問題がないのだが、最後の式の整理の流れを少しばかりよくしたいので、二つ目の条件式から四つ目の条件式を引くと

$$\text{式 (4.9)} - \text{式 (4.11)} \iff e_2 - e_4 = 0 \tag{4.14}$$

が得られる。以上から

$$e_2 = e_4 = e_3 = e_1 \tag{4.15}$$

が得られる。ここで、最初の等式は式 (4.14) から、二つ目の等式は式 (4.12) から、三つ目の等式は式 (4.13) から得られる。最後の仕上げとして、式 (4.15) における共通の値を e^* としておくと、一番最初の条件式のどれに代入しても

$$e^* + e^* + e^* = 1 \tag{4.16}$$

$$\iff e^* = \frac{1}{3} \tag{4.17}$$

が得られる。つまり、すべての主体において、e_i が1より小さく、0より大きい状況では、$e_i = 1/3$ しか均衡になり得ないことがわかる。

4.2.4　完備ネットワークでの均衡

完備ネットワークについて分析をする。ここでもさまざまな均衡を考えられるが、特徴的な例が**図4.8**で示されている。均衡であることは戦略を変更するインセンティブがあるかどうかを、すべての主体に対して調べることで確認できる。星形ネットワークおよび円形ネットワークの分析と同様なので、ここでは省略する。

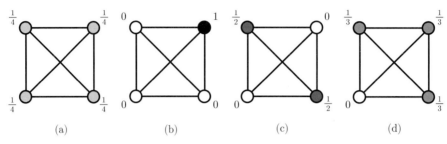

図4.8　完備ネットワークでの均衡

図4.8(a)で示される均衡は、すべての主体が同じ貢献をしているので、「平等均衡」といえる。(b)で示される均衡は、不平等な均衡であるが、もし貢献することを「負け」とみなすのであれば、「格差均衡 (一人負け)」の均衡といえる。(c)で示される均衡は、二つの主体が貢献をし、二つの主体が全く貢献もしないので「格差均衡」といえる。(d)で示される均衡は、一人だけ貢献をしない主体がおり「格差均衡 (一人勝ち)」の均衡といえる。

完備ネットワークとは、全員が全員につながっており、ネットワーク構造上平等な主体同士でもあり、この意味で望ましいネットワークといえる。しかし、結果としてはさまざまな均衡の可能性があり、かつ、平等な構造が不平等な均衡をもたらし得るのである。

この章のはじめに、N人の役員選出ゲームを考えた。この状況は、役員の便益が他のすべての主体に影響を与えるということで完備ネットワークと同じ状況である。さらに、e_iのとれる値が0か1/2のどちらかしかとれないとすると、さらに似たような状況を再現できる。というのも、このときには、**図4.8**(c)で示された状況が均衡となり、「誰か二人が貢献をする、さらに誰になるかは理論的には示されない」という意味で、N人の役員選出ゲームの均衡と対応する。

いずれにせよ、たとえ平等な社会構造であっても、結果としては、不平等な結果を生み出してしまうという点が興味深い。

4.3　進化的な視点の導入

これまでの議論では、複数の均衡が生じてしまった。このように複数の均衡があるときには、実現のしやすさの観点から、さらに均衡を絞り込むことがより望ましい。この作業をここでは行ってみよう。

絞り込みのやり方として、次のような考え方をする。すなわち、実際の社会においては、最適な行動を一つの基準としても、最適な行動から外れたさまざまな行動がとられることは普通であろう。そのため、こうした最適な行動からのわずかなズレがあったとしても、元に戻る均衡がより望ましいといえる。そうでなければ、均衡から離れ、他の状況へ移行してしまうからである。この最適な行動からのわずかなズレは、小さな**ショック** (shock) や**ノイズ** (noise) とも呼ばれる。つまり、小さなショックに対してより頑強な均衡を選び出すことによって、均衡の絞り込みを行う。

なお、この小さなショックは、生物学における突然変異に対応し、そこからどのようなダイナミクスが起こるかを考えているので、進化的な視点といえる。そうして、小さなショックに対する**安定性** (stability) を確認するのである。このため、このような考え方をするゲームは**進化ゲーム理論** (evolutionary game theory) と呼ばれる。

4.3.1　星形ネットワークの一人勝ち均衡の安定性

はじめに星形ネットワークの一人勝ち均衡 (**図 4.4**(b)) について考えていこう。進化的な考え方は次のように表現する。つまり、均衡を前提として、ある一人の主体が非常に小さな値 ε だけ戦略を変更すると考えるのである。ここで、いま、**図 4.9** に示すように中心の主体がショックを受けたこととし、ここでの変化を考えていこう。ネットワークのノードの横の数値は貢献量を示している。最初のグラフ (a) から次のグラフ (b) で真ん中の主体がショックを受けて、貢献量を 0 から ε まで増加させたことを示している。つづいて、このショックに対して各主体が同時に最適な反応をとるものとする[*6]。これをグラフ (b) から (c) への変化で示す。星形の周りに位置する主体については、中心の主体が ε だけ貢献をしており、ちょうど 1 の貢献量にすれば十分なので、$1 - \varepsilon$ の貢献量となる。中心の主体は、周りの主体は全くショックを受けていないので、合計で 3 の貢献量を得ており、元の 0 の貢献量に戻ることになる。これが同時に起こり、結果として、グラフ (c) となる。

最後にグラフ (c) から (d) への変化を示す。グラフ (c) を前提とすると、周りに位置する主体は、中心がもう貢献をしないので、貢献量を 1 に戻すことが最適な反応となる[*7]。中心に位置する主体はここでも $3 - 3\varepsilon$ の貢献量を得ており、ε は十分小さな値としているので、これは 1 を超えるものとなる。したがって、貢献量を 0 のままにすることが最適反応となっている。これが同時に起こり、結果として、グラフ (d) が得られる。つまり、もともとの均衡状態に戻ったことが示された。以上

[*6]　他にも、さまざまなショックの定式化やそれに対する反応も考えることができるが、詳細は進化ゲーム理論のテキスト (Weibull, 1995; Young, 1998; Vega-Redondo, 1996) を参照されたい。ここでは、最も単純なものの一つとして考えられるものを採用している。

[*7]　もちろん、貢献量を 0 とすることも最適反応の一つだが、ここではもとの均衡に戻る最適反応を示すことにより、安定であることの根拠とする。

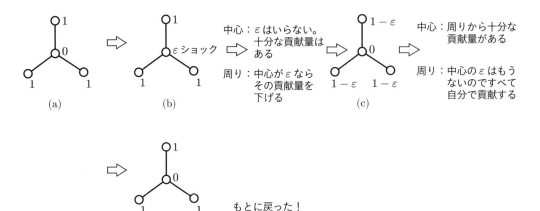

図4.9 星形ネットワーク・一人勝ち均衡の安定性 (中心の主体にショック)

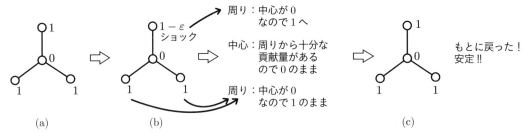

図4.10 星形ネットワーク・一人勝ち均衡の安定性 (周りの主体にショック)

のように、最適反応をたどって、ショックがなくなることがわかる。

次に、**図4.10**によって、周りの主体がショックを受け、戦略を変更する状況を考えていこう。グラフ (a) からグラフ (b) で、周りの主体の一人がショックを受けて、貢献量を1から$1-\varepsilon$に減少させたことを示している。これに対する、各主体の最適反応は次のとおりとなる。つまり、ショックを受けた周りの主体は、中心の主体の貢献量が0なので、貢献量を1に戻す。ショックを受けていない周りの主体もまた、中心の主体の貢献量が0なので、貢献量を1のままとする。さらに、中心に位置する主体は$3-\varepsilon$の貢献量を得ており、εは十分小さな値なので、これは1を超えており、貢献量を0のままにすることが最適反応となっている。以上が同時に起こり、結果として、グラフ (c) が得られ、もともとの均衡状態に戻った。以上のように、最適反応をたどって、ショックがなくなることがわかった。

ある一人の主体がショックを受けるケースとしては、以上で、あり得るすべての場合を考えたので、すべてのショックについて頑強なことが示された。つまり、均衡の安定性が示された。

4.3.2 星形ネットワークの一人負け均衡の不安定性

星形ネットワークの一人負け均衡 (**図4.4**(a)) が安定かどうかを**図4.11**で確認をする。グラフ (a) からグラフ (b) で、中心の主体にショックを入れる状況を示している。つまり、中心の主体の貢献

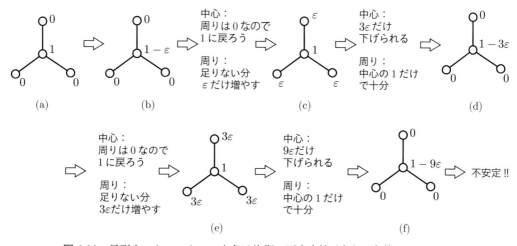

図 4.11 星形ネットワーク・一人負け均衡の不安定性 (中心の主体にショック)

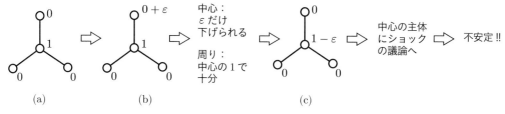

図 4.12 星形ネットワーク・一人負け均衡の不安定性 (周りの主体にショック)

量を $1 - \varepsilon$ とする。すべての主体が最適な反応をすると、中心の主体の貢献量は 1 に戻り、周辺の主体の貢献は ε となり、グラフ (c) が得られる。さらに最適な反応を調べると、中心の主体は、周りの主体から 3ε だけの貢献量を得ているので、ここでの最適な貢献量は $1 - 3\varepsilon$ となる。他方で、周りの主体は、中心の貢献量が 1 となるので、貢献量は 0 に戻り、グラフ (d) となる。ここにおける最適な反応は次のとおりである。中心の主体は周りの主体の貢献量が 0 なので、1 に戻り、周りの主体は 1 に足りない分だけ、3ε の貢献量となり、グラフ (e) となる。グラフ (e) からの最適反応としては、中心の主体の貢献量が $1 - 9\varepsilon$ で、周りの主体の貢献量が 0 となる状態となりグラフ (f) が得られる。ここから類推ができるように、もともとの均衡状態に戻ることはなく、他の状況へ移行してしまう。

　つづいて、**図 4.12** に示すように、周りの主体にショックを入れてみよう。グラフ (a) からグラフ (b) で周りの主体の一人がショックを受け、貢献量が ε になっている。これを踏まえた最適反応とすると、先と同様の議論から、中心の主体の貢献量は $1 - \varepsilon$ となり、周りの主体は 0 となるグラフ (c) が得られる。実は、この状況は先に分析した中心にショックが入った状況における**図 4.11** のグラフ (b) となっている。これより、この状況も不安定な状況となる。

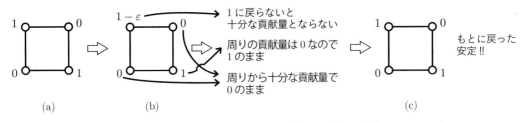

図 4.13　円形ネットワーク・格差均衡の安定性 (貢献 1 の主体にショック)

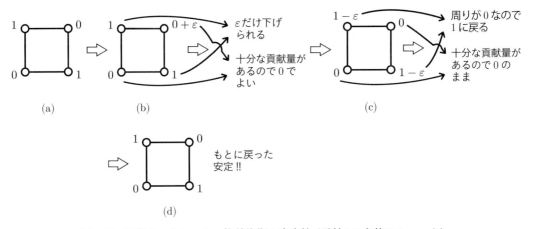

図 4.14　円形ネットワーク・格差均衡の安定性 (貢献 0 の主体にショック)

4.3.3　円形ネットワークの格差均衡の安定性

次に、**図 4.13** で円形ネットワークについて考えていく。はじめに格差均衡を取り上げている。グラフ (a) から (b) で、貢献量が 1 の主体の一人がショックを受けている。つまり、貢献量が $1-\varepsilon$ になったとする。ここで、最適反応は次の通りである。

- ショックを受けた主体は、隣り合う主体が全く貢献していないので貢献量は 1 に戻る。

- ショックを受けていない貢献量 1 の主体も、隣り合う主体が全く貢献していないので貢献量は 1 のままである。

- ショックを受けていない貢献量 1 の主体は、隣り合う主体の貢献量の総和が $2-\varepsilon$ であり、ε が十分小さな値としているから、この値は 1 を超えており、貢献量は 0 のままである。

結果として、グラフ (c) が実現し、これは元のネットワークと同じであり、この状況でショックに対して強いことが明らかとなった。

つづいて、**図 4.14** のグラフ (a) からグラフ (b) で、貢献量が 0 の主体の一人がショックを受けている。つまり、貢献量が $0+\varepsilon$ になったとする。ここでの最適反応は次のとおりである。

- 貢献量が 1 の主体は、隣り合う主体から合計 ε の貢献量を得ているので、自分の貢献量は $1-\varepsilon$

とする (ちょうど、貢献量の総和を1とすることが、最適反応であることを思い出す)。

- 貢献量が0もしくは ε の主体は同じ議論が適用される。つまり、隣り合う主体の貢献量の総和が2であり、この値は1を超えており、最適な貢献量は0となる。

結果として、グラフ (c) となる。さらに最適反応を調べると次のとおりとなる。

- 貢献量が $1 - \varepsilon$ の主体は、隣り合う主体からはまったく貢献量を得ていない。したがって、自分の貢献量を1とすることが最適反応となる。

- 貢献量が0の主体は、隣り合う主体から $2 - \varepsilon$ の貢献量を総和として得ており (ε は十分小さな値であり)、この値は1を超えており、自分の貢献量を0とすることが最適反応となる。

結果として、グラフ (d) が実現し、これは元のネットワークと同じであり、この状況でショックに対して強いことが明らかとなった。

以上で、ある一人がショックを受ける状況をすべて考えたので、円形ネットワークの格差均衡が安定であることが示された。

4.3.4 円形ネットワークの平等均衡の不安定性

ここからは、円形ネットワークの平等均衡が安定かどうかについて考えていく。はじめに**図 4.15** のグラフ (a) から (b) が示す、プラスのショックが働いたときの状況を考えよう。つまり、一人の主体の貢献量が $1/3 + \varepsilon$ になった状況である。ここでの最適な反応は次のとおりである。

- ショックを受けた主体を隣にもつ主体は、ε だけ貢献量を減らすことができるので、$1/3 - \varepsilon$ に貢献量を変更する。

- ショックを受けた主体を隣にもたない主体は、両隣とも $1/3$ の貢献量であることを前提として、$1/3$ の貢献を維持する。

- ショックを受けた主体は、両隣とも $1/3$ の貢献量であることを前提として、$1/3$ の貢献に戻る。

以上でグラフ (c) の状況が実現する。同様に、グラフ (c) から (d) への変化は、次の最適反応から得られる。つまり

- $1/3 - \varepsilon$ の貢献量の主体は、両隣が $1/3$ の貢献量であることを前提として、$1/3$ の貢献とする

- $1/3$ の貢献量の主体は、両隣が $1/3 - \varepsilon$ の貢献量であることを前提として、$1/3 + 2\varepsilon$ の貢献とする

となることからわかる。

念のため、グラフ (d) から (e) への変化は、最適反応が

- $1/3$ の貢献量の主体は、両隣が $1/3 + 2\varepsilon$ の貢献量であることを前提として、$1/3 - 4\varepsilon$ の貢献とし

- $1/3 + 2\varepsilon$ の貢献量の主体は、両隣が $1/3$ の貢献量であることを前提として、$1/3$ の貢献とする

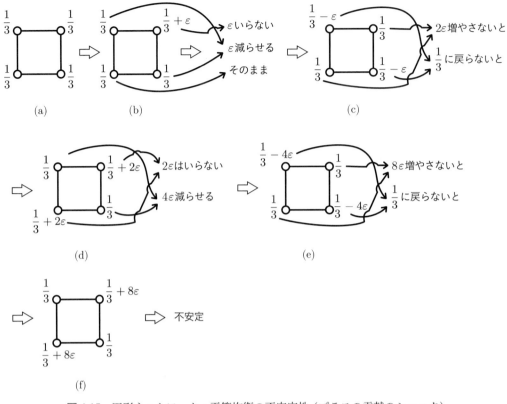

図 4.15　円形ネットワーク・平等均衡の不安定性 (プラスの貢献のショック)

となり、グラフ (e) から (f) への変化は、最適反応が

- $1/3 - 4\varepsilon$ の貢献量の主体は、両隣が $1/3$ の貢献量であることを前提として、$1/3$ の貢献とし

- $1/3$ の貢献量の主体は、両隣が $1/3 - 4\varepsilon$ の貢献量であることを前提として、$1/3 + 8\varepsilon$ の貢献とする

ことからわかる。

　つまり、もとの均衡状態に戻ることなく、他の状態へ推移していくことがわかる。

　最後に、マイナスのショックを**図 4.16**に示す。プラスのショックがあったときとほぼ同じ議論なので、図で示すだけにして、文章による説明は省略する。結局のところ、もとの状態に戻ることなく、他の状態へ推移していくことがわかる。

　以上で、誰か一人ショックを受けたときの状況をすべて考えており、円形ネットワークの平等均衡については、不安定であることが示された。

　以上の結果はある意味、残念なことである。というのも、平等な状態よりも格差のある状態がより、社会的なショックに強く、つまり、継続的に実現しやすいことが示されたからである。したがって、公共財供給の負担における不平等の是正の難しさの一面を示している。

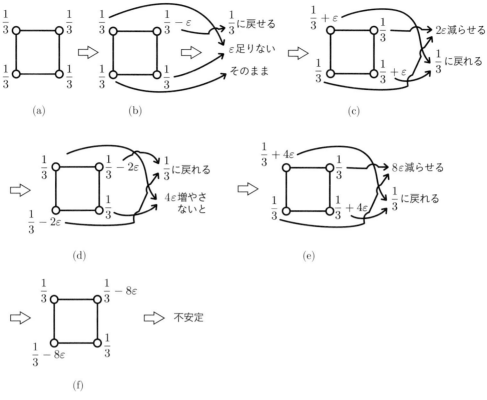

図 4.16　円形ネットワーク・平等均衡の不安定性 (マイナスの貢献のショック)

4.3.5　一般的なネットワークの均衡と安定性

　より一般的な議論は、Bramoullé and Kranton (2007) で示されている、ここでは証明は省略して、結果だけを示すこととする。はじめに示されたことは、ナッシュ均衡についてであり

- 一部の主体の貢献量が1であり、他のすべての主体の貢献量が0という極端な格差状態は、すべてのネットワークでナッシュ均衡となり得る。

これは、星形ネットワークにおける**図 4.4**の (a) と (b)、円形ネットワークにおける**図 4.6**の (a)、完備ネットワークにおける**図 4.8**(b) に対応し、その一般化された主張に他ならない。
　次は、均衡の安定性に関するものであり

- 安定な均衡とは次の状況のみである。つまり、一部の主体の貢献量が1であり、他のすべての主体の貢献量が0という極端な格差状態であり、かつ、主体の貢献量が0の主体は、貢献量が1の主体に二人以上つながっている。

これは、星形ネットワークおよび、円形ネットワークで確認した安定性の議論の一般化である。
以上を踏まえて、完備ネットワークについて考えると、**図 4.8**(a), (c), (d) については、「一部の

主体の貢献量が1であり、他のすべての主体の貢献量が0という」状態ではないので、安定とは言えない。他方で、**図4.8**(b) については、「一部の主体の貢献量が1であり、他のすべての主体の貢献量が0という」状態ではあるが、「主体の貢献量が0の主体は、貢献量が1の主体に二人以上つながっている」という条件を満たさないので、これも不安定となる。

　完備ネットワークでは、貢献量が1の主体が二つ同時に存在できないので、安定な均衡が存在しないことがわかる。

　ここからの含意とすると、すべての主体がすべての主体につながっているというネットワークは、お互いがネットワーク構造からみて平等であり、それぞれの主体の交流が最大となっており、民主的なネットワークと解釈することができる。しかしながら、こうした社会構造は公共財供給においては、誰がどれだけ負担をするかという点について、不安定な状況をもたらしてしまうのである。

　ここからも、平等・民主的な集団内の社会的な構造自身が、役員決めの難しさをもたらしていることがわかる。

📋 章末まとめ

- 公共財とは非競合性と非排除性をもつ財であり、みんなでその便益を享受することができる。

- 非競合性とは誰かがその財を使っても誰かの便益が減ることはなく、非排除性は誰かがその財を使えなくすることができないという性質である。

- ネットワーク上で公共財の供給のゲームを行うと、一人負け均衡、一人勝ち均衡、平等均衡など、さまざまな均衡を確認できる。

- より現実的な均衡を得るために、社会的なショックに強い均衡という安定性を考えると、一人負け、一人勝ちを含む、格差を伴う均衡がより安定的となる。

💭 考えてみよう

1. 公共財の例を考えてみよう。
   - 非競合性と非排除性をそれぞれ考えるとよい。同窓会の幹事を考えてみよう。幹事が一人いると、幹事以外の人は、店の予約や参加人数を気にすることなく、容易に同窓会に参加できて楽しむことができる。この意味で非競合的である。非排除性については、同窓生全体にアナウンスをしなければならないときには、非排除性が満たされる。しかし、幹事の好みで選択的に誘うメンバーを決めることができれば、幹事が気に入らないメンバーは「容易に同窓会に参加」という便益を受けられないこともあるので、排除性が存在することになる。

2. 星形ネットワーク、円形ネットワーク、完備ネットワークに対応する現実の例を挙げよ。
   - 星形ネットワークはトップダウン型の組織が挙げられるかもしれない。円形ネットワー

クは局所的なつながりが全体に広がる状況への近似としてよく取り上げられる。このため、地域のご近所づきあいによるネットワークが一つの例といえる。完備ネットワークは合議制で何かを決める状況としてのクラスや職場を例としやすい。

N°5 記号や数学に関する確認問題

1. ネットワーク上の公共財供給ゲームで、利得は式 (4.3) で示された。この中の記号が意味するところをすべて説明しなさい。

2. **図 4.4** の (a) と (b) がそれぞれ均衡となることを、各主体が戦略を変更するインセンティブがないことを示すことで、確かめなさい。

3. **図 4.9** を見ることなしに、**図 4.4** の (b) で示された均衡が、中心の主体へのショック (ε) に対して進化的に安定であることを示しなさい。

R Rを用いて考えよう

- この章ではなし。

ネットワークと哲学

　ネットワークとは社会の総体をシンプルにとらえようとする考え方ともいえる。哲学もまた、社会の総体をとらえようとするものであり、そこには共通点があるように思える。実際に、哲学書の東 (2017, 4章) では、ネットワーク分析が取り上げられている。ここでは、複雑ネットワークの知見を哲学に援用している。

　その知見とは、スモールワールド (small-world) とスケールフリー (scale-free) というネットワークの考え方である。

　スモールワールド・ネットワークとは、クラスター係数は大きいが、平均距離は小さいという特徴をもつネットワークである。クラスター係数は本書（第3章）でも閉鎖性の指標としてとらえられたように、局所的により密なリンクがなされている状況である。そして、通常、局所的に密なリンクをしていると、より遠くのノードにたどりつくには、より多くのノードを経なければならず、結果としてすべてのノードに対する距離の総和は大きく、ともなって平均距離も大きくなる。しかしながら、いくつかの遠くのノードを結びつけるバイパス (近道) のようなリンクがあると、平均距離が格段に小さくなる。このように局所的には密だが、全体としても比較的近い距離でつながっているというネットワークがスモールワールド・ネットワークである。

　スケールフリー・ネットワークとは、非常に多くのリンクをもつノードが、例外として無視できないほど、存在してしまっているネットワークである。これは、より有力なノードに各ノードがつながろうとする優先的選択の結果として生成される。

　東 (2017) はクラスター係数の大きいネットワークを共同体社会に、バイパスが加わり平均距離が小さくなったネットワークを市民社会に、そこに優先的選択が加わり圧倒的な不平等が生成されるネットワークを現代社会 (資本主義社会) に対応させて議論を展開している。基本的な流れは、こうした不平等の閉塞感を打破するために、うまく揺らぎを含めようというものである。この揺らぎは「観光客の原理」と呼ばれ、ある種の無責任さとそうであるがゆえの軽やかさ、偶然性が含まれてくる。

　本書 (第5章) のネットワーク形成の議論では、広い範囲で星形ネットワークが安定性の観点からも効率性の観点からも望ましいことが示された。しかしながら、この星形ネットワークも一人勝ちであれ、一人負けであれ、現実には閉塞感をもたらすことも多いであろう。これを乗り越える誘引としても、無責任さと軽やかさと偶然性をもつ、リンクの張り替えが現実には望まれるかもしれない。

第5章　ネットワーク形成についてのゲームとペアワイズ安定

これまではネットワーク構造を所与として議論してきた。この章ではネットワーク構造を変化させる行動、つまり、リンクを切ったり張ったりすることを戦略にするゲームを考える。さらに、ネットワークを通じて、他の主体から便益を得るというコネクションモデルにおいて、安定なネットワーク、そして効率的なネットワークを探っていくことにする。ここでの見所の一つは、星形ネットワークという極度に平等でない社会構造が安定となってしまうことである。さまざまな組織・グループで中心的なメンバーが幅を利かせてくる状況、新しくは、SNS上でインフルエンサーが出てくる状況に対応するだろう。ただし、効率的でもあるので、この不平等な状況が単純に悪い状況とも言いきれない。

5.1　ペアワイズ安定

　いままでは、ネットワーク構造を前提として、そこにおいて、協力や非協力などのように、どのような行動がなされるかを考えてきた。この節では、ネットワーク自身がどのように形成されるかについて、つまり、**ネットワークの形成**(network formation)について戦略的な視点から考察していこう。

　ここで考える状況では、主体は誰にリンクを張るか、もしくは切るかを決定する。その結果、集団全体でのネットワークが決定される。前章までとは異なり、ネットワークが不変な社会構造として与えられたものではない。各主体の合理的な行動の結果として、どのようなネットワーク構造が均衡となるかが注目される。

　前章までは、ナッシュ均衡という概念で社会的に安定な状況を考察していった。しかしながら、ここでは、ナッシュ均衡を直接に用いることはできない。というのも、ネットワークのリンクの形成において、自分だけではなく相手の同意も必要となってくるからである。したがって、相手の同意という条件を含めた均衡概念として「ペアワイズ安定」を導入していく。

　では、どのようなネットワークが安定といえるのだろうか。結局のところ、個々のリンクについて、

- 存在するリンクについては、これを切ろうというインセンティブがなく
- 存在しないリンクについては、これを張ろうというインセンティブがない

という状況であれば、それ以上リンクが切られたり、張られたりすることはないだろう (**図 5.1**)。

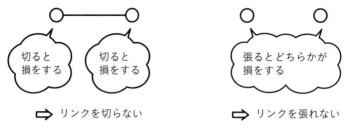

図 5.1　個々のリンクの安定性

　実際に、このアイデアが次のように定式化される。はじめに記号表現を準備しておく。第1章でネットワークは主体とリンクの集合として $\langle N, L \rangle$ と表現されたが、これを g と表記しておこう。つまり

$$g \equiv \langle N, L \rangle \tag{5.1}$$

とする。つづいて、主体 i と j を結ぶリンクを ij と表現しておく。双方の合意が必要なため、リンクに方向はないものとする[*1]。これがリンクの集合 L に含まれるときには

$$ij \in L \tag{5.2}$$

と表記する。また、ネットワーク g にリンク ij を加えてできるネットワークを

$$g + ij \tag{5.3}$$

と表現する。また、ネットワーク g からリンク ij を取り除くときにできるネットワークを

$$g - ij \tag{5.4}$$

と表現する。つづいて、利得については与えられたネットワークについて得られると考えて、ネットワーク g から得られる主体 i の利得を、利得関数 u_i を用いて

$$u_i(g) \tag{5.5}$$

と表記する。

　図 5.1 の左図の状況を、利得関数を用いて**図 5.2** で示そう。**図 5.2** の左図で、主体 i と主体 j がリンクされたネットワーク g を示しており、主体 i の利得は2であり、主体 j の利得は1である。このネットワーク g からリンク ij を取り除いてできたネットワーク $g - ij$ が右図である。ここで、ネットワーク g から $g - ij$ へ変化すると、主体 i は利得を2から1へ減少させてしまう。主体 j の利得は1のままで変化しない。したがって、主体 i も j もリンクを切るインセンティブはなく、ネットワーク g は安定なネットワークとなる。

　図 5.1 の右図の状況を、利得関数を用いて**図 5.3** で示そう。**図 5.3** の右図で、主体 i と主体 j 間に

[*1]　方向はないので、リンク ij とリンク ji は同じものを示している。

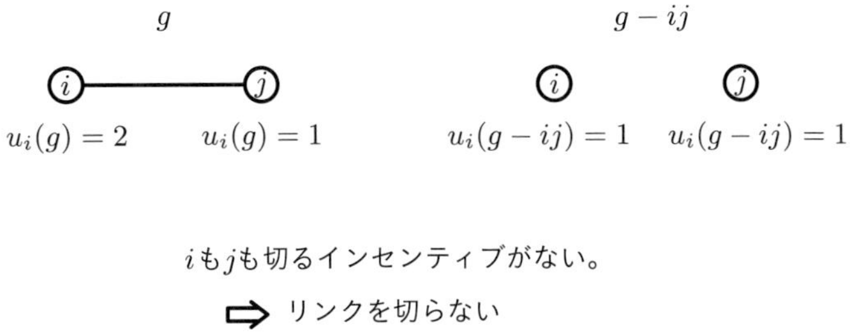

$$g \qquad\qquad g - ij$$

$$u_i(g) = 2 \qquad u_i(g) = 1 \qquad\qquad u_i(g - ij) = 1 \qquad u_i(g - ij) = 1$$

i も j も切るインセンティブがない。

⇨ リンクを切らない

図 5.2　リンクが切られない状況

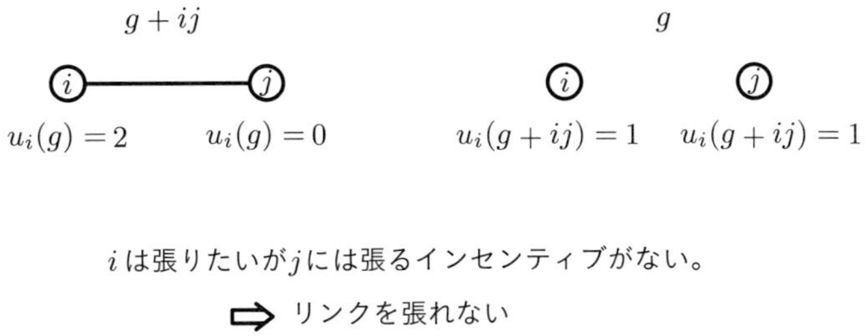

$$g + ij \qquad\qquad\qquad g$$

$$u_i(g) = 2 \qquad u_i(g) = 0 \qquad\qquad u_i(g + ij) = 1 \qquad u_i(g + ij) = 1$$

i は張りたいが j には張るインセンティブがない。

⇨ リンクを張れない

図 5.3　リンクを張れない状況

リンクのないネットワーク g を示しており、主体 i と主体 j の利得はともに 1 である。このネットワーク g からリンク ij を加えてできたネットワーク $g + ij$ が左図である。ここで、ネットワーク g から $g + ij$ へ変化すると、主体 i は利得を 1 から 2 へ増加させるが、主体 j は利得を 1 から 0 へ減少させてしまう。したがって、主体 j はリンクを張るインセンティブはなく、主体 i と j でリンク ij を張るための合意は得られない。つまり、ネットワーク g は安定なネットワークとなる。

　これら二つの条件で安定なネットワークを定義することができ、より厳密な表記が以下であり、これをペアワイズ安定と呼ぶ。

○ ネットワーク g が**ペアワイズ安定**(pairwise stability)であるとは、以下の条件が成立するときである。

1.　すべての $ij \in L$ に対して, $u_i(g) \geq u_i(g - ij)$ かつ $u_j(g) \geq u_j(g - ij)$ が成立し、かつ、

2.　すべての $ij \notin L$ に対して, もし $u_i(g) < u_i(g + ij)$ ならば $u_j(g) > u_j(g + ij)$ が成立する

ことである。

　補足すると、この均衡概念の考え方はなるべく緩い条件を設定しようというものである。なお、一つ目の条件が二つの主体の条件を示しているのに対して、二つ目の条件は、「もし〜、ならば」という形式をとっているのがやや統一性に欠けるような気がするかもしれない。例えば、一つ目の条件と同様の形式としては、"2" とは別に

　　[2 の別定義] すべての $ij \notin L$ に対して, $u_i(g) > u_i(g + ij)$ もしくは $u_j(g) > u_j(g + ij)$ が成

　　立している

も考えることができる。

　なぜ、「もし〜、ならば」という形式をとっているかの理由を探るために、以上の二つの違いを確認していこう。

　ここで**図 5.4**を見てほしい。ここでは二つの主体があるネットワークを考えている。ここで、あり得るネットワークはネットワーク (a) もしくは (b) である。主体の下に記している数値はその主体の利得を示している。

　ここでネットワーク (a) も (b) もペアワイズ安定の定義で均衡となっている。というのも、リンクが存在するネットワーク (a) では、1番目の条件が成立する。リンクが存在しないネットワーク (b) では、2番目の条件の「もし」の部分が成立せず、矛盾をしない。したがって、ペアワイズ安定となる。

　他方で、[2 の別定義] では、**図 5.4**のネットワーク (b) はペアワイズ安定ではなくなる。というのも、存在していないリンクについて、等号を含まない不等号で成立しておらず、このときには二つ目の条件が満たされていないからである。この意味で、[2 の別定義] では、同じ状況であればリンクがないより、あった方がよいという状況を示している。

　　　　(a)　　　　　　　　　　　　　　　　　(b)

ペアワイズ安定では両方とも均衡となる。
「2 の別定義」では (b) は均衡とならない。

図 5.4　ペアワイズ安定の条件を変えた場合

主体 j

		α	β
	α	$(0, \underset{\sim}{1})$	$(0, \underset{\sim}{1})$
主体 i	β	$(\underline{1}, \underset{\sim}{1})$	$(\underline{1}, \underset{\sim}{1})$

図 5.5　ナッシュ均衡の複数均衡について

　ここでナッシュ均衡との対応を見るために、**図 5.5**に示すゲームを考えよう。主体 i の戦略 α に対して、主体 j の最適な戦略は α でも β のどちらでもよい。というのも、同じく利得1を得るからである。同様に、主体 i の戦略 β に対しても、主体 j の最適な戦略は α と β の双方となる。このことが利得表内の波線で示されている。主体 i については、主体 j の戦略 α に対して最適戦略は β であり、主体 j の戦略 β に対しても最適戦略は β となる。このことが利得表内の直線で示されている。ナッシュ均衡は波線と直線が双方とも示されているところであり、「主体 i が戦略 β で主体 j が戦略 α という戦略の組」と「主体 i が戦略 β で主体 j が戦略 β という戦略の組」という二つのナッ

シュ均衡が得られる。主体 j に注目すると、利得が同じであれば戦略 α も戦略 β もナッシュ均衡に含まれることになる。ここで、ペアワイズ安定も利得が同じ場合にリンクがある場合とない場合の双方で均衡となるので、ナッシュ均衡とペアワイズ安定はこの意味で同様の性質をもっている。逆にいうと、このように同様の性質をもつように、定義が定められていると解釈できる。

　それでは、もう少し複雑なネットワークの例を示しつつ、ペアワイズ安定を確認していこう。図 5.6 では主体 A、B、C のネットワークを四つ考えている。主体の近くに示している数値はその状況での利得を表している。もちろん、より大きな数値であればあるほどより望ましい。

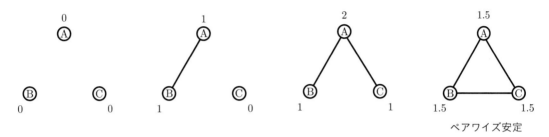

図 5.6　ペアワイズ安定性の例 (すべてがリンクを張られている)

　図 5.6 の一番左端のネットワークから考える。ここで、リンクを張ることにより、リンクを張った主体は利得を 0 から 1 に増大させる。つまり、双方はリンクを張るインセンティブをもつ。したがって、すべての主体がリンクをもたないというネットワークはペアワイズ安定の 2 番目の条件を満たしておらず、均衡ではない。

　それでは一つのリンクが張られている状態がペアワイズ安定かどうかを確認していこう。先の議論より、張られているリンクについては、はじめの条件を満たしている。つまり、双方とも張るインセンティブがある。

　つづいて、存在しないリンクについて考える。左から 2 番目の図に注目して、主体 A と主体 C がリンクを張ったとする。すると、リンクを張った主体である A も B も利得を増加させることが左から 3 番目の図との比較でわかる。したがって、双方にリンクを張るインセンティブがあり、これも均衡ではない。

　次に、左から 3 番目の図を考えると、存在しているリンクについては先の議論より、双方はリンクを切るインセンティブはない。他方で、存在しない主体 B と主体 C 間のリンクを張ることによって、主体 B と主体 C は利得をそれぞれ増加させることができるので、リンクは張られることになる。

　最後に、右端のネットワークでは、もしリンクを切ると自分の利得が 1.5 から 1 に減少してしまうので、誰もリンクを切るインセンティブはない。つまり、これがペアワイズ安定となっている。

　例による理解を続けていこう。図 5.7 では、実は左から 2 番目のネットワークがペアワイズ安定となっている。このネットワークに注目すると、いま張ってあるリンクについては、切ることにより、主体 A、B 双方の主体の利得が減少してしまうので、双方にリンクを切るインセンティブはない。さらに、張られていないリンクを張ろうとすると、左から 3 番目のネットワークでわかるように、主体 A の利得は 0.5 に下がり、主体 C の利得は 2 となることから、左から 2 番目と 3 番目のネッ

トワークの比較によって、主体Cは主体Aとのリンクを張るインセンティブがあるが、主体Aはリンクを張るインセンティブがないので、このリンクは張られない。

つまり、左から2番目のネットワークは、ペアワイズ安定の一つ目の条件と、二つ目の条件を満たしており、結果としてペアワイズ安定といえる。

他のネットワークについては、存在するリンクについては切るインセンティブがある、もしくは、存在しないネットワークについては張るインセンティブがあることを示すことができ、ペアワイズ安定でないことを確認できる。この議論は確認問題で取り上げる。

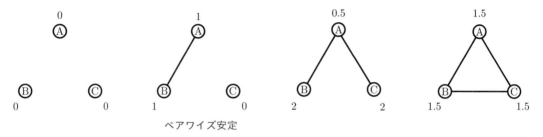

ペアワイズ安定

図5.7　ペアワイズ安定性の例 (リンクのないノードのペアあり)

図5.8では、左から3番目のネットワークがペアワイズ安定となっている。存在するリンクは切るインセンティブがないことがわかり、存在しないリンクについても、リンクを張ると両主体とも利得が減少するので、リンクを張るインセンティブがないことがわかる。ペアワイズ安定の定義から考えると、「もし」の部分が成立していないので、2番目の条件と矛盾しないという意味で、条件は満たされている。リンクを張るインセンティブがないという意味では、[2の別定義] の方がよりわかりやすいかもしれない。

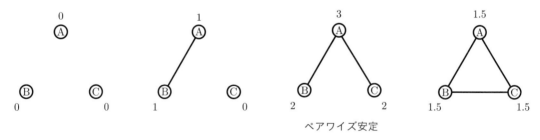

ペアワイズ安定

図5.8　ペアワイズ安定性の例 (リンクのないノードのペア (別パターン))

最後に補足のコメントをする。ペアワイズ安定では、相手がリンクを張ろうとするとき、自分の利得が下がらないかぎりリンク形成は同意される。言い換えると、リンクを張る当事者以外の利得が下がったとしても、リンクは形成される。再度、**図5.6**を確認すると、左から3番目から右端のネットワークに移行するときに、主体Bと主体Cのリンクが形成され、双方とも利得を増加させているが、主体Aの利得は下がってしまう。しかし、主体Bと主体Cは、この主体Aの利得の減少を考慮することはないので、結果として、一番右端のネットワークがペアワイズ安定となるのであ

る。こうした他者の状況を考えないという安定性の特徴のために、安定なネットワークは必ずしも社会全体の利得を最大にしているとは限らない。例えば、**図5.7**においては、左から2番目のネットワークがペアワイズ安定となっているが、ここでの利得の総和は2である。他方で、左から3番目もしくは4番目のネットワークはともに利得の総和は4.5であり、社会の安定性と社会全体の利得の最大化が両立しないことを示している[*2]。

5.2 コネクションモデル：基本的な考え方

ここまでの議論では、どのように利得が決まるかについては何も触れず、単に数値として与えただけであった。ここでは、リンクを形成することからくる便益についてより具体的に定式化していく。リンクを形成することの便益の一つは、新しい情報を得ることといえよう。友人から共通の趣味に関する新しい情報を得ることができるし、経営者同士の交流、学者同士の交流なども、新しい情報を得るためになされるという側面も強いだろう。

これを以下で定式化していこう。はじめに、ネットワーク

$$g \equiv \langle N, L \rangle \tag{5.6}$$

が与えられているとする。リンクに方向性はないものとする。また、各主体はそれぞれ固有の情報の価値としてδをもつものとする。ここで、$0 < \delta < 1$を仮定しておく。したがって主体iが主体jとリンクをもつことによって、主体iはδの便益を得ることになる[*3]。他方で、また直接のリンクをもつことのコストをcとする。これは、友人関係を維持するためには一緒に過ごす時間や食事などの費用がかかる状況を示している。

以上では直接に張っているリンクからの影響しか考えていない。次に、間接的な影響も考慮していこう。というのも、自分の直接の友人もまた別の友人をもっているはずだから、別の友人の情報も、自分の友人を通じて得られるということは自然といえるからである。

ここでネットワークの距離の概念を用いると、「友人の別の友人」とは、自分から距離が2の主体に他ならない。そして、距離が2の主体から得られる便益をδ^2としよう。ここで$0 < \delta < 1$とした意味が出てくる。というのも$\delta^2 < \delta$なので、間接的に得た情報は直接の情報よりも小さいことが示されている。実際に、直接の情報よりも間接の情報の方が、内容が不正確であったり、情報の欠落があったりして、その便益は小さくなるだろう。

さらに、友人の友人に対しては、交友のために費やす時間や金銭はないので、ここにかかる費用はないものとする。

一つ補足をしておくと、「自分の友人Aの友人Bもまた自分の友人」という推移性が満たされた状態では、友人Bは自分にとっては距離が1の友人としてとらえられることになる。したがって、

[*2] 経済学では、個々の主体が与える周りの主体の利得への影響を外部性と呼ぶ。また、次のことが知られている。つまり、外部性が存在するときには、各個人の利得最大化行動が必ずしも社会全体の利得の最大をもたらさない。これと同様のことが社会ネットワークの議論でも確認された。

[*3] 主体jも、もちろん便益δを主体i相手から得ることになる。

友人Bからの便益はδとなる。

　ここまでは、「友人」と「友人の友人」を考えた。そうすると、この考え方を拡張し、「友人の友人の友人」も考えることができる。つまり、距離が3の友人を考えるのである。ここではδ^3の便益が得られるとする。ここでも、$\delta^3 < \delta^2 < \delta$となり、より距離の遠い友人ほど、便益が小さくなっていることが示される。これも、先と同様に、より遠い友人ほど、情報の質が落ち、量的な欠落が生じていると考えるためである。

　例えば、**図5.9**では、主体iが他の主体からそれぞれ、どれだけの便益を得ているかが示されている。

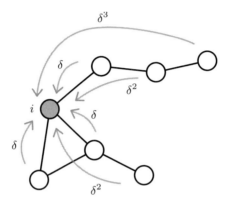

図5.9　コネクションモデルの便益の流れ

　ここで、直接および間接の友人からの便益をまとめておこう。主体iを基準として、主体jの距離をt_{ij}としておくと、この距離t_{ij}の友人からは

$$\delta^{t_{ij}} \tag{5.7}$$

という便益を得ることになる。もし、主体iからjへのパスがない場合は、距離が定義できないが、このときには$\delta^{t_{ij}} = 0$と別に定義する、もしくは$t_{ij} = \infty$とすると、$\delta^{t_{ij}}$はゼロとなる。

　さらに、主体iのもつリンクの数を$d(i)$とすると、主体iがもつリンクを維持するためのコストは

$$d(i) \times c \tag{5.8}$$

となる[4]。

　以上をまとめて、主体iの利得は

$$u_i = \sum_{i \neq j} \delta^{t_{ij}} - d(i) \times c \tag{5.9}$$

となる[5]。

---

[4]　次章で学ぶことであるが、主体iのもつリンク数は次数 (degree) と呼ばれる。また、$d(i)$という表記を用いたので、ここでも合わせることにした。

以上のように、他のノードと直接に間接につながることで利得を得るモデルは**コネクションモデル**(connection model)と呼ばれる。

5.3 コネクションモデルのペアワイズ安定なネットワーク

5.3.1 より極端な状況

以上において、どのようなネットワークが均衡になるかを示していく。

はじめに、直接のリンクが、どんどん張られていく条件を見ていこう。**図 5.9**からもわかるように、直接のリンクを張るときの利得の増分は$\delta - c$であり、間接的に利得を得るときの最大値はδ^2となる。このため

- もし、$\delta - c > \delta^2$ならば、いかなる間接に得る利得よりも、直接にリンクを張ることでより高い利得を得る

ことになる。つまり、このとき、すべての主体間でリンク形成の合意が得られ、したがって

- もし、$\delta - c > \delta^2$ならば、完備ネットワークが生成される

が得られる。また、ペアワイズ安定の条件の一つ目も満たされるので

$$\delta - c > \delta^2 \tag{5.10}$$

$$\iff c < \delta - \delta^2 \tag{5.11}$$

ならば完備ネットワークはペアワイズ安定ともいえる。さらに、この完備ネットワークが"唯一"のペアワイズ安定となることは、作り方よりわかる[*6]。

つづいて

$$c \geq \delta - \delta^2 \tag{5.12}$$

の領域に注目してみよう。

[*5] ここでの議論は、Jackson and Wolinsky (1996)によっている。ただし、このオリジナル論文の利得関数の定義のところで、「$w_{ii} = 1$ for all $j \neq i$ and $w_{ij} = 0$」とあるが、これは「$w_{ij} = 1$ for all $j \neq i$ and $w_{ii} = 0$」というタイプミスがあるので注意をする。

[*6] また、$\delta - c = \delta^2$なる状況も排除していることも重要である。というのも、もし等号が成立している状態だと、三つの主体の線形 (line) ネットワークもペアワイズ安定となってしまう。確認してみよう。ノード(A)、(B)、(C)を考えて、$(A) - (B) - (C)$という線形ネットワークを考えよう。いま、ノード(A)と(C)にはリンクがない。ここで、$\delta - c = \delta^2$が成立するときには、リンクがあってもなくても、ノード(A)と(C)の利得は変化しない。このときには、ペアワイズ安定の2番目の条件 (存在しないリンクについての条件)について、「＊＊＊ならば」のところが成立しないので、この条件と矛盾しない。存在するリンクについては、$\delta - c = \delta^2 > 0$から、ペアワイズ安定の1番目の条件 (存在するリンクの条件)は満たされる。したがって、$(A) - (B) - (C)$という線形ネットワークはペアワイズ安定となる。

はじめに、より極端な領域である

$$c > \delta \tag{5.13}$$

に注目する。このとき、次数が1の主体はできない[*7]。例をみると考えやすいので、**図5.10**を見ると、主体iは主体jにリンクを結ぶインセンティブはない。というのも、主体iは主体jへのリンクを切ることにより、主体jからのδの利得を失うが、主体jとの直接のリンクを張るためのcというコストを払わなくて済む。すなわち

● $c > \delta$ならば、次数が1の主体は存在しない

ことがわかる。この性質から空ネットワークがこの条件では安定となる。というのも空ネットワークからリンクを1本張ろうとしても、両端の主体で利得は下がってしまうからである。したがって、ペアワイズ安定の2番目の条件が満たされ

$$c > \delta \tag{5.14}$$

ならば空ネットワークはペアワイズ安定となる。

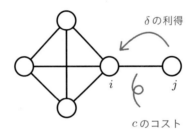

δの利得

cのコスト

図5.10　コストが高いと次数1の主体は存在できない

5.3.2　星形ネットワークが安定となる状況：存在するリンクの安定条件

では、先に挙げたcの条件の間の部分、つまり

$$\delta - \delta^2 \leq c \leq \delta \tag{5.15}$$

を考えてみよう。

実は、このときに星形ネットワークがペアワイズ安定となることが知られている。これを確認していこう。存在するリンクがペアワイズ安定を満たす条件を確認していく。

具体的なイメージをもてるように、**図5.11**で示す主体数を5とした状況から考えていく。**図5.11**の左図より、中心の主体の利得は

$$4(\delta - c) \tag{5.16}$$

[*7]　次数が1の主体とは線形(line)ネットワークの両端や、星形ネットワークの周辺の主体のことである。

となり、一つのリンクを切った場合の利得は右図で示していて

$$3(\delta - c) \tag{5.17}$$

となる。以上より

$$式 (5.16) - 式 (5.17) \geq 0 \tag{5.18}$$

$$\Longleftrightarrow \ \delta - c \geq 0 \tag{5.19}$$

$$\Longleftrightarrow \ c \leq \delta \tag{5.20}$$

となれば、リンクを切るインセンティブがなくなる。

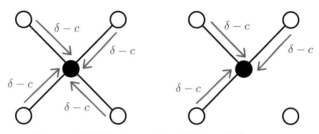

図 5.11 星形ネットワークの真ん中の主体について

主体数がnとしても同様である。繰り返しを厭わずにほぼ同様の式展開を以下で示す。中心に位置する主体は

$$(n - 1)(\delta - c) \tag{5.21}$$

の利得を得ている。一つのリンクを切った場合の利得は

$$(n - 2)(\delta - c) \tag{5.22}$$

となる。以上より

$$式 (5.21) - 式 (5.22) \geq 0 \tag{5.23}$$

$$\Longleftrightarrow \ \delta - c \geq 0 \tag{5.24}$$

$$\Longleftrightarrow \ c \leq \delta \tag{5.25}$$

となれば、リンクを切るインセンティブがなくなる。

つづいて、周辺の主体に注目しよう。ここでも、具体的なイメージをもてるように、**図 5.12**で示す主体数を5とした状況から考えていく。

すると、周辺の主体は

$$(\delta - c) + 3\delta^2 \tag{5.26}$$

の利得を得ている。一つのリンクを切った場合の利得は0となる。以上より

$$(\delta - c) + 3\delta^2 - 0 \geq 0 \tag{5.27}$$

$$\iff c \leq \delta + 3\delta^2 \tag{5.28}$$

となれば、リンクを切るインセンティブがなくなる。

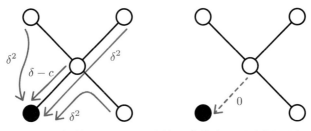

図5.12　星形ネットワークの周りの主体 (リンクを切るか)

主体数が n としても同様である。繰り返しを厭わずにほぼ同様の式展開を以下で示す。周辺の主体は

$$(\delta - c) + (n - 2)\delta^2 \tag{5.29}$$

の利得を得ている。一つのリンクを切った場合の利得は0となる。以上より

$$(\delta - c) + (n - 2)\delta^2 - 0 \geq 0 \tag{5.30}$$

$$\iff c \leq \delta + (n - 2)\delta^2 \tag{5.31}$$

となれば、リンクを切るインセンティブがなくなる。

まとめると、主体数が n の星形ネットワークにおいて、中心の主体および周辺の主体についてのリンクを切らないインセンティブを保つ条件がそれぞれ

$$c \leq \delta \tag{5.32}$$

$$c \leq \delta + (n - 2)\delta^2 \tag{5.33}$$

となっている。

ここで δ と $(n-2)\delta^2$ の大小関係を考えると、主体数は2以上でないと星形ネットワークは成立しないので、つまり $n \geq 2$ となり、さらに δ も正であるから

$$(n - 2)\delta^2 \geq 0 \tag{5.34}$$

となる。つまり

$$\delta \leq \delta + (n - 2)\delta^2 \tag{5.35}$$

が得られる。

したがって、中心の主体がリンクを切るインセンティブがない条件と、周辺の主体がリンクを切るインセンティブがない条件を重ね合わせると**図5.13**であり、両条件が満たされるのは

$$c \leq \delta \tag{5.36}$$

となる。

ここでペアワイズ安定条件のはじめの条件が成立することを確認する。再掲すると

- すべての $ij \in L$ に対して, $u_i(g) \geq u_i(g - ij)$ かつ $u_j(g) \geq u_j(g - ij)$ が成立

することである。存在するリンクは中心の主体と周辺の主体の間で張られており、主体 i と j は一方が中心の主体であり、他方が周辺の主体となっている。これまでの利得の大小比較の議論から、条件 $c \leq \delta$ の下で、$u_i(g) \geq u_i(g - ij)$ かつ $u_j(g) \geq u_j(g - ij)$ が成立している。

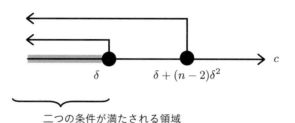

図5.13　存在するリンクについて、二つの条件がともに満たされる領域

5.3.3 星形ネットワークが安定となる状況：存在しないリンクの安定条件とまとめ

つづいて、存在しないリンクについて、ペアワイズ安定が成立する条件を調べる。ここでは、中心の主体は他のすべての主体にリンクを張っているので、周辺の主体が他の周辺の主体へ新たにリンクを張ろうとしないインセンティブを考える。

ここでも、**図5.14**で示した主体数を5とした状況を考える。新しくリンクを張るときと、そうでないときの利得の状況が示されている。

周辺の主体は

$$(\delta - c) + 3\delta^2 \tag{5.37}$$

の利得を得ている。もし、新しいリンクを張ると

$$2(\delta - c) + 2\delta^2 \tag{5.38}$$

の利得を得ることになる。以上より、以下の条件が成立すると、リンクを張るインセンティブがない。つまり

$$式 (5.37) - 式 (5.38) \geq 0 \tag{5.39}$$

$$\Longleftrightarrow [(\delta - c) + 3\delta^2] - [2(\delta - c) + 2\delta^2] \geq 0 \tag{5.40}$$

$$\Longleftrightarrow \quad -(\delta - c) + \delta^2 \geq 0 \tag{5.41}$$

$$\Longleftrightarrow \quad c \geq \delta - \delta^2 \tag{5.42}$$

となる。

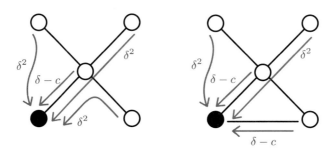

図 5.14　星形ネットワークの周りの主体 (リンクを張るか)

　主体数が n としても同様である。繰り返しを厭わずにほぼ同様の式展開を以下で示す。周辺の主体は

$$(\delta - c) + (n - 2)\delta^2 \tag{5.43}$$

の利得を得ている。もし、新しいリンクを張ると

$$2(\delta - c) + (n - 3)\delta^2 \tag{5.44}$$

の利得を得ることになる。以上より、以下の条件が成立すると、リンクを張るインセンティブがない。つまり

$$式 (5.43) - 式 (5.44) \geq 0 \tag{5.45}$$

$$\Longleftrightarrow \quad [(\delta - c) + (n - 2)\delta^2] - [2(\delta - c) + (n - 3)\delta^2] \geq 0 \tag{5.46}$$

$$\Longleftrightarrow \quad -(\delta - c) + \delta^2 \geq 0 \tag{5.47}$$

$$\Longleftrightarrow \quad c \geq \delta - \delta^2 \tag{5.48}$$

となる。

　ここでペアワイズ安定条件の二つ目の条件が成立することを確認する。再掲すると

- すべての $ij \notin L$ に対して，もし $u_i(g) < u_i(g + ij)$ ならば $u_j(g) > u_j(g + ij)$ が成立

することである。存在しないリンクは周辺の主体の間についてだけであり、主体 i と j は周辺の主体に限定される、これまでの利得の大小比較の議論から、式 (5.48) が成立していると、条件のもしの部分の $u_i(g) < u_i(g + ij)$ が成立することはない。したがって、$c \geq \delta - \delta^2$ という条件の下ではペアワイズ安定の二つ目の条件と矛盾する状況は生じていない。この意味でペアワイズ安定条件の二つ目の条件は成立している。

最後に、以上の存在するリンクと、存在しないリンクの条件を合わせると

$$\delta - \delta^2 \leq c \leq \delta \tag{5.49}$$

となる。すなわち、この条件が成立するときに、星形ネットワークはペアワイズ安定となる。

5.3.4 他のペアワイズ安定の例

つづいて、以上の条件で星形ネットワークは、唯一のペアワイズ安定かどうかを調べてみよう。実はそうではない。これを確認するために、以上の条件を満たす中でペアワイズ安定な他のネットワークを示そう。

この例として、四つの主体における円形ネットワークを挙げることができる。**図5.15**では、黒丸で示された主体に注目して利得の状況を考えている。

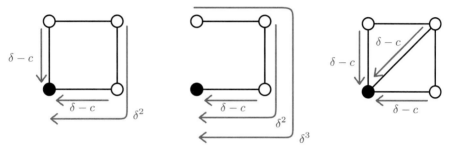

図5.15 4主体での円形ネットワークの議論

存在するリンクを維持する条件は次のようになる。**図5.15**の左端の円形ネットワーク上での黒丸の利得は

$$2(\delta - c) + \delta^2 \tag{5.50}$$

である。もしリンクを一つ切ったとすると、**図5.15**の真ん中のネットワークから、利得は

$$(\delta - c) + \delta^2 + \delta^3 \tag{5.51}$$

となる。

以上より、リンクを切るインセンティブをなくす条件は

$$\text{式}\,(5.50) \geq \text{式}\,(5.51) \tag{5.52}$$

$$\Longleftrightarrow 2(\delta - c) + \delta^2 \geq (\delta - c) + \delta^2 + \delta^3 \tag{5.53}$$

$$\Longleftrightarrow (\delta - c) - \delta^3 \geq 0 \tag{5.54}$$

$$\Longleftrightarrow \delta - \delta^3 \geq c \tag{5.55}$$

となる。これは円形ネットワークという形から、すべての存在するリンクの両端の主体について成立する。つまり、式(5.55)が成立していると、ペアワイズ安定のはじめの条件は満たされる。

存在しないリンクを張ることができない条件は次のようになる。円形ネットワーク上での黒丸の利得は式 (5.50) であった。もしリンクを張ると、**図 5.15** の右端のネットワークから、利得は

$$3(\delta - c) \tag{5.56}$$

となる。

以上より、リンクを張るインセンティブをなくす条件は

$$\text{式 } (5.50) \geq \text{式 } (5.56) \tag{5.57}$$

$$\Longleftrightarrow 2(\delta - c) + \delta^2 \geq 3(\delta - c) \tag{5.58}$$

$$\Longleftrightarrow \delta^2 \geq \delta - c \tag{5.59}$$

$$\Longleftrightarrow c \geq \delta - \delta^2 \tag{5.60}$$

となる。これは主体が 4 の円形ネットワークという形から、すべての存在しないリンクの両端について成立する。したがって、式 (5.60) が成立していると、ペアワイズ安定の二つ目の条件の「もし」の部分について成立することはない。したがって、二つ目の条件と矛盾しない状況となっているという意味で、二つ目の条件が成立している。

以上をまとめると

$$\delta - \delta^2 \leq c \leq \delta - \delta^3 \tag{5.61}$$

において、主体数が 4 の円形ネットワークはペアワイズ安定となる。この条件は、先の星形ネットワークがペアワイズ安定となる条件と重なることが**図 5.16** よりわかる。

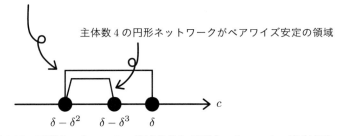

図 5.16 円形ネットワークの安定条件と星形ネットワークの安定条件

最後に 5.3.1 項で述べた、次数が 1 となるノードをもつネットワークがペアワイズ安定とはならない

$$c < \delta \tag{5.62}$$

なる条件について補足をする。ここでは空ネットワークは常にペアワイズ安定となった。もう一度確認すると、空ネットワークの状況からリンクを一つ張った場合に利得は 0 から $\delta - c$ に変化するが、$\delta < c$ という条件から、利得が減少するので、リンクを張るインセンティブがなく、ペアワイ

ズ安定となるからである。しかしながら、十分に間接的な便益が多いときには、リンクを張るインセンティブが出てくる。例えば、十分に主体の数を大きくして(実は$n = 5$でよい)、円形ネットワークを考えたときに、ペアワイズ安定なネットワークとなり得る。5.6 節で、R を用いた数値の計算とともに、このことを確認する。

5.3.5 ネットワークは分割されるのか?

以上で安定なネットワークの議論については、ほぼ終わったが、一つ残された議論をしておく。というのも、例えば星形ネットワークがペアワイズ安定となる条件において、星形ネットワークが複数存在する状況も安定となるかもしれないからである。すなわち、形成されるコンポーネントの数について議論をする。

この議論は直感的な議論で終えることにする。図 5.17 に示すように、いま、二つのコンポーネント、A と B があるとする。主体 i はコンポーネント A に含まれ、主体 s はコンポーネント B に含まれるとする。主体 i に注目して、この主体がもつリンクを取り上げ、その相手を j とする。このとき、主体 i の利得は以下のように分かれる。つまり

主体 i の利得 = 主体 j からの直接および間接の利得 + 主体 j とは関係のない直接および間接の利得

である。さらに、主体 i は主体 j とリンクを結んでいるので、ペアワイズ安定の条件より

$$\text{主体 } j \text{ からの直接および間接の利得} - c \geq 0 \tag{5.63}$$

が成立している。つまり、主体 i はコスト c を払っても、j とリンクを結んで利得を増大させる。

ここで、主体 s の視点から考えると (図 5.18)、主体 s は主体 i とは異なるコンポーネントに含まれているので、主体 s が主体 j にリンクを張ると、主体 s は

$$\begin{matrix}\text{主体 } i \text{ が得ている主体 } j \text{ からの} \\ \text{直接および間接の利得}\end{matrix} + \begin{matrix}\text{「主体 } i \text{ が得ている主体 } j \text{ を経由しない} \\ \text{利得」の主体 } i \text{ を経由しての利得}\end{matrix} \tag{5.64}$$

を得る。先の式 (5.63) の議論より、式 (5.64) の利得は c より必ず大きくなる。したがって、主体 s は主体 j とリンクを張るインセンティブをもつ。

同様の議論を主体 s と同じコンポーネントに含まれ、s とリンクをもつ t で考える (図 5.19)。つまり、主体 t の主体 s にリンクを張るインセンティブを考えると、主体 j は主体 s とリンクを張ることによって、主体 t が得ている利得以上の利得を得るので、c を払って、リンクを張るインセンティブをもつのである (図 5.20)。

このように主体 s と主体 j について、双方がリンクを張るインセンティブをもってしまう。これは、ペアワイズ安定のリンクがない場合の条件と矛盾してしまうことになる。結果として、複数のコンポーネントは、ペアワイズ安定では成立しない。

以上より、空ネットワークを除いて、すべてのペアワイズ安定におけるコンポーネントは一つとなる。

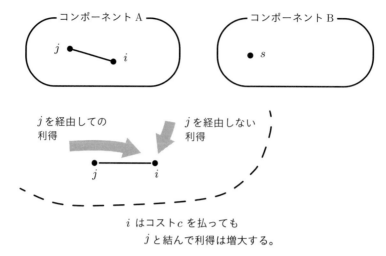

図 5.17　二つのコンポーネントはペアワイズ安定ではない (主体 i のインセンティブ)

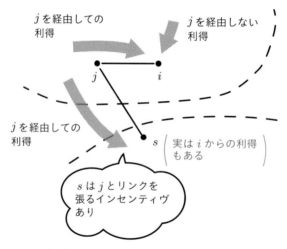

図 5.18　二つのコンポーネントはペアワイズ安定ではない (主体 s のインセンティブ)

5.3.6　主張のまとめ

主体数を n として、これまでの主張は以下のようにまとめられる。

1. $c < \delta - \delta^2$ では、主体数が n の完備ネットワークが唯一のペアワイズ安定な均衡である。

2. $\delta - \delta^2 \leq c \leq \delta$ では、主体数が n の星形ネットワークがペアワイズ安定な均衡である。

3. $c > \delta$ においては、ペアワイズ安定なネットワークにおいては、次数が 1 の主体は存在しない。空ネットワークはペアワイズ安定な均衡である。

より直観的に**図 5.21** に結果をまとめておく。

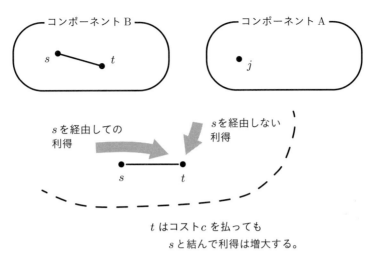

図 5.19　二つのコンポーネントはペアワイズ安定ではない (主体 t のインセンティブ)

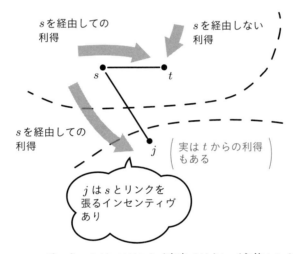

図 5.20　二つのコンポーネントはペアワイズ安定ではない (主体 j のインセンティブ)

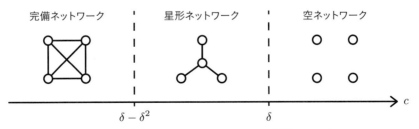

図 5.21　安定なネットワークとリンクを張るコスト

5.4 コネクションモデルでの効率的なネットワーク

5.4.1 極端な状況について

これまでは、安定なネットワークに注目をしていたが、次に社会的に望ましいネットワークについて考えてみよう。ここでの基準は利得の総和として、利得の総和を最大にするネットワークを探していく。例えば、**図 5.22** では、各主体の利得が示されていて、これらの数値の総和が総利得となり、この値がより大きければ大きいほど、より効率的ということになる。

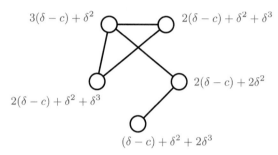

図 5.22 ネットワークの総利得 (効率性の基準)

ここでも、極端な状況から考えていこう。いま

$$\delta - c > \delta^2 \tag{5.65}$$

$$\iff c < \delta - \delta^2 \tag{5.66}$$

であれば、直接にリンクを張ることで得られる利得は間接的に得られる利得より常に大きくなるので、完備ネットワークが最も効率的なネットワークとなる。

もう一つの極端な状況として

$$c > \delta \tag{5.67}$$

であれば、一見、直接のリンクを張っても利得が増加しないように見える。しかし、ペアワイズ安定での議論で確認したように、実はそうではない。思い出すと、間接的な利得があれば、直接の利得だけでは負の値となっても全体として正の利得を得られる可能性があるからである。

以下では、完備ネットワーク以外のネットワークが最も効率的なネットワークとなり得る

$$c \geq \delta - \delta^2 \tag{5.68}$$

という範囲でコストを考える。

5.4.2 星形ネットワークについての分析

なかなか議論の糸口が見えにくいが、次のように考えるとよいことが知られている。はじめに主体数がnのコンポーネントCを考える。コンポーネントとは任意の二つの主体間にパスが必ず存在しているという状況であった。つまり、すべての主体が少なくとも間接的につながっているネットワークのことである。例えば、主体の数が6でリンク数が5のコンポーネントは**図5.23**のように示される。

また、主体数がnのコンポーネントCに戻って、このコンポーネントに含まれるリンクの数をkとする。なお、コンポーネントが成立するためには、コンポーネント内のすべての主体 (ノード) がリンクされていないといけないので、少なくとも$k \geq n-1$となっていないといけない。

つづいて、効率的なネットワークの候補として星形ネットワークを考える。というのも、このネットワークは少ないリンクで多くの主体とつながることができ、各主体間の距離も最大で2となり、短いものとなるからである。

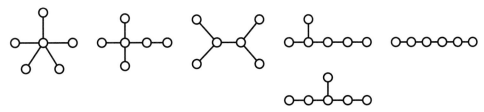

図5.23　主体数が6かつリンク数5のさまざまなコンポーネント

実は、星形ネットワークが最大の利得となることが知られており、これを以下で確認していく。

はじめに、主体数がnでリンクがk本の一般的なコンポーネントCにおける利得を考える。この利得の総和は次のように求められる。各リンクでその両端の主体で$\delta - c$だけの利得を生んでいるので、各リンクあたり

$$2(\delta - c)k \tag{5.69}$$

だけの利得を生んでいることになる。

他方で間接の関係については、各主体のあり得る関係は$(n(n-1)/2)$だけあり、コンポーネントの性質より、このすべてにおいてパスが存在する。また、直接に結ばれた関係はリンク数で示されることを思い出すと、間接的な関係は$(n(n-1)/2) - k$だけ存在する。間接的な関係における最大の利得はδ^2であるから、間接的な関係から得られる各主体の利得の総和は最大で

$$2 \left(\frac{n(n-1)}{2} - k \right) \times \delta^2 \tag{5.70}$$

となる。

これよりこのコンポーネントにおける総利得は最大で

$$2(\delta - c)k + 2 \left(\frac{n(n-1)}{2} - k \right) \times \delta^2 \tag{5.71}$$

となる。

　他方において、主体数がnにおける、星形ネットワークを考え、そこでの総利得を考える。$(n-1)$本の存在するリンクから直接に生じている利得は

$$2(\delta - c)(n-1) \tag{5.72}$$

となる。間接的に得ている利得はすべてδ^2であり、この関係は$(n-1)(n-2)/2$であり、この関係の両端でそれぞれ利得が生じていることに注意して、その利得の総和は

$$2\frac{(n-1)(n-2)}{2}\delta^2 \tag{5.73}$$

となっている。これより、この星形ネットワークの総利得は

$$2(\delta - c)(n-1) + 2\frac{(n-1)(n-2)}{2}\delta^2 \tag{5.74}$$

となる。

　なお、主体数が9のときの計算例が**図5.24**で示されているので、必要に応じて参考にしてもらいたい。

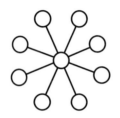

中心　　$\{(\delta - c) \times 8\}$

周り　　　$+ \{(\delta - c) + 7\delta^2\} \times 8$

$= 2(\delta - c) \times 8 + 56\delta^2$

$\underbrace{(9-1)}\qquad \underbrace{2\frac{(9-1)(9-2)}{2}}$

図5.24　主体数が9のときの星形ネットワークの総利得

　以上の二つの総利得を比較すればよいから

リンク数をkとするコンポーネントの総利得の最大 (式 (5.71))

$$- \text{星形ネットワークの総利得 (式 (5.74))} \tag{5.75}$$

$$= \left(2(\delta - c)k + 2\left(\frac{n(n-1)}{2} - k\right) \times \delta^2\right) - \left(2(\delta - c)(n-1) + 2\frac{(n-1)(n-2)}{2}\delta^2\right) \tag{5.76}$$

$$= 2(\delta - c)k + \{n(n-1) - 2k\}\delta^2 - 2(\delta - c)(n-1) - (n-1)(n-2)\delta^2 \tag{5.77}$$

　　（ここの式展開は確認問題とする）

$$= 2(c - (\delta - \delta^2))(n - 1 - k) \leq 0 \tag{5.78}$$

が得られる。最後の不等式は次のように得られる。つまり、コストに関する条件より

$$c - (\delta - \delta^2) \geq 0 \tag{5.79}$$

となっている。また、いまはコンポーネントを考えており、つまり、存在するkのリンクは、n人の主体をすべてつなげているから

$$k \geq n - 1 \tag{5.80}$$
$$\Longleftrightarrow 0 \geq n - 1 - k \tag{5.81}$$

が得られるからである。

　それでは

　　　　「リンク数をkとするコンポーネントの総利得」　＝　「星形ネットワークの総利得」

となるのは、どのような状況だろうか。はじめに

$$c - (\delta - \delta^2) = 0 \tag{5.82}$$

のときを考える。これは、$\delta^2 = \delta - c$を意味し、距離が2で間接的に利得を得ても、直接リンクを張って利得を得ても同じであることを示している。これより、星形ネットワークから完備ネットワークへネットワークを作り直しても総利得は変化しない。

　つづいて

$$k = n - 1 \tag{5.83}$$

のときも不等式が0で成立し、利得が同じになる。ここで注意すべきは、利得の比較をするときに、リンク数をkとするコンポーネントの総利得の最大を考えたことである。実際にこの点について考察を深める。

　図 **5.23** でわかるように、$n - 1$本のリンクをもつコンポーネントはさまざまである。しかし、図から直感的に理解してもらいたいが、星形ネットワーク以外は、二つの主体の距離が3以上の状態を少なくとも一つはもってしまうのである。したがって、$n - 1$本のリンクをもつコンポーネントで最大の総利得となるのは、星形ネットワークであり、他のネットワークは必ず総利得が減少してしまう。

　以上から、完備ネットワーク以外のネットワークが効率的になり得る$c \geq \delta - \delta^2$という条件では、星形ネットワークが利得を最大にすることがわかった。あとは、やや細かな可能性をつぶしていくことにする。

　はじめに、n人の星形ネットワークの総利得が0以上となる条件も求めておく。というのも、そうでないと、リンクを張るインセンティブが出てこないからである。なお、利得が0のときには、空ネットワークと同じ総利得となる。この条件は

$$2(\delta - c)(n-1) + 2\frac{(n-1)(n-2)}{2}\delta^2 \geq 0 \tag{5.84}$$

$$\iff 2(\delta - c) + (n-2)\delta^2 \geq 0 \tag{5.85}$$

$$\iff \delta - c + \frac{n-2}{2}\delta^2 \geq 0 \tag{5.86}$$

$$\iff c \leq \delta + \frac{n-2}{2}\delta^2 \tag{5.87}$$

となっている。

　以上より

$$\delta - \delta^2 \leq c \leq \delta + \frac{n-2}{2}\delta^2 \tag{5.88}$$

が主体数 n の星形ネットワークが効率的となる条件である。

5.4.3　ネットワークは分割されるのか？

　最後に、n 人全体で星形ネットワークを形成している状態が最大の総利得となることを示しておこう。というのも、複数のコンポーネントに分かれている状況がより効率的である可能性が残っているからである。このためには、n 人のコンポーネントにおいて、どのように二つに分割をしても利得が減少してしまうことを示せばよい。というのも、三つ以上のコンポーネントについては、2分割を繰り返す議論に落とし込めるからである。

　いま、n 人の主体を、x 人と $n-x$ 人に分割して考える。以下ではいくつかの Step に分けて議論を進めていく。

Step1　利得の差の議論で使う不等式：

　議論の出発点として n 人のコンポーネントで考えており、n 人の星形ネットワークにおける正の利得の条件

$$c < \delta + \frac{n-2}{2}\delta^2 \tag{5.89}$$

が成立しているものとする。

Step2　元のネットワークと分割したネットワークの総利得の比較：

　n 人の星形ネットワークの総利得は

$$2(\delta - c)(n-1) + 2\frac{(n-1)(n-2)}{2}\delta^2 \tag{5.90}$$

であり、x 人と $n-x$ 人の星形ネットワークの総利得を足し合わせたものは

$$\left(2(\delta - c)(x-1) + 2\frac{(x-1)(x-2)}{2}\delta^2\right) + \left(2(\delta - c)(n-x-1) + 2\frac{(n-x-1)(n-x-2)}{2}\delta^2\right) \tag{5.91}$$

である。

　主体数が9のときの星形ネットワークの利得は**図 5.24**であり、これを主体数5と主体数4に分割した場合の総利得は**図 5.25**で示されている。

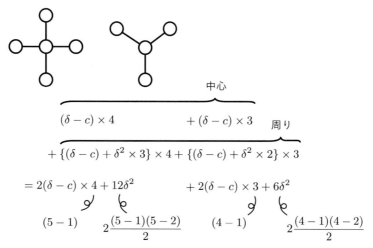

図 5.25 主体数が5と4のときの二つの星形ネットワークの総利得

　以上の差を求めると、単純だが面倒な計算の後に[*8]

$$2\{\delta + (nx - x^2 - 1)\delta^2 - c\} \tag{5.92}$$

が得られる。

Step3　$\delta + (nx - x^2 - 1)\delta^2$ の最小値を求める：

　はじめに

$$nx - x^2 - 1 \tag{5.93}$$

をxの関数として注目する。これは2次関数であり、x^2の係数が負であるから、上に凸のグラフとなる。さらに導関数から

$$\frac{d(nx - x^2 - 1)}{dx} = 0 \tag{5.94}$$

$$\Longleftrightarrow \quad n - 2x = 0 \tag{5.95}$$

$$\Longleftrightarrow \quad x = \frac{n}{2} \tag{5.96}$$

となる。$n/2$で最大となり、複数のネットワークに分割をするから$n \geq 3$であり、$1 < n/2 < n-1$となる。つまり、最小値は$x = 1$か$x = n-1$のときである。

　最小値を求めると$n - 2$となり、これは$x = 1$でも$x = n-1$でもこの値となる。つまり、$1 \leq x \leq n-1$において、関数$nx - x^2 - 1$は最小値$n-2$をとるので、これを$\delta + (nx - x^2 - 1)\delta^2$

[*8]　これは確認問題とする。

に含めて、$\delta^2 > 0$ に注意すると

$$\delta + (n-2)\delta^2 \leq \delta + (nx - x^2 - 1)\delta^2 \tag{5.97}$$

が得られた。

Step4　c と $\delta + (nx - x^2 - 2)\delta^2)$ の大小関係を調べる：

Step1の議論、$\frac{n-2}{2} < n-2$、そして、step3の議論に注意すると

$$c < \delta + \frac{n-2}{2}\delta^2 < \delta + (n-2)\delta^2 \leq \delta + (nx - x^2 - 1)\delta^2 \tag{5.98}$$

が得られる。

Step5　最大となることを確認する：

Step2から得られた利得差に対して

「n 人の星形ネットワークの総利得」 − 「x 人と $n-x$ 人の星形ネットワークの総利得の和」

$$= 2\{\delta + (nx - x^2 - 1)\delta^2 - c\} > 0 \tag{5.99}$$

となる。最後の不等式は、Step4より

$$c < \delta + (nx - x^2 - 1)\delta^2 \tag{5.100}$$

となることからわかる。

したがって、星形ネットワークを分割しても、総利得は大きくならないので

$$\delta - \delta^2 < c < \delta + \frac{n-2}{2}\delta^2 \tag{5.101}$$

において、主体数 n の星形ネットワークが総利得を最大にすることになる。

5.4.4　主張のまとめ

最後のまとめをする前に、残された議論をしておく。

はじめに式 (5.88) 以外の領域で議論されていない $c > \delta + \frac{n-2}{2}\delta^2$ なる条件について議論する。つまり、ここでは、利得を最大にする星形ネットワークですら、正の総利得を与えることができず、空ネットワークにおける総利得0が効率的となる。

つづいて効率的なネットワークの唯一性について考える。はじめに、完備ネットワークが効率的となる状況では、一つでもリンクを切ると総利得は下がるので、完備ネットワークが唯一の効率的なネットワークとなる。

また、星形ネットワークが効率的となる状況で、他のネットワークでも星形ネットワークと同じ総利得を得るのは、式 (5.88) が等号で成立するときである[*9]。しかし、$\delta - \delta^2 < c < \delta + \frac{n-2}{2}\delta^2$ と等号を除いた不等式では先に示した議論から、星形ネットワークが唯一の効率的なネットワークとなる。

[*9]　$\delta - \delta^2 = c$ のときには完備ネットワークも星形ネットワークと同じ総利得となる。$c = \delta + \frac{n-2}{2}\delta^2$ のときは空ネットワークで、星形ネットワークと同じ総利得となる。

また、空ネットワークが効率的となる状況でも、最も総利得を高める星形ネットワークでも利得を高めることはなかったので、空ネットワークが唯一の効率的なネットワークとなる。

主体数をnとして、これまでの主張は以下のようにまとめられ、図5.26のようになる。

1. $c < \delta - \delta^2$では、完備ネットワークが唯一の効率的なネットワークである。

2. $\delta - \delta^2 < c < \delta + \frac{n-2}{2}\delta^2$では、星形ネットワークが唯一の効率的なネットワークである。

3. $c > \delta + \frac{n-2}{2}\delta^2$では、空ネットワークが唯一の効率的なネットワークである。

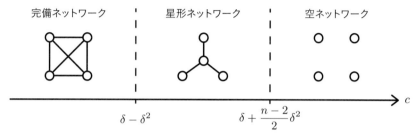

図5.26 効率的なネットワークとリンクを張るコスト

5.5 コネクションモデルでの安定性と効率性について

ここでコネクションモデルの安定性と効率性についてまとめておく。図5.21と図5.26をまとめると、図5.27が得られる。これより、完備ネットワークが生成される場合や、空ネットワークが生成されるというような極端な状況を除くと、より広い範囲で星形ネットワークが安定性の面から実現されやすく、効率性の観点からも望ましい。

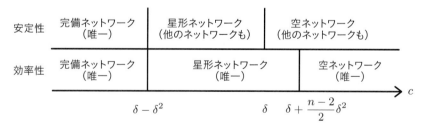

図5.27 安定なネットワークと効率的なネットワークの比較

自主的な組織において、リーダーが生まれやすく、リーダーのもとでうまくいく場合が多いことが、以上のシンプルな確認からもわかる。一つ注意すべきは、事前には平等な主体どうしでも、安定かつ効率的な社会構造がリーダーを生み出すということである。現実には、組織の求める能力が長けている人、人との調整能力が長けている人がリーダーとなる場合も多いだろうが、そういった個人の属性をすべて等しいとしても、誰かがリーダーになるという社会構造・利得構造が存在する

のである。

しかしながら、**図**5.27からわかるように、安定なネットワークと効率的なネットワークは必ずしも一致しない。すなわち、安定なネットワークが十分な効率性をもたないというジレンマが生じうる。同様に、星形ネットワークにおいても、効率性の観点からは望ましいが、平等という観点では望ましくなく、実際にはこうした格差を是正したいというジレンマが存在するかもしれない。

いずれにせよ、非常にシンプルなモデルではあるが、それゆえに、問題の所在を明確に示してくれるともいえる。

5.6 Rによるペアワイズ安定の確認

主体数が5のときに、直接のリンクで得る利得δがリンクを張るためのコストcよりも小さい場合($c > \delta$)でも、空ネットワーク以外に、円形ネットワークもペアワイズ安定となり得ることを確認する。ペアワイズ安定の条件が満たされることを、Rによる計算で確認していこう。議論の仕方は、5.3.4項と同様である。

図5.28によって、5主体の円形ネットワークにおける黒点で示された主体の利得を示している。**図**5.28の左端のネットワークにより、円形ネットワークにおいて、直接につながっている主体からリンクのコストを含めて$\delta - c$を、距離が2の主体からδ^2を得ており、あわせて

$$2(\delta - c) + 2d^2 \tag{5.102}$$

の利得を得ている。

図5.28の真ん中のネットワークにより、円形ネットワークにおいて、一つのリンクを切ったときに、自分以外の主体は距離が1、2、3、4となっていて、それぞれからδ、δ^2、δ^3、δ^4の利得を得ており、リンクを張るコストcを含めて

$$(\delta - c) + \delta^2 + \delta^3 + \delta^4 \tag{5.103}$$

の利得を得ている。

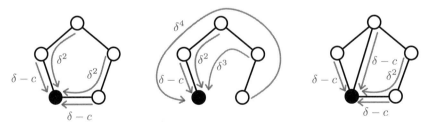

図5.28　5主体での円形ネットワークの議論

以上より、リンクを切るインセンティブをなくす条件は

$$式(5.102) \geq 式(5.103) \tag{5.104}$$

$$\Longleftrightarrow 2(\delta - c) + 2\delta^2 \geq (\delta - c) + \delta^2 + \delta^3 + \delta^4 \tag{5.105}$$

$$\Longleftrightarrow (\delta - c) + \delta^2 - \delta^3 - \delta^4 \geq 0 \tag{5.106}$$

$$\Longleftrightarrow \delta + \delta^2 - \delta^3 - \delta^4 \geq c \tag{5.107}$$

となる。いま$\delta < c$として、この不等式を成立させたい。ここで$\delta + \delta^2 - \delta^3 - \delta^4$の$\delta$を除いた$\delta^2 - \delta^3 - \delta^4$に注目して、これが正になれば、それより少しだけ$c$を小さくしてこの不等式を成立させることができる。

さらに、$\delta^2 - \delta^3 - \delta^4$に注目すると、$\delta$が十分に小さい値だと正の値をとりそうである。これを調べるために、Rで$\delta^2 - \delta^3 - \delta^4$のグラフを0から0.7まで変化させて描いてみよう。このためには、次のようにすればよい。ただし、スクリプトファイル内で半角でδを出すことはできないので、δの代わりにdを用いる。

グラフの描画はRのパッケージ"ggplot2"を用いることにする。インストールしていない場合は

```
install.packages("ggplot2")
```

としてインストールしておく。インストールしている場合は、

```
library(ggplot2)
```

として呼び出しておく。

はじめに、関数を

```
myf <- function(d){d^2 -d^3 -d^4}
```

で定義しておく。

つづいて、x軸の変数をdが0から0.7まで変化することを次のように指定し

```
base <- ggplot(data.frame(d = c(0, 0.7)), aes(x=d))
```

さらに、描画する関数と文字の大きさを以下のように指定すると

```
base + stat_function(fun=myf) +theme_gray(base_size =20)
```

図 5.29が得られる。これより、δが0.4前後で正の値をとることがわかる。

これよりδが0.4のときの値は

```
myf(0.4)
```

というコマンドで0.0704となることがわかる。したがって、$\delta = 0.4$のときの$d + d^2 - d^3 - d^4$の値は0.4704となる。これは

```
d <- 0.4
d +d^2 -d^3 -d^4
```

とすることで、確認できる。

これより$\delta = 0.4$として、$c = 0.41$とする。このときに、$\delta < c$が成立している。さらに、ペアワ

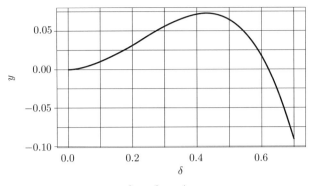

図 5.29　$\delta^2 - \delta^3 - \delta^4$ のグラフ

イズ安定の一つ目の条件、つまり、リンクを切るインセンティブがないことは、$d + d^2 - d^3 - d^4$ の値は0.4704であったので

$$d + d^2 - d^3 - d^4 \geq c \tag{5.108}$$

が成立することから確認できる。これは円形ネットワークという形から、すべての存在するリンクの両端の主体について成立する。つまり、ペアワイズ安定のはじめの条件を満たす。

　存在しないリンクを張るインセンティブがないことは次のように確認できる。円形ネットワーク上での黒丸の利得は式 (5.102) であった。もしリンクを張ると、図 5.28 の右端のネットワークから、利得は

$$3(\delta - c) + \delta^2 \tag{5.109}$$

となる。

　以上より、リンクを張るインセンティブをなくす条件は

$$式 (5.102) > 式 (5.109) \tag{5.110}$$

$$\iff 2(\delta - c) + 2\delta^2 > 3(\delta - c) + \delta^2 \tag{5.111}$$

$$\iff \delta^2 > \delta - c \tag{5.112}$$

$$\iff c > \delta - \delta^2 \tag{5.113}$$

となる。

　他方で、$c > \delta$ はもともとの仮定から成立し、δ^2 は正なので、$\delta > \delta - \delta^2$ となるから、あわせると

$$c > \delta > \delta - \delta^2 \tag{5.114}$$

は常に成立する。つまり、式 (5.113) は常に成立する。主体が5の円形ネットワークという形から、すべての存在しないリンクの両端について、この議論はあてはまる。したがって、ペアワイズ安定の二つ目の条件の「もし」の部分について成立することはない。したがって、二つ目の条件と矛盾しない状況となっているという意味で、二つ目の条件が成立している。

　以上より、$\delta = 0.4$として、$c = 0.41$とするときに、$\delta < c$が成立していながら、空ネットワーク以外に主体数が5の円形サークルがペアワイズ安定となる。

📋 章末まとめ

- ネットワーク形成ゲームにおいて、ナッシュ均衡に対応する均衡概念は、ペアワイズ安定である。

- コネクションモデルでは、自分のリンクを通じて直接および間接の便益を得ることができる。

- 星形ネットワークという格差の大きいネットワークで、ネットワークの安定性と効率性が両立する状況を確認できる。

- 一般には、必ずしもネットワークの安定性と効率性は両立せず、星形ネットワーク以外にもさまざまなネットワークが安定となる。

💬 考えてみよう

1. 図5.7と現実の対応を考えてみよう。
   - 右端のネットワークから、右から2番目のネットワークへは、ノードBとCが仕事のコミュニケーションが面倒なので、それを断ち切り、すべてノードAに任せるという状況と解釈できる。そうすると、ノードAはそれを見越して、ノードA、B、Cを結ぶ大きな仕事をしたくないと考え、ノードAとBの小さな仕事しかしないようになる。

2. なぜ星形ネットワークが安定かつ効率的になるか考えてみよう。
   - コネクションモデルでは、距離のあるリンクがコストとなり、なるべく小さな経路でつながることが総利得を高めることになる。星形ネットワークはネットワーク全体の経路を小さくしているので、利得を高める。安定となることも、なるべく短い距離で他者から便益を得ようとする個人の動機からもたらされる。こうしたことは、言い換えると、すべての主体が何か有益な情報というようなものを既にもっており、それを素早く集めていくような状況において、星形ネットワークは安定で、効率的といえるかもしれない。

3. 前章はネットワークを前提としてのゲームであった、本章はネットワークの生成自身のゲームとなった。どのような状況でそれぞれのモデルがより当てはまるか考えてみよう。
   - 人間関係や友人関係を考える場合は、容易にネットワークを切ったり張ったりは難しい状況も多いだろう。この場合は前章のモデルがより当てはまる。企業間のプロジェクト、論文の共著関係などでのビジネスライクな関係では、リンクを切ったり貼ったりすることが容易となり、より当てはまるかもしれない。

N₀5 記号や数学に関する確認問題

1. ペアワイズ安定の定義式の意味を説明しなさい。

2. 図 5.7 でペアワイズ安定ではない三つのネットワークについてそれを確認しなさい。

   - 図 5.7 の左端のネットワークを考える。このとき、リンクを張ると、張った双方のノードは利得を 0 から 1 へ上昇させる。したがって、ペアワイズ安定の二つ目の条件が成立しないので、ペアワイズ安定ではない。

   - 図 5.7 の右端のネットワークを考える。このとき、リンクを切ると、切った双方のノードは利得を 1.5 から 2 へ上昇させる。したがって、ペアワイズ安定の一つ目の条件が成立しないので、ペアワイズ安定ではない。

   - 図 5.7 の右から 2 番目のネットワークを考える。ここでノード A とノード C のリンクを切るとする。このとき、ノード C はリンクを切ると利得が 2 から 0 へ減少するが、ノード 1 はリンクを切った方が利得が 0.5 から 1 へ増加する。これはペアワイズ均衡の一つ目の条件を満たしていないので、ペアワイズ安定ではない。

3. 式 (5.77) と式 (5.78) が等しいこと、つまり、次の等式を示しなさい。

$$2(\delta - c)k + \{n(n-1) - 2k\}\delta^2 - 2(\delta - c)(n-1) - (n-1)(n-2)\delta^2$$
$$= 2(c - (\delta - \delta^2))(n - 1 - k)$$

   - 左辺から右辺を導く。ここでは右辺から判断して、δ, δ^2 そして、δ が含まれない項でまとめると良さそうなので、それぞれでまとめていくことにする。最初の等式は、まとめる前の準備として項を展開した。これより

$$左辺 = 2k\delta - 2ck + \{n(n-1) - 2k\}\delta^2 - 2(n-1)\delta + 2(n-1)c - (n-1)(n-2)\delta^2$$

（δ がない項、δ の項、δ^2 の項の順で並べ替えて）

$$= -2ck + 2(n-1)c + 2k\delta - 2(n-1)\delta + \{n(n-1) - 2k\}\delta^2 - (n-1)(n-2)\delta^2$$

（2 でそれぞれで括れそうなので、実際に括って）

$$= 2\{-k + (n-1)\}c + 2\{k - (n-1)\}\delta + \{-2k + (n-1)(n-n+2)\}\delta^2$$

（δ^2 の項をもう少し整理して）

$$= 2\{-k + (n-1)\}c + 2\{k - (n-1)\}\delta + 2\{-k + (n-1)\}\delta^2$$

（$(n-1-k)$ で括って）

$$= 2(n-1-k)(c - \delta + \delta^2)$$

（目的の式に合うように再度整理して）

$$= 2(c - (\delta - \delta^2))(n - 1 - k)$$

となり、右辺が導かれた。

4. 式 (5.90) から式 (5.91) を引くと、式 (5.92) が得られることを示しなさい。

- 式 (5.90) を少し整理して

$$2(\delta - c)(n-1) + (n-1)(n-2)\delta^2$$

を得て、第1項の $2(\delta - c)(n-1)$ に注目する。

式 (5.91) を少し整理して

$$2(\delta - c)(x-1) + (x-1)(x-2)\delta^2 + 2(\delta - c)(n-x-1) + 2(n-x-1)(n-x-2)\delta^2$$

を得て、第3項の $2(\delta - c)(n-x-1)$ に注目する。

引き算をすると、それぞれ対応する部分が消えて

式 (5.90) − 式 (5.91)

$$= \{(n-1)(n-2)\delta^2\}$$
$$- \left\{ 2(\delta - c)(x-1) + (x-1)(x-2)\delta^2 - 2x(\delta - c) + 2(n-x-1)(n-x-2)\delta^2 \right\}$$

を得る。最初の {} のカッコの部分と、引き算の部分の {} のカッコの部分の第4項に注目して、それぞれ対応する部分が消え、特に最初の {} のカッコの部分が消えて

$$- \left\{ 2(\delta - c)(x-1) + (x-1)(x-2)\delta^2 - 2x(\delta - c) - (n-1)x\delta^2 - (n-2)x\delta^2 + x^2\delta^2 \right\}$$

を得る。$(\delta - c)$ と δ^2 でそれぞれまとめるとよさそうなので、まとめると

$$- \left\{ 2(\delta - c)(x-1-x) + [(x-1)(x-2) - (n-1)x - (n-2)x + x^2]\delta^2 \right\}$$

を得る。整理すると

$$- \left\{ -2(\delta - c)(x-1-x) + [2x^2 - 2nx + 2]\delta^2 \right\}$$

を得る。あとは、順次整理して

$$\left\{ 2(\delta - c) - 2[x^2 - nx + 1]\delta^2 \right\}$$

となり、最後に本文の式と合わせるための微調整して

$$2\{\delta + (nx - x^2 - 1)\delta^2 - c\}$$

を得る。

5. この章は数学的な展開や導出が多いので、各部分で自分で展開や導出を確認してみることが一番の確認問題となる。

R Rを用いて考えよう

- "サークルネットワークとペアワイズ安定.r" では以下を行っている。
  - 5.3.4 項の最後で $c > \delta$ の条件において、円形ネットワークがペアワイズ安定となることを述べた。これを確認している。

囚人のジレンマゲーム

　第 10 章で信頼ゲームを取り上げた。ここでは、社会的にはお互い信頼し・信頼に応えるという状況が望ましいにもかかわらず、信頼を裏切るというインセンティブがあるために、社会的に望ましい状況が実現しないというジレンマが生じた。これに関連して、囚人のジレンマゲーム (prisoner's dilemma game) が有名であるので、ここで紹介しておく。

　背景となる話は次のようなものである。囚人Aと囚人Bがおり、刑を確定するために裁判が行われている。検察側としては、どちらか一方の自白を得られれば罪に適切な刑を確定できるので、自白を得たい。他方で、囚人としては黙秘をして刑を軽くしたいと思っている。ここで検察側は司法取引を持ち出す。つまり、「あなただけが自白した場合は罪を軽くしてあげましょう」と提案したのである。このときのゲームが**図 5.30** で記されている。利得は、お互い黙秘をすると正の利得1を得て、自分が自白して相手が黙秘のときには最も高い利得の3であり、自分が黙秘をして相手が自白のときには最も利得の低い −3 であり、お互いが自白の場合は本来の罪をつぐなう基準の利得として0を得るものとする。

　これより均衡を求めてみよう。囚人Aの立場で考えていこう。囚人Bが黙秘したときには、自白をすると3、黙秘をすると1なので自白が望ましい。囚人Bが自白をしたときには、自白をすると0、黙秘をすると −3 なので自白が望ましい。つまり、相手が自白しようが黙秘しようが、自分は自白した方がよいのである。これは、囚人Bについても同じことがいえる。このことは、**図 5.31** のように記され、相手の行動を所与したときの囚人のAの最適な選択が直線で、囚人Bの最適な選択が波線で示されている。これより、お互いに自白する状況がナッシュ均衡となることを確認できる。

		囚人B	
		黙秘	自白
囚人A	黙秘	1, 1	−3, 3
	自白	−3, 3	0, 0

図 5.30　囚人のジレンマゲーム

		囚人B	
		黙秘	自白
囚人A	黙秘	1, 1	−3, 3
	自白	3, −3	0, 0

図 5.31　囚人のジレンマゲームの均衡

　結果を解釈すると、囚人Aと囚人Bの全体とするとお互いに黙秘をしてそれぞれが1の利得を得て、二人合わせて2の利得を得ることが望ましい。しかしながら、相手が黙秘をするならば、自分は自白をするというインセンティブがあり、この状況は実現しない。結局のところ、お互いが自白するという二人合わせて0の利得しか得られない。このようなジレンマが生じてしまう。

　信頼ゲームとの比較をすると、信頼ゲームは一方のみが裏切りのインセンティブがあるゲームであり、囚人のジレンマゲームは双方とも裏切りのインセンティブがあるゲームとして解釈できる。

第6章　直接的なつながりの指標としての次数

これまでの議論で、ネットワーク構造が個人の利得に大きな影響を与えることがわかった。ここからは、ネットワーク内でどのノードがより重要であるかを示す中心性について考えていく。本章では、一つのノードがどれだけリンクをもつかという、最も単純な中心性を取り上げる。さらには、ネットワーク全体で平均や分散に対応するネットワークの代表値も考える。ネットワーク独自の特性のため、平均と分散とは異なる定式化がなされ、そこでの共通点と相違点が見所といえる。また、参考までに、日本企業の中心性ランキングも示していく。

6.1 個人に注目した中心性の指標

　第4章で述べたようにネットワーク上の公共財供給では、星形ネットワークの中心の主体が、一人勝ちになったり一人負けになったりした。また、第5章で述べたコネクションモデルでは、星形ネットワークは安定かつ効率な状況になり得た。

　星形ネットワークでは、どの主体が中心か周辺かが明らかである。しかしながら、通常のネットワークでは、どの主体が中心か周辺かはなかなか明瞭ではない。ここからのいくつかの章はネットワークの中心に関係するさまざまな概念を紹介していく[*1]。

　最も基本となる考えは、「主体がどれほどつながりをもっているか？」ということである。はじめに、**図6.1**で考えていこう。主体Aのもつリンク数は4であり、主体Bのもつリンクの数は2であり、他の主体では1となっている。誰が中心かという点でも、主体Aがネットワークで1番の中心で、その次に、主体Bという直感が得られよう。

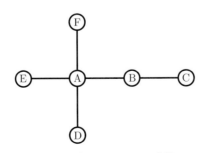

図6.1　ネットワークと次数

[*1]　この後に紹介する、次数中心性、近接中心性、媒介中心性、そしてそれぞれの中心化については、Freeman (1979) が古典的な論文といえる。

はじめに、専門用語を定義していく。

- 個人のもつリンクの数は**次数** (degree)

と定義される。表記としては、以下では

- 個人 i の次数を $d(i)$

としておく。**図 6.1** で示されたネットワークのように方向のないリンクの場合は特に混乱はない。しかし、方向のあるネットワークを考える場合は、方向の違いによって次数を区別することも多い。つまり、あるノードに注目して、そのノードから他のノードへ向かうリンクの総数は**出次数** (outdegree) とし、また、そのノードへ他のノードから入ってくるリンクの総数は**入次数** (indegree) とする。

　隣接行列で考えると、各行の和を求めることで各ノードの出次数を求められ、各列の和を求めることで各ノードの入次数を求められる。方向のないリンクでは、隣接行列は対称行列であり、各行の和で各ノードの次数を求めても、各列の和で各ノードの次数を求めても違いはない[*2]。

　もう一度、**図 6.1** に戻って、次数が中心性の指標としても用いられることは自然といえよう。したがって、次数は特に中心性として用いられ、このときには**次数中心性** (degree centrality) と呼ばれる。まとめておくと、ノード i の次数中心性をあらためて $C_d(i)$ と表現すると

$$C_d(i) = d(i) \tag{6.1}$$

となる。

　例えば、リンクを友人関係とすると、次数の多い主体は、直接的な交流が多いので「人気の高い」主体と解釈できる。方向のあるリンクの例としては、アドバイスを送る・受けるという関係を考えることができよう。より多くのアドバイスを与えている主体や、より多くアドバイスを受け取れる主体は、それぞれ役割は異なるが、結果として多くの情報をもっており、ネットワーク内で重要な (その意味で中心的な) 主体といえよう。

　なお、本章の残りと次章では、理解がより容易な、無向ネットワークでの議論を基本とし、補足として、有向ネットワークの議論を行う。というのも、無向のネットワークの基本的な考え方がわかると、方向がある場合にも応用できるからである。

[*2] 補足すると、出次数の総和は各行の和を求め、求めた各行の和をさらに足し合わせたものであり、結局のところ隣接行列の要素が 1 となっているものの総数である。入次数の総和は各列の和を求め、求めた各列の和をさらに足し合わせたものであり、結局のところ隣接行列の要素が 1 となっているものの総数である。したがって、出次数の総和と入次数の総和は等しくなる。直感的には、方向のあるリンクは、リンクを張っているノードから見ると出次数にカウントされ、リンクを受けているノードから見ると入次数にカウントされるので、総和が等しくなることは当然ということになる。

6.2 ネットワーク全体に注目して：集団の代表値

6.2.1 個人の直接のつながりの代表値(1)：次数の平均

つづいて、ネットワーク全体に注目して、個人の直接のつながりに関する指標を求める。言い換えると、個人の直接のつながりに関して、ネットワーク全体に対して一つの値を与えようとすることである。これは、ネットワークという一つの集団に対する**代表値**(representative value)、もしくは、**記述統計**(descriptive statistic)を求めることに他ならない。この代表値によって、異なるネットワーク間で、直接的なつながりの状態が比較可能となってくる。

繰り返しになるが、代表値とはそのネットワークの特徴を示す一つの値である。いまは、次数に注目しているので、一つの値にするだけならすべての次数を足し合わせるということができる。つまり

$$\sum_{i=1}^{n} d(i) \tag{6.2}$$

である。

ただし、この指標は不十分である。というのも、ノード数が多くなればなるほど、値はどんどん大きくなり、単に次数の総和が大きくても、よりつながりが密なネットワークを示さないのである。例えば、**図 6.2**のネットワーク A ではノード数 18 で次数の総和は 16 である[*3]。また、ネットワーク B はノード数 5 で次数の総和は 14 である。この値は、ネットワーク B の方がよりつながりが密なネットワークという直感に反したものになってしまう。つまり、単なる次数の総和では、異なるノード数のネットワーク間での比較が難しくなる。

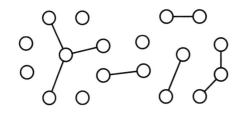
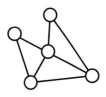

ネットワーク A　　　　　　　　　ネットワーク B

図 6.2　ネットワークと次数

このため、ノード一つ当たりに直す、次数の平均値をとり、ノード一つ (もしくは、主体一人) あたりの値を出しておくことが考えられる。

ノードもしくは主体の集合は $\{1, 2, \ldots, n\}$ であったから、**平均次数** (average degree) を $\bar{d}$ で表記して

[*3] そのまま、ノードごとに次数を求めてもよいし、隣接行列に直して、各行もしくは各列の総和をとってから次数を求めてもよい。確認問題でも平均次数を求めている。

$$\bar{d} = \frac{\sum_{i=1}^{n} d(i)}{n} \tag{6.3}$$

となる。

そうすると、**図6.2**のネットワークAの平均次数は

$$\frac{16}{18} \approx 0.89 \tag{6.4}$$

となり、ネットワークBの平均次数は

$$\frac{14}{5} = 2.8 \tag{6.5}$$

となる。つまり、ネットワークBの方がよりつながりが密なネットワークという直感にあった指標を得られる。

なお、すべてのノードで同じ次数をもっているとき、つまり、任意の$i \in N$に対して

$$d(i) = d \tag{6.6}$$

となるとき、それは **d-レギュラーネットワーク** (d-regular network) と呼ばれる[*4]。

次数とはあるノードのもつリンク数である。方向のないリンクは、順序を問わないノードの組として示された。他方で、ネットワーク全体に注目して、ネットワーク内に存在するリンク数を得ることもできる。**図6.2**のネットワークAでは、線の数をそのまま数えるとネットワーク全体のリンク数となり、その数は8である。また、次数の総和は16であった。

ここで、次数の総和とネットワーク全体でのリンクの総数の関係を求めておこう。いまリンクの総数をLと表記して、任意のリンクが両端にノードをもち、それぞれのノードにおいて、次数がカウントされるから、存在するリンクの総和Lに2を掛けることにより、個人の次数の総和が得られる。つまり

$$2L = \sum_{i=1}^{n} d(i) \tag{6.7}$$

なる関係が成立する。これより、次数の総和かネットワーク全体のリンク数がわかれば、一方の指標から他方の指標を求めることができる。なお、隣接行列で考えると、無向ネットワークでは対称行列となるので、対角要素より右上 (もしくは左下) の要素に注目して値が1である要素の総数を求めれば、それが無向ネットワーク全体のリンク数となる[*5]。

6.2.2　個人の直接のつながりの代表値(2)：密度

次数の平均値によって、ノード数の増大も考慮した、ネットワーク内のつながりの程度を考えた。しかし、平均次数もネットワークの代表値として不十分な点がある。

例えば、**図6.3**を確認すると、ネットワークAもネットワークBも平均次数は3である。実はネットワークAは完備ネットワークであり、これ以上つながりが密なネットワークにすることは

[*4]　もちろん、すべてのノードの次数がdのときには、平均次数$(\bar{d})$もdとなる。

できない。他方で、ネットワークBでは、まだまだ、リンクを張れる余地があり、この意味で密な
ネットワークとは言い難い。

　すなわち

● ノード一つ当たりに直しても、代表値に対するノード増大の効果を十分に対処しきれていない

のである。

 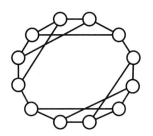

ネットワーク A　　　　　　　　　ネットワーク B

図 6.3　ネットワークと次数

　では、どのような要因が影響しているのであろうか。これは次のように考えると理解しやすい。
つまり、ネットワークAでは、一つのノードが取り得る次数は最小で0最大で3となる。他方で、
ネットワークBでは、最小が0で最大が11となってしまう。すると、ネットワークAでは、各ノー
ドで潜在的に存在可能な三つのリンクのすべてが実現しており、100％の実現率ともいえる。他方
で、ネットワークBでは、平均で考えると、各ノードで潜在的に存在可能な11つのリンクのうち
三つが実現しているに過ぎず、実現率はおおよそ27％である。

　このように、ネットワークのつながりの密さを考えるときには、ノード当たりの平均次数を考え
るだけではなく、潜在的に張ることのできるリンク数、つまり、取り得る次数の値も考慮しないと
いけない。そして

● 各ノードにおいて、潜在的に張ることのできるリンク数の内、どれだけが実際に張られている
　　かを考えることによって、この新しい要因 (潜在効果とでも呼べるような要因) に対して対処

---

*5　方向のあるリンクでは、ノードの順序が関係してくる。したがって、有向ネットワークでのネットワーク
　　全体のリンク数 (L_d) は、隣接行列の中で数値が1の数の総和となる。したがって、ノード i の出次数を
　　$d_{out}(i)$ と表記すると

$$L_d = \sum_{i=1}^{n} d_{out}(i)$$

となる。もちろん、ノード i の入次数を $d_{in}(i)$ と表記すると

$$L_d = \sum_{i=1}^{n} d_{in}(i)$$

が得られる。以上の関係は、出次数の総和は各行和の総和で得られ、入次数の総和は各列和の総和で得ら
れ、この作り方より、隣接行列の中で数値が1の数の総和を求めていることからわかる。

できるのである[6]。

　以下で、ノード数をnとしたネットワークについて、潜在的に張ることのできるリンク数を考慮した指標を導出していく。ここで、各ノードが最大限にとれるリンクの数、すなわち、個人の最大の次数は$n-1$である。さらに、ネットワーク全体では、そのノード倍だけの次数が得られる。まとめると、ネットワーク全体での次数の総和の最大値は

$$n(n-1) \tag{6.8}$$

となる。

　他方で、実現した次数の総和は$\sum_{i=1}^{n} d(i)$であるから、最大次数の潜在効果も考慮したネットワークのつながりの密さについての指標が

$$\frac{\sum_{i=1}^{n} d(i)}{n(n-1)} \tag{6.9}$$

と定義される。これは**密度**(density)という概念である。

　なお、ネットワークのリンクの総和(L)に関連しても同様の議論ができる[7]。ネットワーク全体でみて、最大のリンクの数は$\frac{n(n-1)}{2}$である[8]。というのも、リンクとは点の集合からの二つの点の組合せであり、その数は$\frac{n(n-1)}{2}$だけだからである[9]。以上よりネットワークのつながりの密さの指標が

$$\frac{L}{\frac{n(n-1)}{2}} \tag{6.10}$$

と定義される[10]。

　いま示した二つの密度の定義は全く同じものである。というのも、$2L = \sum_{i=1}^{n} d(i)$を用いると

---

[6]　体重や身長の平均値ではこのようなことは起こらない。というのも、データ数が変化しても、実際にとることのできる体重や身長は変化しないので、こうした「潜在効果」を考慮しなくてよい。

[7]　方向のないリンクのネットワークにおけるリンク数は、隣接行列の1となっている要素の数をすべて数えて、2で割ることで求められる。方向がないので隣接行列は対称行列であり、(i, j)要素と(j, i)要素という重複をなくすようにするためである。

[8]　つづく文章での考え方の他に、隣接行列で考えると、対角要素を除いた、隣接行列で1をとれる要素の数に対して、2で割ることで求められる。

[9]　数学の組合せの議論では、記号として、$_nC_2$で表現されるものである。考え方はまず、どれかのノードを選んで、その次に違うノードを選ぶ。ただし、組合せでは、順番を問わないので、「はじめにノード1を選んで、次にノード2を選ぶ」ことと、「はじめにノード2を選んで、次にノード1を選ぶ」ことは区別しないので、その分の重複をなくすために、全体を2で割るのである。

[10]　この考え方は、方向性のあるネットワークについても、すぐに当てはめることができる。つまり、いま、ネットワークの中にあるリンクの総和をMとする。これは隣接行列の中で1となっている要素の数をすべて数えることで求められる。また、隣接行列の中で、潜在的に1をとれる要素は$n(n-1)$だけある。したがって、方向性のあるネットワークにおける密度は

$$\frac{M}{n(n-1)}$$

として求められる。

$$\frac{\sum_{i=1}^{n} d(i)}{n(n-1)} = \frac{2L}{n(n-1)} = \frac{L}{\frac{n(n-1)}{2}} \tag{6.11}$$

となるからである。

　表記であるが、Wasserman and Faust (1994, p. 101) にならって、密度を

$$\Delta \equiv \frac{\sum_{i=1}^{n} d(i)}{n(n-1)} = \frac{2L}{n(n-1)} = \frac{L}{\frac{n(n-1)}{2}} \tag{6.12}$$

と記号表現しておく。

　このように、密度を用いると、異なるノード数のネットワーク間での、つながりの程度について比較が可能となる。しかしながら、これですべてがうまくいくというものでもない。というのも、ネットワーク全体での次数の総和の最大値 $n(n-1)$ は n の増大とともに急速に増えていく[*11]。他方で、友人ネットワークを考えると、作ることができる友人は2次関数のように急速に増えてはいかない。このため、リンクの形成が容易ではない状況であり、かつ n が比較的大きい場合は、密度が比較的小さい値になりやすい。したがって、異なるネットワークを比較するときに、密度が小さいからといっても、単に n が大きいことからくるだけかもしれない。言い換えると、先の友人ネットワークの例では、潜在的に友人になれる人の何％と実際に友達になっているかという密度ではなく、一人当たりの友人の絶対数である平均次数の方が、比較においてより適切な場合も多いであろう。

　いずれにせよ、どの代表値がより適切かは、背景となる社会的意味と研究目的にしたがって決まってくるのである。

　図 6.4 を見ると、右のネットワークも左のネットワークもつながりの具合はそれほど変わらないという印象をもたれるのではないか。このときに、平均次数では2と2.5で近い値といえる。他方で、密度は0.66と0.16となっており、密度が0から1の間の値をとることを踏まえると非常に大き

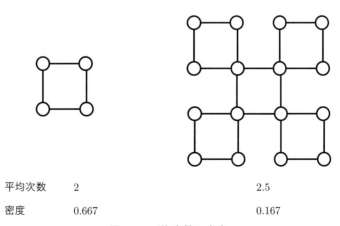

| 平均次数 | 2 | 2.5 |
| 密度 | 0.667 | 0.167 |

図 6.4　平均次数と密度

[*11] $n(n-1)$ を展開すると、$n^2 - n$ となり、これは2次関数となり、グラフを描くとわかるように急激に増加していく。

な違いになっている。もちろん、つながりの具合がそれほど変わらないという印象は局所的にみてという前提があり、左側のネットワークでは、多く存在する遠くのノードに結びついていないという意味では、密度の低さも意味のあるものである。つまり、局所的なつながりを意識するならば、ここでは平均次数がより適切な代表値であり、より遠くのノードとの結びつきを意識する場合は、密度がより適切な代表値といえよう。

6.2.3　標準化した次数

次数 $d(i)$ を取り上げたとき、これはある個人 i に注目しているという点では、ネットワークのサイズに影響を受けない。しかし、ノード数が大きくなると、潜在的にリンクを張ることが可能なノードの数も大きくなる。密度の概念では、次数の総和について、潜在的に取り得る最大値との比を考えることによって、ノード数が異なるネットワーク間でも比較可能な指標を得た。この考え方は、各次数に対しても当てはめることができる。実は、6.2.2 項の**図 6.3**を用いた解説で、この考え方を既に用いていた。すなわち、各次数と次数の最大値の比をとるという考え方である。ノード数を n とすると、可能な最大次数は $n-1$ となるので

$$Nd(i) \equiv \frac{d(i)}{n-1} \tag{6.13}$$

という比率で考えた次数（$Nd(i)$）が定義される。ネットワークの大きさに依存しないということを「標準化（standardization）」と言い直して、以上を標準化した次数と呼ぶことにする（Wasserman and Faust, 1994, p. 178）。

さらに、標準化した次数の平均を $\overline{Nd}$ とし、もともとの次数の平均を $\bar{d}$ としておくと、これらには

$$\overline{Nd} \equiv \frac{\sum_{i=1}^{n} Nd(i)}{n} = \frac{\sum_{i=1}^{n} \frac{d(i)}{n-1}}{n} = \frac{1}{n-1} \frac{\sum_{i=1}^{n} d(i)}{n} = \frac{\bar{d}}{n-1} \tag{6.14}$$

なる関係がある。つまり、もともとの平均に対して標準化で用いた $(n-1)$ で割ってやると、標準化した平均が求まる。

密度と標準化した次数の関係は

$$\Delta \equiv \frac{\sum_{i=1}^{n} d(i)}{n(n-1)} = \frac{1}{n} \frac{\sum_{i=1}^{n} d(i)}{n-1} = \frac{1}{n} \sum_{i=1}^{n} \frac{d(i)}{n-1} = \frac{1}{n} \sum_{i=1}^{n} Nd(i) = \frac{\sum_{i=1}^{n} Nd(i)}{n} = \overline{Nd} \tag{6.15}$$

という関係がある。すなわち、密度とは標準化した次数の平均値に他ならない。

6.2.4　上場企業ネットワークの次数中心性、平均次数、密度

表 6.1と**表 6.2**は、2008年と2018年について、役員兼任ネットワーク、役員派遣ネットワーク、株式取得ネットワークの次数中心性のランキングを示す[12]。上場企業を中心としていて、同じ中心性で複数の企業が同順位ということも出てくるので、上位最大20企業までを示している。

役員兼任ネットワークでは、二つの企業に、ある一人が同時に役員となっているときに、二つの

---

[12] データは上場企業についてのデータベースである『役員四季報データ』『大株主データ』『会社概要データ（上場会社版）』（いずれも東洋経済新報社）から得ている。

企業間にリンクが生じていると考える。典型的には社外取締役として複数の企業に同時に役員となっているときである。ここでは、方向性のないリンクとなる。

役員派遣ネットワークは、各役員の「前歴」もしくは「兼務先」から、派遣元の企業を判断している。ここでは、派遣元から現在の役員をしている企業への方向性のあるリンクとなる。

株式取得ネットワークでは、企業Aが企業Bの株式を10％以上取得している場合に、企業Aから企業Bへのリンクが存在していると考える。

表6.1では、2008年における次数中心性のランキングが示されている。役員派遣ネットワークと株式取得ネットワークは、出次数の値である。役員派遣ネットワークの次数は他の二つのネットワークに比べて大きく、600を超える次数も確認できる。企業名としては、どのネットワークでも、日本を代表する大企業がランクインしている。特に、トヨタ自動車、日立製作所、三井物産は三つのすべてのネットワークに含まれている。

また、役員派遣と株式取得ネットワークの両方にランクインしている企業も多い。これらは、先の3社以外では、伊藤忠商事、三菱商事、NEC、新日本製鐵、イオン、富士通、住友商事、ホンダである。

表6.2では、2018年における次数中心性のランキングが示されている。三菱商事、イオン、三井物産が三つのすべてのネットワークで含まれる。ここでも、役員派遣と株式取得ネットワークの両方にランクインしている企業も多い。これらは、先の3社以外では、伊藤忠商事、トヨタ自動車、新日鐵住金（日本製鉄）、NECである。

また、ネットワークの種類別の大まかな特性とすると、役員派遣ネットワークでは金融機関の親会社 (ファイナンスグループ、ホールディングス) が目立つ。他方で、株式取得ネットワークでは商社や製造業が目立ち、役員兼任ネットワークでは、より多様な企業がランクインしているといえる[13]。

表6.3では、各ネットワークの年ごとのネットワークに対する記述統計が示されている。企業数がそのままノード数となっており、これは国内の上場企業を中心としたデータから得られた統計である。役員派遣ネットワークでは過去の企業も含まれるので、企業数は役員兼任および株式取得ネットワークと比較して多くなっている。役員兼任ネットワークは無向ネットワークであり、役員派遣ネットワークと株式取得ネットワークは有向ネットワークとなっており、企業数、リンク数、平均次数と密度がそれぞれ示されている。

密度は非常に小さい値になっている。これは、企業数が3500を超える値となっていて、潜在的に張ることができるリンク数が大きくなっているからである。また、同じ種類のネットワークでは企業数もそれほど大きく変わっていないので、密度で比較するよりも、平均次数で比較する方が理解しやすい。平均次数を比較すると、役員兼任ネットワークではおおよそ2前後であり、役員派遣ネットワークはおおよそ2.5前後であり、株式取得ネットワークでは、おおよそ0.25前後となっている。有向ネットワークでは出次数の平均がとられている。ここから、リンクの方向のあるなしの違いはあるが、役員兼任ネットワークと役員派遣ネットワークは同程度で、株式取得ネットワーク

---

[13] もちろん、銀行に対しては持ち株規制があり、このため、株式取得ネットワークでは金融業がランクインしにくいということもある。

表 6.1　2008年の各ネットワークの次数中心性ランキング

役員兼任ネットワーク

順位	企業名	次数
1	トヨタ自動車	25
2	富士急行	23
3	ソニー	22
4	古河電気工業	18
4	日立製作所	18
4	東京急行電鉄	18
4	阪急阪神ホールディングス	18
8	フジテレビジョン	16
8	三井物産	16
8	三井住友フィナンシャルグループ	16
8	東京海上ホールディングス	16
8	関西電力	16
13	フジタ	15
14	富士電機ホールディングス	14
14	カスミ	14
14	ふくおかフィナンシャルグループ	14
14	名古屋鉄道	14
14	中部日本放送	14

役員派遣ネットワーク

順位	企業名	出次数
1	三菱UFJフィナンシャル・グループ	640
2	みずほフィナンシャルグループ	348
3	トヨタ自動車	221
3	伊藤忠商事	221
5	三菱商事	201
6	りそなホールディングス	200
7	三井物産	162
8	日立製作所	154
9	日本電信電話	148
10	NEC	137
11	新日本製鐵	134
12	イオン	130
13	富士通	104
14	三井住友フィナンシャルグループ	103
15	東芝	94
16	住友商事	87
17	丸紅	85
18	野村ホールディングス	83
19	ホンダ	79
20	双日	77

株式取得ネットワーク

順位	企業名	出次数
1	三菱商事	35
2	三井物産	32
3	イオン	29
4	トヨタ自動車	28
5	伊藤忠商事	28
6	日立製作所	21
7	新日本製鐵	19
8	NEC	17
9	ホンダ	14
10	太平洋セメント	12
10	三菱電機	12
10	丸紅	12
13	神戸製鋼所	11
13	富士通	11
15	住友商事	10
16	住友金属工業	9

表6.2 2018年の各ネットワークの次数中心性ランキング

役員兼任ネットワーク			役員派遣ネットワーク			株式取得ネットワーク		
順位	企業名	次数	順位	企業名	出次数	順位	企業名	出次数
1	パナソニック	17	1	三菱UFJフィナンシャル・グループ	616	1	三菱商事	26
1	三菱商事	17	2	みずほフィナンシャルグループ	410	1	イオン	26
1	帝国ホテル	17	3	りそなホールディングス	238	3	伊藤忠商事	24
4	近鉄グループホールディングス	16	4	三菱商事	204	4	トヨタ自動車	23
4	関西電力	16	5	伊藤忠商事	170	5	日本製鉄	21
6	IHI	15	6	トヨタ自動車	168	6	三井物産	14
6	アシックス	15	7	新日鐵住金	143	7	ホンダ	13
6	イオン	15	8	日本電信電話	141	8	三菱電機	11
9	コマツ	14	9	三井物産	139	8	光通信	11
9	三井物産	14	10	イオン	133	10	JXTGホールディングス	10
9	日本取引所グループ	14	11	リクルートホールディングス	104	10	神戸製鋼所	10
9	トランスコスモス	14	12	ソニー	94	12	住友化学	9
13	三菱総合研究所	13	12	日本銀行	94	13	RIZAPグループ	8
13	住友化学	13	14	日立製作所	92	13	太平洋セメント	8
13	サトーホールディングス	13	15	パナソニック	88	13	住友商事	8
13	TDK	13	16	東芝	86	16	住友電気工業	7
13	ゆうちょ銀行	13	17	三井住友トラスト・ホールディングス	83	16	NEC	7
13	USEN-NEXT HOLDINGS	13	18	NEC	82	16	大和証券グループ本社	7
13	ファーストリテイリング	13	18	野村ホールディングス	82	16	GMOインターネット	7
			20	富士通	79			

表6.3　三つのネットワークと平均次数と密度

役員兼任ネットワーク					役員派遣ネットワーク				
年	企業数	無向リンク数	平均次数	密度	年	企業数	有向リンク数	平均出次数	密度
2008	3887	3234	1.66	0.00043	2008	4359	12182	2.79	0.00064
2013	3532	2960	1.68	0.00048	2013	4076	10402	2.55	0.00063
2014	3545	3219	1.82	0.00051	2014	4110	10565	2.57	0.00063
2015	3584	3758	2.10	0.00059	2015	4182	10884	2.60	0.00062
2016	3619	4018	2.22	0.00061	2016	4239	11040	2.60	0.00061
2017	3651	4062	2.23	0.00061	2017	4267	11035	2.59	0.00061
2018	3708	4193	2.26	0.00061	2018	4319	11110	2.57	0.00060

株式取得ネットワーク			
年	企業数	有向リンク数	平均出次数	密度
2008	3808	1164	0.31	0.00008
2013	3501	972	0.28	0.00008
2014	3551	935	0.26	0.00007
2015	3589	928	0.26	0.00007
2016	3659	909	0.25	0.00007
2017	3698	888	0.24	0.00006
2018	3742	878	0.23	0.00006

はよりリンクが張られにくいことがわかる。

　また、2008年から2018年までの平均次数の変化としては、役員兼任ネットワークはおおよそ36％増であり、役員派遣ネットワークでは8％減であり、株式取得ネットワークではおおよそ26％減となっていて、株式取得ネットワークの平均次数の減少が目立っている。役員兼任ネットワークの平均次数の増加は、おおよそ2015年以降、健全なコーポレートガバナンスへの意識が高まり、社外取締役を増やすことが求められていることと呼応する[14]。

---

[14] 2014年に閣議決定された「『日本再興戦略』改訂2014 ── 未来への挑戦 ──」では、主要政策の一つとしてコーポレートガバナンスの強化が明示された。また、「会社法の一部を改正する法律案」が2014年6月に成立、公布され、2015年に施行された。コーポレートガバナンス・コードとして、2015年3月5日に、金融庁と東京証券取引所から共同で、「コーポレートガバナンス・コード原案」が発表された。

6.3 次数のばらつきの指標

6.3.1 分散によるとらえ方

定義について：

　前節までは統計学の平均に対応する概念を考えていたが、この概念ではとらえきれない状況を示す。**図 6.5**を見てみよう。右のネットワークも左のネットワークもそれぞれノード数は20で同じである。平均次数は左側は2であり、右側は1.9でありほとんど変わりない。しかしながら、これら二つのネットワークに大きな違いがあることは直感的にわかるであろう。この違いは、左のネットワークはすべてのノードの次数が2であるが、右のネットワークでは、次数が19のノードが一つで、残りは次数1のノードになっていて、次数の格差が非常に大きいからである。平均の概念はデータの真ん中の値を与える代表値であり、次数の格差をとらえることができないため、このようなことが起こってしまう。

　次数の格差をとらえるには、次数のばらつきの度合いを示す代表値が求められる。統計学では、分散がデータのばらつきについての代表値となる[15]。以下では、次数の分散(ここではS_d^2と表記しておく)を求めていこう。分散の定義に当てはめると

$$S_d^2 \equiv \frac{\sum_{i=1}^n (d(i) - \bar{d})^2}{n} \tag{6.16}$$

を得る。これは各ノードの次数の散らばりの度合いを示す指標である。もちろん、すべてのノードの次数がdであるようなネットワーク(つまり、d-レギュラーネットワーク)の分散は0となる。

　図 6.5のネットワークで求めてみると、左側のネットワークの分散は0であり、右側のネットワークの分散は15.39となり、二つのネットワークの違いを表現した代表値となっている。

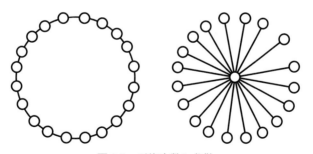

図 6.5　平均次数と分散

---

[15] 分散とは、データ$x_1, x_2, \ldots, x_n$を考え、このデータの平均を$\bar{x}$としたとき

$$\frac{\sum_{i=1}^n (x_i - \bar{x})^2}{n}$$

と定義する。定義式の解釈は次のとおりである。はじめに、各データの平均からの差を考え、各データのばらつきの指標を作る。ただし、符号が正と負をとるので、2乗してすべての符号を正としておき、この各データのばらつきの指標の平均をとる。

標準化した次数での議論：

　ネットワークではノード数が大きくなると、潜在的に張ることのできるリンク数が増大していく。平均のときと同様に、この潜在的に張ることのリンク数を考慮しよう。ここで、標準化された次数では、個々の次数レベルで、潜在的に張ることのできるリンク数が考慮されているので、ここから分散を求めよう。

　標準化された次数での分散は

$$S_{Nd}^2 \equiv \frac{\sum_{i=1}^{n}(Nd(i) - \overline{Nd})^2}{n} \tag{6.17}$$

となる。

二つの次数の分散の関係：

　なお、標準化した次数での分散ともともとの次数の分散との関係は

$$S_{Nd}^2 \equiv \frac{\sum_{i=1}^{n}(Nd(i) - \overline{Nd})^2}{n} \tag{6.18}$$

$$(標準化の定義の式 (6.13) と式 (6.14) を使って)$$

$$= \frac{1}{n}\sum_{i=1}^{n}\left(\frac{d(i)}{n-1} - \frac{\bar{d}}{n-1}\right)^2 \tag{6.19}$$

$$= \frac{1}{n(n-1)^2}\sum_{i=1}^{n}\left(d(i) - \bar{d}\right)^2 \tag{6.20}$$

$$= \frac{1}{(n-1)^2}\frac{\sum_{i=1}^{n}\left(d(i) - \bar{d}\right)^2}{n} \tag{6.21}$$

$$= \frac{1}{(n-1)^2}S_d^2 \tag{6.22}$$

となる。つまり、元の分散に$1/(n-1)^2$を掛けることにより、標準化した分散が得られる[16]。

　最後に、ノードの数が6とし、リンクの数を5とした、いくつかのネットワークについての次数の分散を列挙したものを**図 6.6**に示す。

6.3.2　最大値からの散らばりとしての中心化

定義について：

　以上までで、分散から見た次数の散らばりについて考えてきた。ネットワークの散らばりについての代表値としては、分散はあまり用いられない。というのも、この章でも最初に注目したように、「誰が中心か」ということが社会現象においては注目されることが多く、最も中心的なノードを基準として考えたいからである。

　しかしながら、分散の考え方では、平均から各ノードがどれくらい離れているかをとらえている。分散の定義から確認すると

---

[16] 分散をもとにした指標については、Wasserman and Faust (1994, p. 181) に詳しいので興味のある方は参照されるとよい。

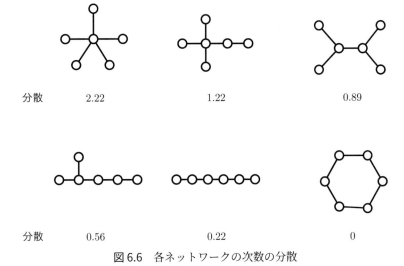

分散	2.22	1.22	0.89

分散	0.56	0.22	0

図 6.6 各ネットワークの次数の分散

$$\frac{\sum_{i=1}^{n}(d_i - \bar{d})^2}{n} \tag{6.23}$$

であり、次数の平均との差 $(d_i - \bar{d})$ に注目がなされているからである。そうではなく、中心に注目する考え方からは、「次数の平均」ではなく、最も中心性の高い「次数の最大値」からの差を考えるべきとなる。

ここで、平均からではなく、最も中心的なノードから他のノードがどれくらい離れているかという指標として定義されるのが**中心化** (centralization) という概念である。

これから中心化について説明をしていく。はじめに最大の次数をもつノードを $*$ と表現する。中心化が高い状態とは、ノード $*$ と他のノード i の次数の差が大きいということだから

$$\sum_{i=1}^{n}(d(*) - d(i)) \tag{6.24}$$

なる指標が得られる。なお、$(d(*) - d(i))$ の部分は作り方より、常に $d(*)$ は $d(i)$ 以上であるから、常に正の値となる。このため、分散では正の値に統一するために必要だった2乗がなくなっていることにも注意する。

ただし、以上は異なる大きさのネットワークの比較はできない。というのも、ネットワークの大きさが異なると潜在的に取り得る次数の値が異なってきてしまうからである。したがって、$\sum_{i=1}^{n}(d(*) - d(i))$ を何らかの方法で標準化する必要がある。

基本的な考え方は、密度を考えたときに潜在的に取り得る値を考慮したことと同じである。すなわち、潜在的に取り得る最大値と比較してどれくらいを占めるかという比率を考える。

つまり、分母に

$$\max \sum_{i=1}^{n}(d(*) - d(i)) \tag{6.25}$$

をとる。ここで max という記号は、すべてのネットワークを考えたときの、$\sum_{i=1}^{n}(d(*) - d(i))$ の最大値という意味である。

max については、与えられたノードのもとでの、任意にとれるリンクの組合せを操作して得られる最大の値である。なお直感的には星形のネットワークにおいて $\sum_{i=1}^{n}(d(*) - d(i))$ は最大になると予想される。星形において $d(*) = n - 1$ であり、他はすべて $d(i) = 1$ となるから

$$\sum_{i=1}^{n}(d(*) - d(i)) = (d(*) - d(*)) + \sum_{i \in N \setminus *}(d(*) - d(i)) \tag{6.26}$$

$$= ((n-1) - (n-1)) + (n-1)((n-1) - (1)) \tag{6.27}$$

$$= (n-1)(n-2) \tag{6.28}$$

となる。ここで $\sum_{i \in N \setminus *}$ は、ノードの集合 N のうち、ノード $*$ を除いた、すべてのノードについて足し合わせるという意味である。実際、以上の予想は正しく (Freeman 1979)

$$\max \sum_{i=1}^{n}(d(*) - d(i)) = (n-1)(n-2) \tag{6.29}$$

となることが知られている。

以上より、ネットワーク全体での次数を基準とした中心化 (C_{cd}) が[*17]

$$C_{cd} \equiv \frac{\sum_{i=1}^{n}(d(*) - d(i))}{\max \sum_{i=1}^{n}(d(*) - d(i))} = \frac{\sum_{i=1}^{n}(d(*) - d(i))}{(n-1)(n-2)} \tag{6.30}$$

と表される[*18]。

標準化した次数での議論：

ここまでの議論はそのままの次数での議論だが、標準化された次数でも同様の議論が成立する。確認すると、標準化された次数は

$$Nd(i) = \frac{d(i)}{n-1} \tag{6.31}$$

[*17] ここで最初の C は中心化 (centralization) を、"cd" は次数中心性 (C_d) を示す記号として用いている。

[*18] 方向性のあるネットワークにおいても基本的には同じ考え方をする。ここでは出次数もしくは入次数が注目される。出次数で考えてみよう。ここで、ノード i の出次数を $d_o(i)$ とし、最大の出次数 $d_o(*)$ を注目するネットワークの最大の出次数とする。ここでも星形ネットワークで最大となることが知られていて、中心のノードの出次数が $n-1$ であり、周りのノードの出次数が 0 となっている場合である。すると、中心化の定義の分母のところで、中心のノードは $(n-1) - (n-1)$ であり、残りのノードは $(n-1) - 0$ となることに注意すると、

$$(n-1)(n-1)$$

が分母となる。したがって、出次数の中心化 (C_{cd_o}) は

$$C_{cd_o} \equiv \frac{\sum_{i=1}^{n}(d_o(*) - d_o(i))}{\max \sum_{i=1}^{n}(d_o(*) - d_o(i))} = \frac{\sum_{i=1}^{n}(d_o(*) - d_o(i))}{(n-1)(n-1)}$$

となる。入次数の場合も、中心のノードの入り次数が $n-1$ であり、周りのノードの入次数を 0 として、同様に求められる。

であった。

先と同様に、最大の標準化された次数をもつノードを $*$ と表現する。中心化が高い状態とは、点 $*$ と他の点 i の次数の差が大きいということだから

$$\sum_{i=1}^{n} (Nd(*) - Nd(i)) \tag{6.32}$$

なる指標が得られる。

さらに、同様に標準化をする[19]。すなわち、最大数と比較してどれくらいを占めるかという比率を考えるのである。

つまり、分母に

$$\max \sum_{i=1}^{n} (Nd(*) - Nd(i)) \tag{6.33}$$

をとるのである。

ここでも、直感的には星形ネットワークにおいて $\sum_{i=1}^{n} Nd(*) - Nd(i)$ は最大になると予想される。実際に、中心のノードは $Nd(*) = \frac{n-1}{n-1} = 1$ であり、他ノードはすべて $d(i) = \frac{1}{n-1}$ となるから、

$$\sum_{i=1}^{n} (Nd(*) - Nd(i)) = \left(\frac{d(*)}{n-1} - \frac{d(*)}{n-1} \right) + \sum_{i \in N \setminus *} \frac{d(*)}{n-1} - \frac{d(i)}{n-1} \tag{6.34}$$

$$= \left(\frac{n-1}{n-1} - \frac{n-1}{n-1} \right) + (n-1) \left(\frac{n-1}{n-1} - \frac{1}{n-1} \right) \tag{6.35}$$

$$= (1-1) + (n-1) \left(1 - \frac{1}{n-1} \right) \tag{6.36}$$

$$= n - 2 \tag{6.37}$$

となる。そして

$$\max \sum_{i=1}^{n} (Nd(*) - Nd(i)) = (n-2) \tag{6.38}$$

となることが知られている[20]。

---

[19] 個々のノードという意味では標準化されているが、総和をとるときにネットワークのサイズ n の効果が出てくるので、その効果を取り除く。

[20] 標準化と元の値との対応は1対1であり、元のデータの最大値が $(n-1)(n-2)$ であるから、標準化した値として $\frac{1}{n-1}$ を掛けて求めると、最大値が

$$\frac{1}{(n-1)} \cdot (n-1)(n-2) = (n-2)$$

となることから

$$\max \sum_{i=1}^{n} Nd(*) - Nd(i) = n - 2$$

となることを確認することもできる。

以上より、標準化した次数を基準とした中心化 (C_{Ncd}) が

$$C_{Ncd} \equiv \frac{\sum_{i=1}^{n}(Nd(*) - Nd(i))}{\max \sum_{i=1}^{n}(Nd(*) - Nd(i))} = \frac{\sum_{i=1}^{n}(Nd(*) - Nd(i))}{n-2} \tag{6.39}$$

と表される。

二つの次数の中心化の関係：

次数の中心化と標準化した次数の中心化は、実は同じものであることが次からわかる。すなわち

$$C_{Ncd} \equiv \frac{\sum_{i=1}^{n}(Nd(*) - Nd(i))}{\max \sum_{i=1}^{n}(Nd(*) - Nd(i))} \tag{6.40}$$

$$= \frac{\sum_{i=1}^{n}(Nd(*) - Nd(i))}{n-2} \tag{6.41}$$

$$= \frac{\sum_{i=1}^{n}(\frac{d(*)}{n-1} - \frac{d(i)}{n-1})}{n-2} \tag{6.42}$$

$$= \frac{\frac{1}{n-1}\sum_{i=1}^{n}(d(*) - d(i))}{n-2} \tag{6.43}$$

$$= \frac{\sum_{i=1}^{n}(d(*) - d(i))}{(n-1)(n-2)} \tag{6.44}$$

$$\equiv \frac{\sum_{i=1}^{n}(d(*) - d(i))}{\max \sum_{i=1}^{n}(d(*) - d(i))} \equiv C_{cd} \tag{6.45}$$

となる[*21]。

図 6.6 に対して、中心化の指標を追記したものを**図 6.7**に示す。分散の大小関係と中心化の大小関係については、それほど大きな変化がないが、中心化は最大次数との差を考えているという意味で、中心性の散らばりの代表値としてはより適切といえる。

中心化の解釈：

中心性は各ノードの影響力として解釈でき、中心化とはそうした各ノードの影響力がどのように不均一にばらついているか、より正確には、最大次数のノードと比較してどれほど不均一なのかを示す指標となっている。ノード数の異なるネットワーク間でも比較可能な標準化された指標である。この値が大きいということは、単にばらつきが大きいというだけではなく、最大中心性をもつノードとの格差が総じて大きいことを示している。

こうした意味で中心化が高い場合は、より星形ネットワークに近い構造となっており

- 情報の拡散についてより効率的であり

- 中心性の高いノードの不具合に対して、ネットワーク全体として、より脆弱であり

- 社会的な平等の観点からは、望ましいとはいえない

という予想をすることができる。

[*21]　次数の標準化とは次数に $\frac{1}{n-1}$ を掛けることである。また、中心化を導出するときに、分母と分子の双方に $\frac{1}{n-1}$ の積がでて、分母分子で相殺されるので、同じ値となることが理解できる。

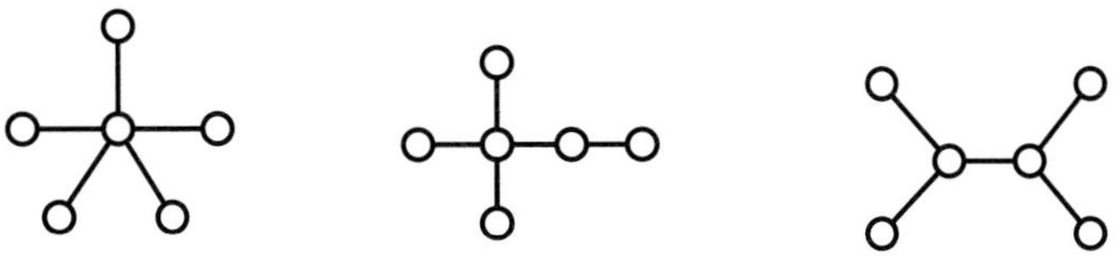

| 分散 | 2.22 | 1.22 | 0.89 |
| 中心化 | 1 | 0.7 | 0.4 |

| 分散 | 0.56 | 0.22 | 0 |
| 中心化 | 0.4 | 0.1 | 0 |

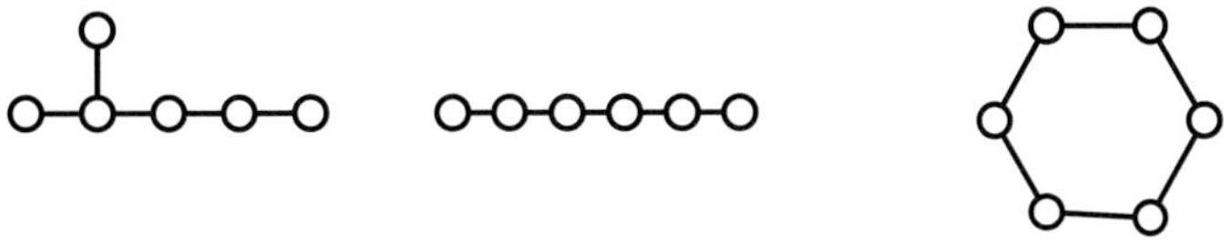

図 6.7 各ネットワークの次数の分散と中心化

6.3.3 上場企業についての中心化の推移

ここでも、日本の上場企業における中心化の推移を確認しよう (**表 6.4**)。役員兼任ネットワークの中心化は 0.0060 から 0.0040 まで 33 ％の減少である。これは、**表 6.3** において、平均次数が 1.66 から 2.26 まで 36 ％の増加であることと対照的である。つまり、よりフラットな役員兼任ネットワークが広がっているといえる。

役員派遣ネットワークの出次数についての中心化は 0.1082 から 0.1061 への変化となっており (2 ％の減少)、**表 6.3** で示された平均次数の 2.78 から 2.56 への変化と同様にあまり変化していない (8 ％の減少)。

株式取得ネットワークの出次数についての中心化は 0.0091 から 0.0069 へと 24 ％の減少となっている。他方で、平均次数も 0.31 から 0.23 へと 26 ％減少している (**表 6.3**)。したがって、ネットワークのつながり具合は小さくなり、また、よりフラットな構造になってきている。

入次数の中心化の場合は、出次数と比較して、小さい値となっている。つまり、役員派遣ネットワークで 0.002 前後で、株式取得ネットワークで 0.00077 前後となっている[*22]。これより、入次数・中心化においては、非常にフラットなネットワークとなっていることがわかる。これは、一部の企業で、多くの企業から影響力を受けるということではないことを示している。出次数では、逆により次数の不平等の大きいネットワークが形成されていることになる。

最後に、中心性ランキング (**表 6.1**、**表 6.2**)、平均次数 (**表 6.3**) と中心化 (**表 6.4**) をまとめて理解しておく。役員兼任ネットワークの次数と役員派遣ネットワークの出次数では、平均は 2 前後となっていて、あまり変わらないのに、上位ランクの次数の値が、役員兼任では二桁で、役員派遣では三桁と大きく異なる。こうした次数の不均一性は、役員派遣の出次数の中心化が役員兼任の中心

---

*22 また、変化率は、それぞれ 10 ％の減少と 4 ％の増加となっている。

表6.4　日本企業における中心化の推移

	役員兼任ネットワーク	役員派遣ネットワーク		株式取得ネットワーク	
年	次数・中心化	出次数・中心化	入次数・中心化	出次数・中心化	入次数・中心化
2008	0.0060	0.1082	0.0024	0.0091	0.00071
2013	0.0058	0.1078	0.0020	0.0088	0.00078
2014	0.0057	0.1084	0.0020	0.0084	0.00077
2015	0.0047	0.1082	0.0024	0.0077	0.00077
2016	0.0046	0.1044	0.0022	0.0081	0.00075
2017	0.0043	0.1051	0.0019	0.0070	0.00102
2018	0.0040	0.1061	0.0021	0.0069	0.00074

化より大きいことからも確認できる。また、役員兼任ネットワークの次数と株式取得ネットワークの出次数において、上位ランク企業の値がおおよそ二桁とあまり変わらないにもかかわらず、平均次数は役員兼任で2前後、株式取得で0.25前後と大きく異なる。この次数の不均一性についても、株式取得ネットワークの出次数の中心化が、役員兼任ネットワークの中心化よりも大きいことで確認できる。

6.4　Rによる密度や中心化の導出

図6.4で示した平均次数と密度をRで求めていこう。

以下では、Rのパッケージのsnaとigraphでそれぞれを使っていく。

はじめに、snaを用いるために

```
library(sna)
```

として呼び出しておく。

次に、**図6.4**の左図を隣接行列で読み込んでおくため

```
mynet <- matrix(
         c(0, 1, 0, 1,
         1, 0, 1, 0,
         0, 1, 0, 1,
         1, 0, 1, 0), nrow=4, ncol=4, byrow = T)
```

とする[*23]。

snaでは、隣接行列をそのままネットワークとして取り扱うこともできるので、以下では、ネッ

[*23] オプションのncol=4は省略できる。ただし、記しておくと何行何列の行列かすぐにわかる。また "T" は "True" と同じ意味である。第3章までとは異なるが、表現の自由度があることを示すために、あえて統一しなかった。

トワークオブジェクトを作ることなしに、議論を進めていく。はじめに、ネットワークグラフの描画のためには

```
gplot(mynet, gmode = "graph", label =c(1, 2, 3, 4))
```

とする[24]。

各ノードの次数はsnaでは

```
degree(mynet, gmode="graph")
```

で得られる。これに対する総和はsumというコマンドを用いればよい。ネットワークmynetのノード数は列数に等しいので、ncol(mynet)で得られる。したがって、平均次数は次数の総和をノード数で割ることで得られるので

```
sum(degree(mynet, gmode="graph"))/ncol(mynet)
```

で得られる。

密度は、コマンドを用いる場合は

```
gden(mynet)
```

とすればよい。直接求めたい場合は

```
sum(degree(mynet, gmode="graph"))/(ncol(mynet)*(ncol(mynet) -1))
```

とすればよい。

つづいて、**図 6.4**の右図の平均次数と密度をigraphで求めよう。はじめに、同じ名前のコマンドからくる不具合を避けるために、snaパッケージを取り除き、igraphを読み込むために

```
detach("package:sna", unload=TRUE)
library("igraph")
```

とする。

隣接行列mynetは既に読み込んでいるとして、ネットワークオブジェクトを

```
mynet_i <- graph_from_adjacency_matrix(mynet, mode = "undirected")
```

として作っておく。ネットワークのグラフは

```
plot(mynet_i)
```

として得られる。

各ノードの次数はsnaでは

---

[24] 第1章では隣接行列からネットワークオブジェクトを生成し、グラフを描いたが、snaでは隣接行列から直接グラフを描くことができる。本章以降では隣接行列との対応が重要なので、snaでは隣接行列をコマンドに与えることにする。

```
degree(mynet_i)
```

で得られる。これに対する総和は sum というコマンドを用いればよい。ノード数は
vcount(mynet_i)で得られる。したがって、平均次数は次数の総和をノード数で割ることで得
られるので

```
sum(degree(mynet_i))/vcount(mynet_i)
```

で得られる。

　密度は、コマンドを用いる場合は

```
edge_density(mynet_i)
```

とすればよい。直接求めたい場合は

```
(sum(degree(mynet_i)))/((vcount(mynet_i)*(vcount(mynet_i)-1)))
```

とすればよい。

　隣接行列を変えると**図6.4**の右のネットワークについても、平均次数と密度を求めることができ
る。詳しくは、Rのスクリプトファイルの"次数-密度-中心化.r"を参照してもらいたい。

　これより、**図6.6**に示した次数の分散と中心化を求めよう。

　はじめにsnaを用いて求めていくので、igraphを既に読み込んでいる場合は

```
detach("package:igraph", unload=TRUE)
```

とした後に、そうでなければ直接に

```
library("sna")
```

として、snaパッケージを読み込んでおく。

　上段の右端のネットワークについて求めていくので、隣接行列として

```
mynet <- matrix(
              c(0, 1, 1, 1, 0, 0,
                1, 0, 0, 0, 1, 1,
                1, 0, 0, 0, 0, 0,
                1, 0, 0, 0, 0, 0,
                0, 1, 0, 0, 0, 0,
                0, 1, 0, 0, 0, 0), nrow=6, ncol=6, byrow = T)
```

と読み込む。グラフは

```
gplot(mynet, gmode = "graph", label =c(1, 2, 3, 4, 5, 6))
```

で確認できる。分散はRのコマンドのvarでは分母に$n-1$を用いる不偏分散であり、分母にnを
用いる標本分散を求めるためには、直接に

```
mydeg <- degree(mynet, gmode="graph")
sum((mydeg -mean(mydeg))^ 2)/ncol(mynet)
```

とすればよい[25]。

中心化については、コマンドで直接に

```
centralization(mynet, degree, mode="graph")
```

とすることで得られる。

igraphについてもこれまでとほぼ同様であり、以下で簡単に確認しておく。snaが読み込まれている場合は、それを取り除いて、igraphを読み込んで

```
detach("package:sna", unload=TRUE)
library("igraph")
```

とする。

ネットワークオブジェクトを作るために

```
mynet_i <- graph_from_adjacency_matrix(mynet, mode = "undirected")
```

として、ネットワークグラフを描画するためには

```
plot(mynet_i)
```

とする。

分散を求めるには

```
mydeg <- degree(mynet_i)
sum((mydeg -mean(mydeg))^ 2)/vcount(mynet_i)
```

とし、中心化を得るには

```
centr_degree(mynet_i, loops=FALSE)$centralization
```

とする。

図6.6の他のネットワークについて、また、中心化をコマンドではなく直接求めることについては、Rのスクリプトファイルの"次数-密度-中心化.r"を参照してもらいたい。

---

[25] 不偏分散とは、推定の概念において母分散に対する不偏推定量となる分散のことである。標本分散は単にデータの散らばりの指標という意味で用いられる。本書でも特に推定という概念は考えないので、標本分散を用いている。

📑 章末まとめ

- 各ノードのもつリンクの数を次数と呼ぶ。これは最も単純な中心性の指標となる。

- 次数のネットワーク全体に対する代表値として、密度がある。密度は単に平均を考えるだけではなく、ネットワークのサイズによって変化する潜在的に張れるリンク数についても考慮した指標である。

- 次数のネットワークの全体に対するもう一つの代表値として中心化がある。これは最大の中心性と他のノードの中心性がどれくらい散らばりをもつかという、格差についての指標となっている。散らばりの指標としては、分散もある。

☁ 考えてみよう

1. 他の主体と直接つながることでしか得られない便益とはなんであるか、考えてみよう。
   - 人間関係において、情緒的な便益は直接の交流でしか得られないのではないか。飲み会や会食などはこうした情緒的な便益を得るために行われるといってよいであろう。では、なぜ情緒的な便益を得るとよいかというと、ここでも協力行動をより促進させることが理由の一つであろう。

2. 次数中心性が主体の重要性を示している例を考えてみよう。
   - 次数中心性は人気者の指標といわれることもある。また、直接の関わりを多くできることはインターネット上でのコミュニケーションの特徴である。ソーシャル・ネットワーキング・サービス (SNS) のフォロワー数、YouTubeなどの動画投稿サイトの登録者数は直接の人気としてとらえられる。フォロワー数や登録者数で人気度を測ることは、次数中心性で重要度を測ることに他ならない。

3. 中心化と分散はどのように使い分けができるか考えなさい。
   - 一番中心的なノードとの差を考えることが中心化であり、最も人気のある、もしくは、重要なノードと他のノードとの比較をしたいときには中心化がよいといえる。他方で、平均的なノードに対する、より人気のある (重要な)、そして、より人気のない (重要でない) ノードとの比較として、人気や重要度の格差を見たいときには次数の分散も有効である。ただし、分散は異常値に影響を受けやすいので、ネットワークの次数で特に大きなノードがある場合には、その値に分散が強く影響を受けることに気をつけないといけない。また、大規模なネットワークになるほど、非常に大きな次数のノードが得られやすく、これもネットワーク分析では中心化が好まれる理由の一つといえよう。

🄝₀⁵ 記号や数学に関する確認問題

1. 図6.2内のネットワークAとネットワークBの平均次数を実際に求めなさい。
   - ネットワークAについては、ノード数は数えると18である。次数は、3のノードが一つ、2のノードが一つであり、1のノードが11だけある。したがって、次数の総和は

$16(=3+2+11)$ となり、平均次数が $0.89 \approx \frac{16}{18}$ となる。

- ネットワークBについては、ノード数は数えると5である。次数は、4のノードが一つ、3のノードが二つであり、2のノードが二つである。したがって、次数の総和は $14(=4+(3*2)+(2*2))$ となり、平均次数が $2.8 = \frac{14}{5}$ となる。

2. ノード数が n の星形のネットワークにおいて $\sum_{i=1}^{n}(d(*)-d(i))$ を求めなさい。すなわち、式 (6.28) を導出しなさい。

R Rを用いて考えよう

- "次数-密度-中心化.r" では以下を行っている。

  ・図 6.4 の平均次数と密度を求めている。

  ・図 6.6、図 6.7 で示されている分散と中心化を求めている。

> コラム

調整ゲーム、ピア効果、自分が変わると相手も変わる

　第9章で、自分と関係する他者から影響を受け、自分の行動が変わってくる「ピア効果 (peer effect)」を取り上げた。つまり、経済モデルでピア効果を定式化し均衡を求め、そこからボナチッチ・パワー中心性を導いた。このコラムでは調整ゲーム (coordination game) を用いて、ピア効果の簡単な分析を試みる。

　主体1と主体2がそれぞれ「高い協力 (高協力)」と「低い協力 (低協力)」という二つの戦略をもつ状況を考えよう。利得は**図6.8**に示している。なお、「高協力」と「低協力」の組では、お互いに喧嘩が起こり −1 の利得としている。均衡については、相手の行動を所与としての最適な選択が主体1は直線で、主体2は波線で記されており、お互いに「高協力」をする、もしくは、お互いに「低協力」をするという、二つのナッシュ均衡が得られる。

　ここで、「相手を変えるには自分が変わらなきゃ」という話をしておこう。ここで「何をキレイ事を」と思われる人もいるかもしれない (筆者も根拠のないキレイ事は苦手である)。もし、主体1において、主体2が「低協力」をしたときでも、「高協力」をすると利得は1.5となったとしよう。つまり、高協力自身に誇りなどの便益を見出す場合である。このときには、相手が変わらなくても、お互いに「高協力」のみがナッシュ均衡となる (**図6.9**)。というのも、主体1の最適な戦略は常に「高協力」なので、それに誘導されて主体2も「高協力」を選択するようになるからである。

主体1	主体2 高協力	主体2 低協力
高協力	<u>3</u>, <u>3</u>	−1, −1
低協力	−1, −1	1, 1

図6.8　調整ゲーム

主体1	主体2 高協力	主体2 低協力
高協力	<u>3</u>, <u>3</u>	1.5, −1
低協力	−1, −1	1, <u>1</u>

図6.9　自分の利得が変化

　ただし、話はここで終わらない。もし**図6.10**のように、主体1が「高協力」で主体2は「低協力」であったときに、主体2が「楽ができる！」と4の利得を得たとする。このとき、主体1は「高協力」で主体2は「低協力」が唯一のナッシュ均衡となる。こうなると、主体1の誇りも踏みにじられ、主体1の利得も元に戻り、結局は「低協力」が均衡となることもあり得る (**図6.11**)。

　まとめると、「自分が変わると相手も変わることもあるが、それは相手次第である」となる。

主体1	主体2 高協力	主体2 低協力
高協力	<u>3</u>, 3	<u>1.5</u>, <u>4</u>
低協力	−1, −1	1, <u>1</u>

図6.10　相手が悪い場合

主体1	主体2 高協力	主体2 低協力
高協力	<u>3</u>, 3	−1, <u>4</u>
低協力	−1, −1	<u>1</u>, <u>1</u>

図6.11　結局、低協力均衡へ

第7章　間接的なつながりも含めた中心性

前章の中心性と中心化は、直接のリンクしか考慮しなかった。第5章のコネクションモデルからもわかるように、間接的なつながりを含めたほうが望ましい状況も多い。ここから、間接的につながるノードも含めた中心性を考えていく。他にも、他者を媒介することによって得られる利益を考慮した中心性も紹介する。クラシック音楽では、同じメロディーを少しずつ変化させながら繰り返すことを楽しんでいく。森見登美彦の『四畳半神話大系』(森見, 2005) でも、基本的に同じ物語が、微妙な差異をともないながら展開していく。近接中心性と媒介中心性の平均、標準化、中心化についても、基本的には同じ議論展開が、微妙な差異を含めながら繰り返していくので、同様の楽しみを見出してほしい。

7.1　他のすべてのノードの距離を含めた近接中心性

7.1.1　他のすべてのノードの近さと中心性の定義

前章では、直接のつながりの指標としての次数をもとに議論をした。しかし、そこにも不十分な点がある。というのも、各ノードにおいて、直接につながっているノードしか考慮されていないからである。

例えば、第5章のコネクションモデルでは、直接つながっている主体の情報だけではなく、その主体を通じて流れてくる他の主体の情報も有益であった。つまり、直接につながっているノードだけではなく、間接につながっているノードも重要となってくる。

こうした間接的につながるノードとの関係を含めた中心性をここでは考えよう。直接につながっていないノードとの関係をどのように測定するかについては、コネクションモデルと同様である。つまり、得られるパスの最短距離を考えるのである。また、ノード i とノード j までの距離 (distance) を

$$dis(i, j) \tag{7.1}$$

と表記することにする[*1]。なお、二つのノードを結ぶパスがないときには距離を ∞ としておく[*2]。

さて、特定のノードに注目すると、それ以外の $n-1$ 個のノードとの距離を定義できる。この距離の総和を、間接的なつながりも含めたつながりの度合いと定義する。

すなわち、あるノード i の距離の総和を $tdis(i)$ と表記して

[*1]　この定義は無向ネットワークでも、有向ネットワークにも当てはめることができる。というのも、ノード i からノード j へのパスを考えてそこでの最短距離を考えるため、こうしたパスは無向でも有向でも定義できるからである。

$$tdis(i) \equiv \sum_{j \in N \setminus i} dis(i, j) \tag{7.2}$$

となる。ここで、$j \in N \setminus i$ はノードの集合 N に含まれる、ノード i 以外のすべてのノードについて足し合わせるという意味である。

なお、$tdis(i)$ の取り得る値としては、到達できないノードが一つでもある場合、そこでの距離が ∞ となるので、最大値も ∞ となる。他方で、最小値についてはすべてのノードの距離が 1 となるときであり、$n-1$ が最小値となる。すなわち

$$(n-1) \leq tdis(i) \leq \infty \tag{7.3}$$

となる。つまり、他のノードとより近いつながりとなるほど $tdis(i)$ はより小さな値をとる指標となっている。これは直接的な関係だけではなく、間接的な関係を含めた指標である。距離とは各ノードと各ノードの**近さ** (closeness) を示しているに他ならず、これをもとにして中心性が定義される。

より中心的なノードとは、他のノードとの距離の総和がより小さいノードといえる。しかし、上記の $tdis(i)$ をそのまま用いてしまうと、中心性が大きいほど、より小さい値となってしまうので、使いにくい。

この点に対処するために、$tdis(i)$ の逆数を用いて、ノード i の**近接中心性** (closeness centrality) が定義される。これを $C_c(i)$ と表記すると

$$C_c(i) = tdis(i)^{-1} = \left(\sum_{j \in N \setminus i} dis(i, j) \right)^{-1} \tag{7.4}$$

と定義される。

なお、取り得る値としては、$(n-1) \leq tdis(i) \leq \infty$ を思い出すと

$$0 \leq C_c(i) \leq \frac{1}{n-1} \tag{7.5}$$

となる。こうすると、他のノードとの距離が小さいほど、中心性の値が大きくなるという、望ましい中心性の指標が得られた。

さらに、以上の中心性について、一つの標準化を考える。つまり、任意のネットワークに対して、最小値として 0 をとり、最大値として 1 を取るようにしたい。これは、$C_c(i)$ に $n-1$ を掛けることによって、実現する。実際に、直前の不等式の全体に $(n-1)$ を掛けると

---

*2　このように仮定するため、以下で述べる近接中心性は原則として、任意のノード i と j を選んで、それらを結ぶパスが少なくとも一つは必ず見つかるという状況でないと、うまく定義できない。というのも、一つでも到達できないノードがあると、そこでの距離の総和が無限大となってしまうからである。実際に R の sna パッケージではそうしたノードの近接中心性はすべて 0 となる。ただし、それでは、やや使いにくいので、igraph ではノード i と j を結ぶパスがない場合は、そこでの距離はネットワーク内でのノード数としている。もちろん、この値はパスがある場合の最大距離より大きい値となっているが、そうしたより大きな値はネットワーク内でのノード数から無限大まですべての値であてはまる。したがって、恣意的な値の設定ともいえる。

$$0 \leq (n-1) \times C_c(i) \leq 1 \tag{7.6}$$

が得られる。

したがって、ノード i の標準化した近接中心性を、$NC_c(i)$ と表記して

$$NC_c(i) = (n-1) \times C_c(i) = (n-1) \times \left(\sum_{j \in N \setminus i} dis(i,j) \right)^{-1} = \frac{n-1}{\sum_{j \in N \setminus i} dis(i,j)} \tag{7.7}$$

が得られる。

この中心性でポイントなのは最短距離が効いてくるということである。例えば、ある人の影響において

- より早くグループ全体へ伝えられることが重要となる

- 最短距離のパスはただ一つとなることも多いので、少なくとも一つのパスで相手に十分な影響を与えることができる

という場合に、より適切な中心性概念となる[*3]。後に出てくる中心性概念 (第8章の固有ベクトル中心性、第9章のボナチッチ・パワー中心性) では、最短距離のパスだけではなく、さまざまなパスを多くもつほどより中心性が高くなるという特徴をもち、それと対照的な概念となっている[*4]。

7.1.2 近接中心性についての平均

ここからは、ネットワークの代表値について考えていく。これは前章の議論展開の繰り返しとなる。つまり、平均に対応する概念を理解し、その次に、ばらつきの概念に対応する分散および中心化について理解する。

近接中心性の平均 $(\overline{C_c})$ と標準化した近接中心性の平均 $(\overline{NC_c})$ は

$$\overline{C_c} \equiv \frac{\sum_{i \in N} C_c(i)}{n} \tag{7.8}$$

$$\overline{NC_c} \equiv \frac{\sum_{i \in N} NC_c(i)}{n} \tag{7.9}$$

となる。ネットワーク全体の平均的な距離という意味での代表値である。

この二つの指標の関係は

$$\overline{NC_c} \equiv \frac{\sum_{i \in N} NC_c(i)}{n} = \frac{(n-1) \sum_{i \in N} C_c(i)}{n} = (n-1) \cdot \overline{C_c} \tag{7.10}$$

となる。

[*3] 近接中心性と次に説明する媒介中心性は、最短距離のパスを利用して中心性概念を定義している。Borgatti (2005, pp. 59–61) が指摘するように、これらの中心性を用いる場合は、最短距離のパスがより重要となる状況をしっかり意識しないといけない。

[*4] 最短距離のパス以外を考慮し、近接中心性からの直接的な拡張として、情報中心性 (information centrality) が挙げられる。興味のある読者は鈴木 (2017, 4.8節) の解説を参考にされるとよい。

7.1.3　近接中心性の散らばりに関する代表値 (分散)

ここから、ネットワーク全体での各ノードの距離の散らばり具合を考える。次数のときと同様に

- 平均値からの散らばり (分散と同じ考え方)

- 最大値からの散らばり (次数の中心性でも述べたネットワーク独自の考え方、つまり中心化)

を順に考えていく。

近接中心性の分散 (S_{cc}^2) については、平均は既に定義したので、それを用いて

$$S_{cc}^2 \equiv \frac{\sum_{i \in N}(C_c(i) - \overline{C_c})^2}{n} \tag{7.11}$$

と定義される。

標準化した近接中心性の分散 (S_{Ncc}^2) についても、標準化した近接中心性の平均も既に定義したので

$$S_{Ncc}^2 \equiv \frac{\sum_{i \in N}(NC_c(i) - \overline{NC_c})^2}{n} \tag{7.12}$$

と定義される。

なお、以上の二つの分散の関係は、$C_c(i)$ に $n-1$ を掛けると、$NC_c(i)$ となることを思い出して、定義式から直接に

$$S_{Ncc}^2 = (n-1)^2 \cdot S_{cc}^2 \tag{7.13}$$

が得られる。

7.1.4　近接中心性の散らばりに関する代表値 (中心化)

つづいて、最大値からの散らばりとしての中心性を考える。次数のときと同様に、中心性は概念としては、最大の中心性からの散らばり具合を考えることが一般的である。

近接中心性での中心化：

以下では、そのままの、つまり標準化していない、距離に基づいての議論である。最大の近接中心性をもつノードを $*$ と表現する。中心性が高い状態とは、ノード $*$ と他のノード i の近接中心性 (C_c) の差が大きいということなので、これを示す指標として

$$\sum_{i \in N}(C_c(*) - C_c(i)) \tag{7.14}$$

が得られる。

つづいて、ここでも次数のときと同様に

$$\max \sum_{i \in N}(C_c(*) - C_c(i)) \tag{7.15}$$

を求める必要がある。

　結果から述べると、この最大値は、星形ネットワークのときに得られ、その値は $\frac{n-2}{2n-3}$ となる (Freeman, 1979)。星形ネットワークで最大値となることは直感的に受け入れて、以下では具体的にこの値を求めていこう。

　いきなりノード数が n の場合を考えると難しいかもしれないので、ノード数が5の星形ネットワークから、順を追って考えていこう。なお、**図 7.1** も随時参考にしてもらいたい。

　中心のノードの距離の総和の逆数は

$$\frac{1}{1+1+1+1} = \frac{1}{4} \tag{7.16}$$

となる。

　中心以外のノードの距離の総和の逆数については

$$\frac{1}{1+2+2+2} = \frac{1}{7} \tag{7.17}$$

となる。以上より

$$\sum_{i \in N}(C_c(*) - C_c(i)) = \left(\frac{1}{4} - \frac{1}{4}\right) + 4 \times \left(\frac{1}{4} - \frac{1}{7}\right) = \frac{3}{7} \tag{7.18}$$

が得られる。

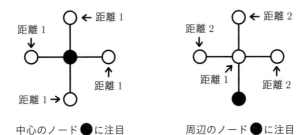

図 7.1　ノード数が5の星形ネットワークの中心と周辺のノードの総距離について

同様の計算をノード数が n の星形ネットワークでも考えればよい。これについて考える。

　中心のノードについては、距離が1のノードが $(n-1)$ だけあるので、中心性は距離の総和の逆数となり

$$\frac{1}{n-1} \tag{7.19}$$

となる。

　中心以外のノードについては、距離が1のノードが一つ (中心に対して)、そして距離が2のノードが $n-2$ だけあるので、中心性は距離の総和の逆数となり

$$\frac{1}{1+2(n-2)} \tag{7.20}$$

となる[*5]。

　以上より

$$\sum_{i \in N}(C_c(*) - C_c(i)) = \left(\frac{1}{n-1} - \frac{1}{n-1}\right) + (n-1) \times \left(\frac{1}{n-1} - \frac{1}{1+2(n-2)}\right) \tag{7.21}$$

$$= 0 + (n-1)\frac{(1+2n-4)-(n-1)}{(n-1)(1+2n-4)} \tag{7.22}$$

$$= (n-1)\frac{n-2}{(n-1)(2n-3)} \tag{7.23}$$

$$= \frac{n-2}{2n-3} \tag{7.24}$$

となる。

　したがって、ネットワークについての近さをもとにした中心性の概念が

$$C_{cc} \equiv \frac{\sum_{i \in N}(C_c(*) - C_c(i))}{\frac{n-2}{2n-3}} \tag{7.25}$$

と定義される。

標準化した近接中心性での中心化：

　標準化した中心性で考える。ここで

$$NC_c(i) = (n-1) \times C_c(i) \tag{7.26}$$

を思い出す。計算すると確認できるが

$$NC_c(i) = (n-1)C_c(i) \tag{7.27}$$

$$NC_c(*) = (n-1)C_c(*) \tag{7.28}$$

$$\sum_{i \in N}(NC_c(*) - NC_c(i)) = (n-1)\sum_{i \in N}(C_c(*) - C_c(i)) \tag{7.29}$$

となっている。特に星形のネットワークにおける $\sum_{i \in N}(NC_c(*) - NC_c(i))$ についても、先に求めた $\frac{n-2}{2n-3}$ に $n-1$ を掛けた

$$\frac{(n-1)(n-2)}{2n-3} \tag{7.30}$$

となる。

　以上より、ネットワークについての距離をもとにした中心性の概念が

$$C_{Ncc} \equiv \frac{\sum_{i \in N}(NC_c(*) - NC_c(i))}{\frac{(n-1)(n-2)}{2n-3}} \tag{7.31}$$

と定義される。

　さらに、$NC_c(*)$ と $NC_c(i)$ を $C_c(*)$ と $C_c(i)$ で表現すると

[*5]　ここで、$1+2(n-2) = (n-1)+(n-2)$ であり、$n \geq 2$ のとき、$\frac{1}{n-1} \geq \frac{1}{(n-1)+(n-2)}$ となる。

$$C_{Ncc} \equiv \frac{\sum_{i \in N}(NC_c(*) - NC_c(i))}{\frac{(n-1)(n-2)}{2n-3}} \tag{7.32}$$

$$= \frac{\sum_{i \in N}((n-1)C_c(*) - (n-1)C_c(i))}{\frac{(n-1)(n-2)}{2n-3}} \tag{7.33}$$

$$= \frac{\sum_{i \in N}(n-1)(C_c(*) - C_c(i))}{\frac{(n-1)(n-2)}{2n-3}} \tag{7.34}$$

$$= \frac{\sum_{i \in N}(C_c(*) - C_c(i))}{\frac{(n-2)}{2n-3}} \tag{7.35}$$

$$= C_{cc} \tag{7.36}$$

となることもわかる[*6]。

7.1.5 企業ネットワークでの近接中心性のランキング

　ここでは、日本の上場企業に対する近接中心性のランキングを確認する。ただし、先の本文中でも述べたように、ネットワーク全体がつながっていない場合は、つながっていないノード間の距離をどのように定めるかの問題が生じてしまう。企業ネットワークにおいては、複数のコンポーネントが存在し、極端なケースとしての孤立した企業が存在している。したがって、単純には近接中心性を求めることはできない。

　ただし、到達できないノード間の距離をノード数のnとする考え方もあり、参考までに近接中心性のランキングを求めてみよう[*7]。2008年の結果を**表 7.1**に、2018年の結果を**表 7.2**に示す。桁数とすると10^{-7}と非常に小さい値となってしまっており、表内では10^6を掛けた値を示している。こうした非常に小さな値となってしまう理由の一つは、到達しない企業があまりに多くて、そこにおける距離の和が大きくなりすぎていると考えられる。

　次数中心性との比較を通じて特徴を確認していこう。ここで、株式取得ネットワークにおいては、2008年では16社が、2018年では15社が、次数中心性と近接中心性の双方のランキングに共通した企業となっている。これは、株式取得を通じたネットワークでは階層構造が形成されていると考えられ、次数の多さが、より上位の企業であることを意味し、このことが他のノードへの近さにつながるためと解釈できる。同様の傾向は、役員兼任ネットワークでも確認できる。というのも、2008年では8社が、2018年でも8社が、次数中心性と近接中心性の双方のランキングに共通した企業となっているからである。他方で、役員派遣ネットワークでは、2008年では共通の企業は2社、2018年では6社となっており、こうした傾向は小さくなっている。理由としては、役員派遣ネットワークでは、より多くのリンクが含まれており、より多くのパスによって階層構造が崩され、直接の次数の効果が小さくなっているためと解釈できる。

[*6]　もちろん、標準化した中心性の定義の分母分子で、標準化をするために同様に$n-1$で調整しているので、それらが相殺されてもともとの中心性となっている。このため、計算しなくてもよいという考えもあるが、念のため確認をした。

[*7]　これはigraphの設定にしたがっている。到達できるノード間の距離の最大値は$n-1$であり、それよりも大きな距離として、ノード数のnと定めているのである。

表 7.1　2008年の各ネットワークの近接中心性ランキング

役員兼任ネットワーク			役員派遣ネットワーク			株式取得ネットワーク		
順位	企業名	近接中心性	順位	企業名	近接中心性	順位	企業名	近接中心性
1	トヨタ自動車	0.10649588	1	住友商事	0.152095	1	トヨタ自動車	0.06986001
2	富士急行	0.10649571	2	富国生命保険	0.150499	2	三菱商事	0.06974878
3	ソニー	0.10649513	3	みずほFS	0.149900	3	三井物産	0.06963784
4	三井住友フィナンシャルグループ	0.10649387	4	昭和アルミ	0.149896	4	伊藤忠商事	0.06958250
5	関西電力	0.10649254	5	昭和電工	0.149862	5	日立製作所	0.06958246
6	帝国ホテル	0.10649208	6	メリルリンチ	0.149782	6	イオン	0.06954567
7	三井物産	0.10649186	7	パシフィックゴルフグループインターナショナルHD	0.149742	7	新日本製鐵	0.06949043
8	損保ジャパン	0.10649177	8	ニチレイ	0.149705	8	丸紅	0.06928882
9	東京海上ホールディングス	0.10649107	9	日鉱金属	0.149602	9	住友商事	0.06925229
10	西日本旅客鉄道	0.10649065	10	新日鉱ホールディングス	0.149470	10	ホンダ	0.06923406
11	東京ドーム	0.10649016	11	日立製作所	0.149461	11	太平洋セメント	0.06921581
12	旭化成	0.10649008	12	日本銀行	0.148831	12	三菱電機	0.06919758
13	三越伊勢丹ホールディングス	0.10648996	13	住友金属工業	0.148171	12	NEC	0.06919758
14	東海旅客鉄道	0.10648991	14	住友信託銀行	0.147185	14	富士通	0.06917936
15	松下電器産業	0.10648975	15	福岡シティ銀行	0.146887	15	神戸製鋼所	0.06917935
16	富士電機ホールディングス	0.10648948	16	西日本シティ銀行	0.146853	16	光通信	0.06917932
17	新日本製鐵	0.10648942	17	西部ガス	0.146852	17	ソフトバンク	0.06917931
17	オリックス	0.10648942	18	明治安田生保	0.146620	18	住友金属工業	0.06916114
19	三菱UFJフィナンシャル・グループ	0.10648931	19	第一生命保険	0.146557	19	双日	0.06914292
20	三井不動産	0.10648922	20	日本生命保険	0.146551	19	ソニー	0.06914292

すべての表において、近接中心性は10の6乗を掛けている。

表 7.2 2018年の各ネットワークの近接中心性ランキング

	役員兼任ネットワーク			役員派遣ネットワーク			株式取得ネットワーク	
順位	企業名	近接中心性	順位	企業名	近接中心性	順位	企業名	近接中心性
1	帝国ホテル	0.18924040	1	日本銀行	0.16332	1	トヨタ自動車	0.07212842
2	コマツ	0.18923896	2	東レ	0.15960	2	伊藤忠商事	0.07199248
3	ANAホールディングス	0.18923800	3	三井物産	0.15801	3	三菱商事	0.07197312
4	三菱商事	0.18923216	4	日本電信電話	0.15793	4	イオン	0.07195374
5	三井不動産	0.18923180	5	日本生命保険	0.15552	5	日本製鉄	0.07185703
6	日本取引所グループ	0.18923084	6	伊藤忠商事	0.15535	6	三井物産	0.07170284
7	日本空港ビルディング	0.18922854	7	農林中金	0.15532	7	ホンダ	0.07168361
8	パナソニック	0.18922657	8	第一生命ホールディングス	0.15529	8	光通信	0.07168360
9	キリンホールディングス	0.18922654	9	東洋埠頭	0.15522	9	三菱電機	0.07164519
10	三井物産	0.18922392	10	日本政策投資銀行	0.15504	10	JXTGホールディングス	0.07162599
11	IHI	0.18922260	11	HP	0.15487	11	住友商事	0.07162597
12	三菱重工業	0.18922235	12	富士通	0.15483	12	日立製作所	0.07162597
13	三菱自動車	0.18922210	13	資生堂	0.15473	13	丸紅	0.07162596
14	ソニー	0.18922156	14	NHK	0.15466	14	住友化学	0.07160680
15	高砂熱学工業	0.18922135	15	住友生命保険	0.15460	15	RIZAPグループ	0.07158762
16	かんぽ生命保険	0.18922031	16	パナソニック	0.15426	15	太平洋セメント	0.07158762
17	東京海上ホールディングス	0.18921974	17	ブリヂストン	0.15416	15	神戸製鋼所	0.07158762
18	花王	0.18921873	18	三菱ケミカルホールディングス	0.15403	18	ソニー	0.07158761
19	ヤマトホールディングス	0.18921744	19	明治安田生保	0.15398	19	凸版印刷	0.07158761
20	イオン	0.18921705	20	三井住友海上	0.15386			

すべての表において、近接中心性は10の6乗を掛けている。

7.2　他者と他者の媒介を含めた媒介中心性

7.2.1　媒介としての役割

はじめに**図7.2**に示す例を通じて考えていこう。一見して、ノード1とノード7が特別なポジションにいることが理解できよう。

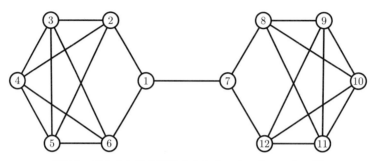

図7.2　媒介中心性を導入するためのネットワークの例

これは次のように説明できる。はじめに、このネットワークは大きくノード1からノード6までのグループと、ノード7からノード12のグループに分けることができる。コミュニケーションがリンクを通じてのみ可能とすると、左側のグループは必ず、ノード1とノード7を通じないと、右側のグループとコミュニケーションできない。同様に、右側のグループは必ず、ノード1とノード7を通じないと、左側のグループとコミュニケーションできない（**図7.3**、灰色の矢印が情報の流通を示しており、必ず、ノード1とノード7を通っていることがわかる）。

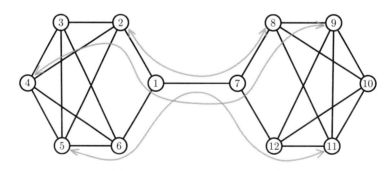

図7.3　ノード1とノード7が特別な理由

このため、ノード1とノード7は情報の流通をコントロールすることが可能であり、つまり、ノード1とノード7は右側のグループと左側のグループのノードを媒介する上で、欠かせない役割を果たす。これが特別なポジションに対する直感的な説明となる。

ここで、次数中心性と近接中心性を求めてみよう（**図7.4**）。次数中心性では、ノード1とノード7は、他のノードと比較してより小さい値になってしまっている。近接中心性では、ノード1と

ノード7は0.045となり、最大の値となっているが、絶対的な差でも、比を考えても、他と比べて特別に大きな値となっていない。このため、次数中心性と近接中心性以外に、媒介としての役割を特徴づける指標を考える必要が出てくる。

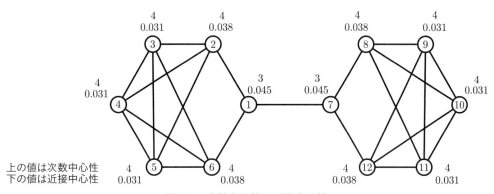

図7.4 次数中心性と近接中心性

7.2.2 媒介の定義

はじめに、**媒介**の考え方を定義していこう。ここでの考え方の基本は、自分以外の二つのノードを選び、そこにおける距離が最短のパスを考える。もし自分がその最短パスに含まれていたら、自分自身は、選んだ二つのノードを媒介するときに大きな役割を担っていることになる。例えば**図7.2**のノード2とノード7を考える。このときの最短のパスは

「ノード2—ノード1—ノード7」

となり、ノード1がノード2とノード7の情報流通の媒介において重要な役割をもっていることがわかる。

つづいて、ノード3とノード7についての最短パスを考える。ここでは興味深いことに最短パスが

「ノード3—ノード2—ノード1—ノード7」

「ノード3—ノード6—ノード1—ノード7」

の二つがある。このとき、ノード1は二つの最短パスの双方に含まれるが、ノード2とノード6は一つの最短パスにしか含まれない。ここにおいて、媒介の役割について、ノード1はノード2やノード6より大きな役割を果たすと考えた方がよい。

このため、ノードjとノードkにおける、ノードiの媒介の指標を次のように定義する。すなわち

- 二つのノードjとkの最短パスの集合を考える
- この最短パスの集合の要素の数(すなわち最短パスの総和)をg_{jk}と表記する
- この最短パスの集合のなかで、iを含む最短パスの数を$g_{jk}(i)$と表す

161

ここで

$$\frac{g_{jk}(i)}{g_{jk}} \tag{7.37}$$

を考えると、これがノード i のノード j と k の媒介の指標となる。

図 7.2 の例で確認をしよう。ノード 3 とノード 7 に対する、ノード 1 の媒介についての指標は

$$\frac{g_{37}(1)}{g_{37}} = \frac{\text{最短パスでノード 1 が含まれるものの数}}{\text{最短パスの数}} = \frac{2}{2} = 1$$

となる。他方で、ノード 3 とノード 7 に対する、ノード 2 の媒介についての指標は

$$\frac{g_{37}(2)}{g_{37}} = \frac{\text{最短パスでノード 2 が含まれるものの数}}{\text{最短パスの数}} = \frac{1}{2} = 0.5$$

となる。

もちろん、「ノード 3 とノード 7」以外にも、「ノード 4 とノード 12」「ノード 6 とノード 9」など、他に多くのノードの組を考えることができる。したがって、あるノード (例えばノード 1) に対する媒介の指標を考えるためには、ネットワーク内のすべてのノードの組 (ただし、注目しているノード (例えばノード 1) が含まれる組は除く) を考えるべきである。

図 7.2 ではノード数が多いので、もう少し単純な**図 7.5** で考えていこう。このネットワークにおいて、ノード 1 に注目する。ノード 1 を除く二つのノードの組の最短パスが下のネットワークの灰色の太線で示されている。全体で 10 組が存在する。

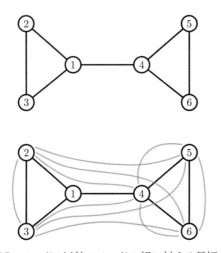

図 7.5　ノード 1 以外のノードの組に対する最短パス

この程度では目視で、数えることができるが、このノードの組の数は次のように計算するとよいことが知られている。つまり、ノード 1 を除くと、ノード 2 からノード 6 までの組合せは、機械的に**図 7.6** のように示される。これは次のように考えられる。すなわち、はじめにあるノードを選ぶが、ここにノード 1 は含まれないのでネットワーク内のノード数から 1 引いた数 ($6-1$) となり、このノードの相手については、ノード 1 とさらに特定したノードは含まれないので、全ノード数から

2が引かれる $(6-2)$ ことになり、これらの積がすべての組合せである。結果として

$$(6-1) \times (6-2) = 5 \times 4 = 20 \tag{7.38}$$

が得られる。もちろん、一般に主体数を n としたときには $(n-1)(n-2)$ となる。

$$
\begin{array}{ccccc}
2-3 & 3-2 & 4-2 & 5-2 & 6-2 \\
2-4 & 3-4 & 4-3 & 5-3 & 6-3 \\
2-5 & 3-5 & 4-5 & 5-4 & 6-4 \\
2-6 & 3-6 & 4-6 & 5-6 & 6-5
\end{array}
$$

図 7.6　ノード 1 以外のノードの組を数える

しかしながら、ノードの組は順番を問わないので、重複を含むものを削除していく。これを図 **7.7** に示す。作り方より、それぞれ重複は 2 となっており、先に求めた 20 に対して 2 で割った値

$$\frac{20}{2} = 10 \tag{7.39}$$

が得られる。つまり、10 通りの組合せとなる。もちろん、一般に主体数を n としたときには $(n-1)(n-2)/2$ となる。

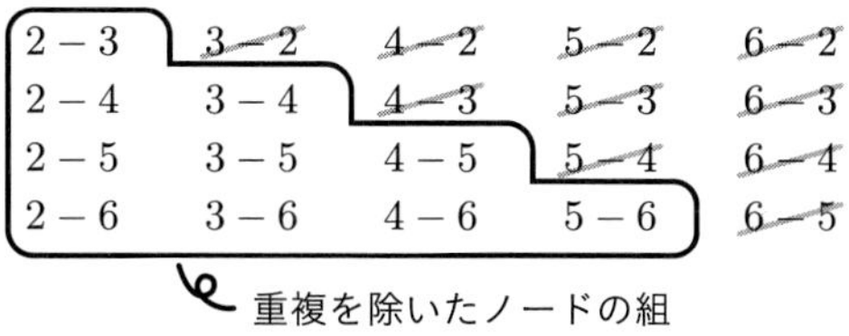

図 7.7　ノード 1 以外のノードの組の重複を削除する

この 10 組のパスに対して

$$\frac{g_{jk}(i)}{g_{jk}} \tag{7.40}$$

が求められ、すべてが足し合わされることになる。

さらに記号表現について、i、j、k はすべて異なるノード番号であり、図 **7.7** で残されたノードの組を見ると、$j < k$ とすることができる。これらのノードの組をすべて足すということを $\sum_{i \neq j \neq k \text{かつ} j < k}$ で表現することにする。

すると、ノード i の媒介性の指標 $(C_b(i))$ が

$$C_b(i) = \sum_{i \neq j \neq k \text{かつ} j < k} \frac{g_{jk}(i)}{g_{jk}} \tag{7.41}$$

で定義される。これは、ノード i の**媒介中心性** (betweenness centrality) と呼ばれる。

すべての最短パスの中でノード 1 を含んでいる最短パスだけ残したものを図 **7.8** で示す。以上が六つの最短パスが示されている。どのノードの組も最短パスはただ一つである。これより、ノード

1の媒介中心性が6となる。

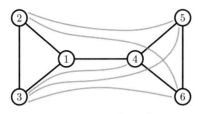

図7.8　ノード1を含む最短パス

　ややくどいが、定義式から求めていくと

$$\frac{g_{23}(1)}{g_{23}} = 0, \quad \frac{g_{24}(1)}{g_{24}} = 1, \quad \frac{g_{25}(1)}{g_{25}} = 1, \quad \frac{g_{26}(1)}{g_{26}} = 1, \quad \frac{g_{34}(1)}{g_{34}} = 1 \tag{7.42}$$

$$\frac{g_{35}(1)}{g_{35}} = 1, \quad \frac{g_{36}(1)}{g_{36}} = 1, \quad \frac{g_{45}(1)}{g_{45}} = 0, \quad \frac{g_{46}(1)}{g_{46}} = 0, \quad \frac{g_{56}(1)}{g_{56}} = 0 \tag{7.43}$$

となり、したがって、ノード1の媒介中心性は

$$C_b(1) = \frac{g_{23}(1)}{g_{23}} + \frac{g_{24}(1)}{g_{24}} + \frac{g_{25}(1)}{g_{25}} + \frac{g_{26}(1)}{g_{26}} + \frac{g_{34}(1)}{g_{34}}$$

$$+ \frac{g_{35}(1)}{g_{35}} + \frac{g_{36}(1)}{g_{36}} + \frac{g_{45}(1)}{g_{45}} + \frac{g_{46}(1)}{g_{46}} + \frac{g_{56}(1)}{g_{56}} \tag{7.44}$$

$$= 0 + 1 + 1 + 1 + 1 + 1 + 1 + 0 + 0 + 0 \tag{7.45}$$

$$= 6 \tag{7.46}$$

と求められる。同様に、ノード4の媒介中心性も6と求められる。
　つづいて、ノード2に注目していく。ノード2を含まないノードの組に対する最短パスは**図7.9**で示されている。しかしながら、すぐにわかるように、この中でノード2を含むものは存在しない。したがって、ノード2の媒介中心性は0となることがわかる。同様に、ノード3、5、6のそれぞれの媒介中心性も0となる。

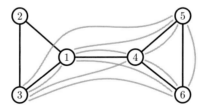

図7.9　ノード2以外のノードの組に対する最短パス

　同様の手続きで、**図7.4**のネットワークに対しても媒介中心性が求められ[8]、これは**図7.10**に示されている。媒介をしているノード1と7の中心性が一番大きく30.25となっている。また、それ

---

*8　もちろん、Rのsnaなどのパッケージを使うことが現実的である。

に隣接するノード2、6、8、12も10.50と二番目に大きな値であり、媒介を担うノードの中心性が大きくなっていることを確認できる。

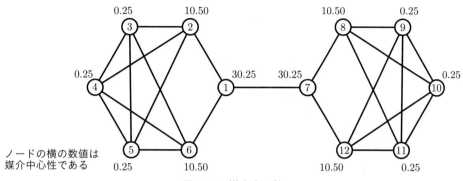

図7.10 媒介中心性

最後に、この媒介中心性において、各ノード間の媒介性は最短距離のパスを前提として考えられている。したがって、最短距離のパスが特に重要な状況で、この中心性はより適切といえる。例えば、より重要度の高いもしくは機密性を高めたい情報が最短経路で流れている状況である。他方で、噂のような比較的重要度の低い情報は、最短距離のパスだけではなくさまざまなパスから広がっていくと考えられ、媒介中心性の妥当性は低くなるであろう。

7.2.3 媒介中心性の標準化

媒介中心性は、ネットワークが大きくなればなるほど、ノードの組をより多くとることができ、値としてもより大きな値となってくる。このため、ネットワークの大きさに依存しない媒介中心性、つまり、標準化した媒介中心性が必要となる。

標準化の考え方は次数のときと同じで、媒介中心性の最大値との比を求める。ノードiの媒介中心性の最大値は次のように求められる。ネットワークのノード数をnとしておくと、ノードi以外の$n-1$個あるノードの任意の二つのノードの組合せは、前節で確認したように$(n-1)(n-2)/2$である。したがって、このノードの組合せの最短経路のすべてにノードiが含まれており、$\frac{g_{jk}(n_i)}{g_{jk}} = 1$が成立するとき、媒介中心性は最大となる。つまり、媒介中心性の最大値は

$$\frac{(n-1)(n-2)}{2} \tag{7.47}$$

となる。なお、この値は星形ネットワークの中心のノードで実現することが知られている。

表記としては、ノードiについての標準化した媒介中心性を$NC_b(i)$とし、ノードiについての媒介中心性を$C_b(i)$とし、媒介中心性の最大値を$\max C_b$とすると、いままでの議論より

$$NC_b(i) = \frac{C_b(i)}{\max C_b} = \frac{C_b(i)}{\frac{(n-1)(n-2)}{2}} = \frac{\sum_{i \neq j \neq k \, \text{かつ} \, j < k} \frac{g_{jk}(i)}{g_{jk}}}{\frac{(n-1)(n-2)}{2}} = \frac{2\sum_{i \neq j \neq k \, \text{かつ} \, j < k} \frac{g_{jk}(i)}{g_{jk}}}{(n-1)(n-2)} \tag{7.48}$$

と示すことができる。

7.2.4　媒介中心性の平均

平均の定義より、媒介中心性の平均 $(\overline{C_b})$ は

$$\overline{C_b} = \frac{\sum_{i=1}^{n} C_b(i)}{n} \tag{7.49}$$

であり、標準化した媒介中心性 $(\overline{NC_b})$ は

$$\overline{NC_b} = \frac{\sum_{i=1}^{n} NC_b(i)}{n} \tag{7.50}$$

となる。これはネットワーク全体の平均的な媒介性を示している。

この二つの指標の関係は、定義をそのまま代入し、整理して、

$$\overline{NC_b} \equiv \frac{\sum_{i=1}^{N} NC_b(i)}{n} \tag{7.51}$$

$$= \frac{\sum_{i=1}^{N} \frac{C_b(i)}{\frac{(n-1)(n-2)}{2}}}{n} \tag{7.52}$$

$$= \frac{1}{\frac{(n-1)(n-2)}{2}} \frac{\sum_{i=1}^{N} C_b(i)}{n} \tag{7.53}$$

$$= \frac{1}{\frac{(n-1)(n-2)}{2}} \cdot \overline{C_b} \tag{7.54}$$

となる。

7.2.5　媒介中心性の散らばりについての代表値 (分散)

ネットワーク全体での各ノードの中心性のばらつきを示す代表値を考える。その最も基本的な考え方は次数および近接中心性のときと同様に

- 平均値からの散らばり (分散と同じ考え方)

- 最大値からの散らばり (次数の中心性でも述べたネットワーク独自の考え方、つまり中心化)

を順に考えていく。

媒介中心性の分散 (S_{cb}^2) については、平均は既に定義したので、それを用いて

$$S_{cb}^2 \equiv \frac{\sum_{i=1}^{N} (C_b(i) - \overline{C_b})^2}{n} \tag{7.55}$$

となる。

標準化した媒介中心性の分散 (S_{Ncb}^2) についても、標準化した媒介中心性の平均も既に定義したので、それを用いて

$$S_{Ncb}^2 \equiv \frac{\sum_{i=1}^{N} (NC_b(i) - \overline{NC_b})^2}{n} \tag{7.56}$$

と定義される。

以上の二つの分散の関係は、定義をそのまま代入し、整理をして

$$S_{Ncb}^2 \equiv \frac{\sum_{i=1}^N (NC_b(i) - \overline{NC_b})^2}{n} \tag{7.57}$$

$$= \frac{\sum_{i=1}^N \left(\frac{C_b(i)}{\frac{(n-1)(n-2)}{2}} - \frac{\overline{C_b}}{\frac{(n-1)(N-2)}{2}} \right)^2}{n} \tag{7.58}$$

$$= \frac{1}{\left(\frac{(n-1)(n-2)}{2} \right)^2} \frac{\sum_{i=1}^N \left(C_b(i) - \overline{C_b} \right)^2}{n} \tag{7.59}$$

$$= \frac{1}{\left(\frac{(n-1)(n-2)}{2} \right)^2} S_{cb}^2 \tag{7.60}$$

となる。

7.2.6　媒介中心性の散らばりに関する代表値 (中心化)

つづいて、最大値からの散らばりとしての中心化を考える。次数や近接中心性のときに述べたように、最も中心的なノードからの散らばりの程度が興味深いときが多いので、中心化がより多く用いられる。

媒介中心性での中心化：

最大の媒介中心性をもつノードを $*$ と表現する。中心化が高い状態とは、ノード $*$ と他のノード i の媒介中心性の差が大きいということである。これを示す指標として

$$\sum_{i \in N} (C_b(*) - C_b(i)) \tag{7.61}$$

を得る。

つづいて次数や近接のときと同様に $\sum_{i \in N} (C_b(*) - C_b(i))$ の最大値、すなわち

$$\max \sum_{i \in N} (C_b(*) - C_b(i)) \tag{7.62}$$

を求める必要がある。

ここでも、星形ネットワークのときに、以上の値は最大値をとることが知られている (Freeman, 1979)。結果を先に述べると、その値は $\frac{(n-1)^2(n-2)}{2}$ となる。星形ネットワークで最大値になることは直感的に受け入れて、実際に、以下では星形ネットワークでこの値を求めていこう。いきなり、ノード数が n で考えることは大変なので、はじめに $n = 5$ で考えて、つづいて一般の n で考えていく。

例　ノード数が5の星形ネットワーク：

図 7.11 に示すような中心のノードを1として、他のノードを2、3、4、5とする星形ネットワークを考える。

中心のノード1の媒介中心性を求める。ノード1を含まない、任意の二つのノードの最短距離のパスはただ一つであり、そこにおいて必ず1は含まれる。すなわち、任意の $j, k \in \{2, 3, 4, 5\}$ につ

いて

$$\frac{g_{jk}(1)}{g_{jk}} = 1 \tag{7.63}$$

となる。$j, k (j < k)$ の組合せは、先にみたように $(5-1)(5-2)/2 = 6$ となるので、すなわち

$$C_b(1) = 1 \times 6 = 6 \tag{7.64}$$

を得る。

　中心以外のノード i の媒介中心性を考える。ノード i を含まない、任意の二つのノードの最短距離のパスはただ一つであり、そこにおいてノード i は必ず含まれない。すなわち、任意の j, k について

$$\frac{g_{jk}(i)}{g_{jk}} = 0 \tag{7.65}$$

となる。$j, k (j < k)$ の組合せは $(5-1)(5-2)/2 = 6$ となるので、すなわち

$$C_b(i) = 0 \times 6 = 0 \tag{7.66}$$

となる。

　以上より

$$\sum_{i \in N} (C_b(*) - C_b(i)) = (6-6) + 4(6-0) = 24 \tag{7.67}$$

が得られる。

　したがって、ノード数が5のネットワークについての媒介中心性をもとにした中心化が

$$\frac{\sum_{i=1}^{5} (C_b(*) - C_b(i))}{24} \tag{7.68}$$

と示される。

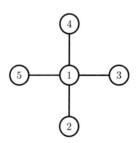

図7.11　ノード数が5の星形ネットワーク

　つづいて、より一般的な星形ネットワークについて値を求める。

ノード数が n の星形ネットワーク：

　中心のノードを1として、他のノードを2から n とする星形ネットワークを考える。

　中心のノード1の媒介中心性を求める。ノード1を含まない、任意の二つのノードの最短距離のパスはただ一つであり、そこにおいて必ずノード1は含まれる。すなわち、ノード1以外の任意の

ノード j とノード k について

$$\frac{g_{jk}(1)}{g_{jk}} = 1 \tag{7.69}$$

となる。

ノード $j, k\,(j < k)$ の組合せの数は $(n-1)(n-2)/2$ となるので、すなわち

$$C_b(1) = 1 \times \frac{(n-1)(n-2)}{2} = \frac{(n-1)(n-2)}{2} \tag{7.70}$$

を得る。

中心以外のノード i の媒介中心性を求める。ノード i を含まない、任意の二つのノードの最短距離のパスはただ一つであり、そこにおいてノード i は必ず含まれない。すなわち、任意の j, k について

$$\frac{g_{jk}(i)}{g_{jk}} = 0 \tag{7.71}$$

となる。$j, k\,(j < k)$ の組合せは $(n-1)(n-1)/2$ となるので、すなわち

$$C_b(i) = 0 \times \frac{(n-1)(n-2)}{2} = 0 \tag{7.72}$$

となる。

以上より

$$\sum_{i \in N}(C_b(*) - C_b(i)) \tag{7.73}$$

$$= \left(\frac{(n-1)(n-2)}{2} - \frac{(n-1)(n-2)}{2}\right) + (n-1)\left(\frac{(n-1)(n-2)}{2} - 0\right) \tag{7.74}$$

$$= \frac{(n-1)^2(n-2)}{2} \tag{7.75}$$

が得られる。

したがって、ノード数が n のネットワークについての媒介中心性をもとにした中心化 (C_{cb}) が

$$C_{cb} \equiv \frac{\sum_{i \in N}(C_b(*) - C_b(i))}{\frac{(n-1)^2(n-2)}{2}} \tag{7.76}$$

と定義される。

標準化した媒介中心性での中心化:

最大の標準化した媒介中心性をもつノードを $*$ と表現する。中心化が高い状態とは、ノード $*$ と他のノード i の標準化した媒介中心性の差が大きいということである。これを示す指標として

$$\sum_{i \in N}(NC_b(*) - NC_b(i)) \tag{7.77}$$

を得る。

つづいて次数や近接のときと同様に

$$\max \sum_{i \in N} (NC_b(*) - NC_b(i)) \tag{7.78}$$

を求める必要がある。

　ここでも、星形ネットワークのときに、以上の値は最大となることが知られている。そして、その値は $n-1$ となる。星形ネットワークで最大値になることは直感的に受け入れて、実際に、以下では星形ネットワークでこの値を求めていこう。ここでもはじめにノード数5で考え、次にノード数 n へと順を踏んで考える。

例　ノード数が5の星形ネットワーク：

　ここでも、中心のノードを1として、他のノードを2、3、4、5とする星形ネットワークを考える (**図 7.11**)。

　議論展開は、先に述べた媒介中心性のときと全く同じであるが、繰り返しを厭わずに、ここでも述べることにする。

　中心に位置するノード1の媒介中心性を求める。ノード1を含まない、任意の二つのノードの最短距離のパスはただ一つであり、そこにおいて必ず1は含まれる。すなわち、任意の $j, k \in \{2, 3, 4, 5\}$ について

$$\frac{g_{jk}(1)}{g_{jk}} = 1 \tag{7.79}$$

となる。$j, k\,(j < k)$ の組合せは、先にみたように $(5-1)(5-2)/2 = 6$ となるので、すなわち、式 (7.48) より

$$NC_b(1) = \frac{C_b(1)}{\frac{(5-1)(5-2)}{2}} = \frac{1 \times 6}{6} = 1 \tag{7.80}$$

を得る。

　中心以外のノード i については、ノード i を含まない、任意の二つのノードの最短距離のパスはただ一つであり、そこにおいてノード i は必ず含まれない。すなわち、任意の j, k について

$$\frac{g_{jk}(i)}{g_{jk}} = 0 \tag{7.81}$$

となる。$j, k\,(j < k)$ の組合せは $(5-1)(5-2)/2 = 6$ となるので、すなわち、式 (7.48) より

$$NC_b(i) = \frac{C_b(i)}{\frac{(5-1)(5-2)}{2}} = \frac{0 \times 6}{6} \times = 0 \tag{7.82}$$

となる。

　以上より

$$\sum_{i \in N} (NC_b(*) - NC_b(i)) = (1-1) + 4(1-0) = 4 \tag{7.83}$$

が得られる。

　したがって、ノード数が5のネットワークについての標準化した媒介中心性をもとにした中心

化が

$$\frac{\sum_{i=1}^{5}(NC_b(*) - NC_b(i))}{4} \tag{7.84}$$

と示される。

つづいて、より一般的な星形ネットワークについて値を求める。

ノード数がnの星形ネットワーク：

中心のノードを1として、他のノードを2からnとする星形ネットワークを考える。

中心のノード1の媒介中心性を求める。ノード1を含まない、任意の二つのノードの最短距離のパスはただ一つであり、そこにおいて必ずノード1は含まれる。すなわち、ノード1以外の任意のノードjとノードkについて

$$\frac{g_{jk}(1)}{g_{jk}} = 1 \tag{7.85}$$

となる。

ノード$j, k \, (j < k)$の組合せの数は$(n-1)(n-2)/2$となるので、すなわち

$$C_b(1) = 1 \times \frac{(n-1)(n-2)}{2} \tag{7.86}$$

となる。これを標準化すると、式 (7.48) を思い出して

$$NC_b(1) = \left(1 \times \frac{(n-1)(n-2)}{2}\right) \Big/ \left(\frac{(n-1)(n-2)}{2}\right) \tag{7.87}$$

$$= 1 \tag{7.88}$$

を得る。

中心以外のノードiについては、ノードiを含まない、任意の二つのノードの最短距離のパスはただ一つであり、そこにおいてiは必ず含まれない。すなわち、任意のj, kについて

$$\frac{g_{jk}(i)}{g_{jk}} = 0 \tag{7.89}$$

となる。ノード$j, k \, (j < k)$の組合せは$\frac{(n-1)(n-2)}{2}$となるので、すなわち

$$C_b(i) = 0 \times \frac{(n-1)(n-2)}{2} \tag{7.90}$$

となる。これを標準化すると、式 (7.48) を思い出して

$$NC_b(i) = \left(0 \times \frac{(n-1)(n-2)}{2}\right) \Big/ \left(\frac{(n-1)(n-2)}{2}\right) \tag{7.91}$$

$$= 0 \tag{7.92}$$

を得る。

以上より

$$\sum_{i \in N} (NC_b(*) - NC_b(i)) \tag{7.93}$$

$$= (NC_b(*) - NC_b(*)) + \sum_{i \in N \backslash *} (NC_b(*) - NC_b(i)) \tag{7.94}$$

$$= (1 - 1) + (n - 1)(1 - 0) \tag{7.95}$$

$$= n - 1 \tag{7.96}$$

が得られる。

以上より、標準化した媒介中心性をもとにした中心化 (C_{Ncb}) が

$$C_{Ncb} \equiv \frac{\sum_{i \in N} (NC_b(*) - NC_b(i))}{n - 1} \tag{7.97}$$

と定義される。

最後に、媒介中心性の値での中心化 (C_{cb}) と標準化した媒介中心性での中心化 (C_{Ncb}) の関係は、定義をそのまま代入し、整理をして

$$C_{Ncb} \equiv \frac{\sum_{i \in N} (NC_b(*) - NC_b(i))}{(n - 1)} \tag{7.98}$$

$$= \frac{\sum_{i \in N} \left(\frac{C_b(*)}{\frac{(n-1)(n-2)}{2}} - \frac{C_b(i)}{\frac{(n-1)(n-2)}{2}} \right)}{(n - 1)} \tag{7.99}$$

$$= \frac{\frac{1}{\frac{(n-1)(n-2)}{2}} \sum_{i \in N} (C_b(*) - C_b(i))}{(n - 1)} \tag{7.100}$$

$$= \frac{\sum_{i \in N} (C_b(*) - C_b(i))}{\frac{(n-1)^2(n-2)}{2}} \equiv C_{cb} \tag{7.101}$$

となる[*9]。

7.2.7 企業ネットワークでの媒介中心性のランキング

ここでも、日本の上場企業に対する媒介中心性のランキングを求め、**表7.3**と**表7.4**に示した。他の中心性のランキングとの比較を行ってみると、役員兼任ネットワークにおいては、次数中心性と近接中心性の上位20位のランキングにともに含まれていたそれぞれ8社のうちで、2008年の7社と2018年の7社はともに媒介中心性のランキングに含まれている。

しかしながら、役員派遣ネットワークも、株式取得ネットワークも、次数中心性と近接中心性のランキングにともに含まれている企業は、2008年も2018年も媒介中心性のランキングには含まれていない。ここからは、媒介中心性は、次数中心性と近接中心性とは異なる性質をもっていることをデータより確認できる。

[*9] 直感的には、近接中心性と同様に、標準化した中心性では分母分子で同じ調整がなされ、それらが相殺され、元の中心性に戻るからである。

　他方で、役員兼任ネットワークにおいて、次数中心性、近接中心性、および媒介中心性の三つで共通の企業が多いことは興味深い。一つの解釈とすると、より多くの兼任役員を取締役会にもっている企業はより開放的で、より他の企業にも到達しやすくなる。さらに、典型的な兼任役員においては、弁護士、会計士、大学教授など専門性の高い役員も多い。こうした外部役員からはビジネスの世界とは違った領域から、新たな知見や情報を得るという利点がある。つまり、専門性の高い世界とビジネスの世界との橋渡しをしている役員といえる。こうした性質が企業へも影響を与え、他の企業同士との直接的間接的な近さとともに、他を媒介するようなポジションを企業に与えているという仮説も考えられる。また、役員兼任ネットワークは無向グラフであり、この点から、媒介中心性が次数中心性や近接中心性と近くなりやすくなっているのかもしれない。

　なお、株式取得ネットワークにおいては、媒介中心性の値が非常に小さくなっている。これは、直接的な関係が、親会社から子会社そこから孫会社というところで止まっており、方向を含めたパスとしてはこの三つで原則として止まってしまい、媒介中心性をとるための経路が限られてしまうためと考えられる。さらに、取得している株式が対象企業の10％以上であれば、リンクを張るという定義を採用しており、そのため、リンクの数が他のネットワークと比較して小さいということも影響していると考えられる[10]。

---

[10] このことは、前章の**表6.3**から、平均次数と密度が株式取得ネットワークにおいて小さな値となっていることからも確認できる。

表 7.3　2008年の各ネットワークの媒介中心性ランキング

役員兼任ネットワーク			役員派遣ネットワーク			株式取得ネットワーク		
順位	企業名	媒介中心性	順位	企業名	媒介中心性	順位	企業名	媒介中心性
1	ソニー	111985.43	1	全日本空輸	246851.4	1	豊田通商	10
2	トヨタ自動車	103260.52	2	東京電力	220470.8	2	ヤフー	8
3	富士急行	96418.10	3	関西電力	188588.5	3	日清オイリオグループ	7
4	東京海上ホールディングス	67255.74	4	三井住友フィナンシャルグループ	138202.2	3	大同特殊鋼	7
5	関西電力	65008.27	5	近畿日本鉄道	134909.3	5	大証金	6
6	三井住友フィナンシャルグループ	62086.38	6	南都銀行	113245.3	5	SFCG	6
7	三井物産	61307.31	7	TOTO	110890.2	5	日商エレクトロニクス	6
8	角川グループホールディングス	56496.69	8	花王	110317.4	8	松下電工	5
9	カスミ	56237.78	9	日清製粉グループ本社	107504.5	9	ミサワホーム	4
10	帝国ホテル	50582.53	10	東武鉄道	105167.9	9	ニッパツ	4
11	フジテレビジョン	47344.49	11	みずほフィナンシャルグループ	101491.2	9	MAGねっと	4
12	日立製作所	45001.82	12	東京急行電鉄	96345.3	9	東宝不動産	4
13	朝日放送	44049.14	13	ノリタケカンパニーリミテド	94998.2	9	KDDI	4
14	三越伊勢丹ホールディングス	43586.58	14	三菱地所	93882.2	9	東宝	4
15	損保ジャパン	41397.72	15	横浜銀行	90029.2	9	日立ソフトウェアエンジニアリング	4
16	三菱UFJフィナンシャル・グループ	40776.09	16	日産自動車	89103.5	16	ソネットエンタテインメント	3
17	オリックス	39457.38	17	松下電器産業	77224.2	16	ユニマットライフ	3
18	阪急阪神ホールディングス	39399.01	18	東映	71909.2			
19	ソフトバンク	38659.04	19	トヨタ自動車	68964.6			
20	東京急行電鉄	38381.11	20	テレビ朝日	66087.0			

表 7.4 2018年の各ネットワークの媒介中心性ランキング

	役員兼任ネットワーク		役員派遣ネットワーク		株式取得ネットワーク	
順位	企業名	媒介中心性	企業名	媒介中心性	順位 企業名	媒介中心性
1	コマツ	118921.7	日立製作所	141765.6	1 KDDI	10
2	イオン	116974.3	ソニー	131962.6	2 豊田通商	8
3	ANAホールディングス	116303.3	ANAホールディングス	128311.1	3 ネクスグループ	4
4	関西電力	115547.8	三菱UFJフィナンシャル・グループ	126956.2	4 日清オイリオグループ	3
5	パナソニック	107134.9	J.フロント リテイリング	116771.9	5 S FOODS	2
6	IHI	106907.6	三菱重工業	113016.5	5 カイカ	2
7	ファーストリテイリング	101238.9	AGC	83777.0	5 エムスリー	2
8	帝国ホテル	98185.5	三菱商事	78313.1	5 チムニー	2
9	かんぽ生命保険	92032.9	野村ホールディングス	68496.0	5 シーアールイー	2
10	TBSホールディングス	86884.3	みずほフィナンシャルグループ	67013.6	5 積水樹脂	2
11	三菱商事	85091.5	ニチレイ	60953.6	5 ソルクシーズ	2
12	JXTGホールディングス	84257.5	関西電力	57289.8	5 サカタインクス	2
13	三井物産	81147.2	オムロン	55983.1	5 東洋インキSCホールディングス	2
14	阪急阪神ホールディングス	80413.8	TDK	55585.8	5 日立建機	2
15	名古屋鉄道	79340.2	日清紡ホールディングス	51670.5	5 アルコグラフィックス	2
16	楽天	72808.8	りそなホールディングス	51568.4	5 フォーバル	2
17	コニカミノルタ	71411.1	リコー	51276.1	5 東京センチュリー	2
18	アシックス	71111.9	丸紅	49427.4	5 東宝	2
19	西日本フィナンシャルホールディングス	71036.3	横河電機	49276.7	5 SCSK K	2
20	東京海上ホールディングス	70761.1	デンソー	47185.5	5 やまや	2

7.3　Rによる近接中心性と媒介中心性の導出

図7.4と図7.10で示したネットワークの次数中心性、近接中心性、そして、媒介中心性をRで求めていく。

はじめに、隣接行列を定義するために

```
mynet <- rbind(
              c(0, 1, 0, 0, 0, 1, 1, 0, 0, 0, 0, 0),
              c(1, 0, 1, 1, 1, 0, 0, 0, 0, 0, 0, 0),
              c(0, 1, 0, 1, 1, 1, 0, 0, 0, 0, 0, 0),
              c(0, 1, 1, 0, 1, 1, 0, 0, 0, 0, 0, 0),
              c(0, 1, 1, 1, 0, 1, 0, 0, 0, 0, 0, 0),
              c(1, 0, 1, 1, 1, 0, 0, 0, 0, 0, 0, 0),
              c(1, 0, 0, 0, 0, 0, 0, 1, 0, 0, 0, 1),
              c(0, 0, 0, 0, 0, 0, 1, 0, 1, 1, 1, 0),
              c(0, 0, 0, 0, 0, 0, 1, 0, 1, 1, 1, 1),
              c(0, 0, 0, 0, 0, 0, 1, 1, 0, 1, 1, 1),
              c(0, 0, 0, 0, 0, 0, 1, 1, 1, 0, 1, 1),
              c(0, 0, 0, 0, 0, 0, 1, 0, 1, 1, 1, 0))
```

と読み込んでおく[11]。ノード数は行数に他ならないので、これを変数nに含めるため

```
n <- ncol(mynet)
```

とする。ここではRのパッケージのigraphを用いるため

```
library(igraph)
```

と読み込んでおいて、ネットワークオブジェクトを

```
mynet_i <- graph.adjacency(mynet, mode="undirected")
```

として作っておく。

各中心性はコマンドだけで求められる。次数中心性は

```
degree(mynet_i)
```

によって、近接中心性は

```
closeness(mynet_i)
```

によって、媒介中心性は

---

[11] 前章ではmatrixを用いて隣接行列を作ったが、ここでは第1章で用いたrbindを用いて作っている。中心性の分析でどちらでもよいことを示すためである。

```
betweenness(mynet_i)
```

によって求められる。

　図7.5で示したネットワークについては、本文内の議論でノード1と4の媒介中心性は6であり、その他のノードの媒介中心性は0であった。このことも、以上の手続きで隣接行列を

```
mynet <- rbind(
                c(0, 1, 1, 1, 0, 0),
                c(1, 0, 1, 0, 0, 0),
                c(1, 1, 0, 0, 0, 0),
                c(1, 0, 0, 0, 1, 1),
                c(0, 0, 0, 1, 0, 1),
                c(0, 0, 0, 1, 1, 0))
```

に変更するだけで、媒介中心性を確認できる。

　Rのパッケージのsnaを用いても同様に近接中心性と媒介中心性を求めることができる。また、それぞれに中心性に対応した中心化の値も求められる。これらについては、Rのスクリプトファイルの"近接中心性と媒介中心性.r"を参照してもらいたい。

📋 章末まとめ

- 近接中心性は、他のすべてのノードとの近さを考慮した中心性である。ここでの近さは距離の総和の逆数として定義される。

- 媒介中心性は、他の二つのノードをどれくらい媒介しているかを考慮した中心性である。ここでの媒介とは、二つのノードの最短距離のパスの中に自分が含まれるかどうかで定義される。

- 近接中心性と媒介中心性においても、次数中心性と同様に、平均、標準化、中心化がそれぞれ定義される。

💭 考えてみよう

1. 近接中心性が有効な状況を考えてみよう。
   - 噂などの非公式な情報の流れは、人づてに行われることが多いであろう。そうすると、近接中心性の高い主体は、より多くの人に関する非公式な情報を集めることができるといえる。また、伝染病も人づてになされるので、リンクが直接の交友を示すのであれば、近接中心性の高い主体は、グループ内の誰が感染しても、比較的すぐに自分にも感染の影響がやってくると判断できる。

2. 媒介のメリットを考えてみよう。
   - ここでも情報の流れを考えると理解がしやすい。情報経路に自分が入っていることで、情報を操作することが可能となる。自分に都合のよい情報は流し、自分に都合のよくな

い情報は流さないことで自分に有利な状況を作り出せるかもしれない。

- 「利潤は差異から生まれる」というよく知られた主張がある (岩井, 2003, p. 205)。例えば、石油が潤沢な国と食料が潤沢な国は、お互いが異なっているため、それらを交換することでそれぞれの国民はより多くの便益を得る。もし、この石油と食料がある企業を通じてしか交換、つまり貿易できないとすると、その企業は一方の国にないものを他方の国に高く売ることが可能で、大きな利潤を得ることができよう。このように違いを前提として利潤を得ることができる。同様に、媒介を、違いのある二つの集団に対する媒介と考えると、その違いを利用して利得を高められる。

$\overset{\text{N}_{\circ}}{5}$ 記号や数学に関する確認問題

1. 式 (7.4) で近接中心性の定義は示されているが、これを何も見ないで記述することを試みなさい。また、中心性の標準化も行いなさい。
   - 他のすべてのノードに対する距離の総和を考え、距離が小さいほど近いので、逆数をとるということを思い出す。あとは以上を記号で表現できるかということになる。標準化は、標準化前に取り得る値の範囲を考えて、0 から 1 の値をとるような変換を考える。

2. 図 7.5 において、ノード 1 の媒介中心性が 6 となり、ノード 2 の媒介中心性が 0 となることを本文内で示した。これを自分で求めなさい。

Ⓡ Rを用いて考えよう

- "近接中心性と媒介中心性.r" では以下を行っている。
  - 図 7.1 における、次数中心性、近接中心性、媒介中心性を求めている。
  - 図 7.2 における、次数中心性、近接中心性、媒介中心性を求めている。
  - 図 7.5 における、次数中心性、近接中心性、媒介中心性を求めている。

情けは人のためならず

　第8章で解説する固有ベクトル中心性と第9章で解説するボナチッチ・パワー中心性では、ネットワーク内で駆け巡るウォークによって中心性が高められた。このウォークはさまざまなノードから、さまざまな距離で自分へとやってくる。

　また、第9章でピア効果の経済モデルを考えたときには、相手の行動が自分の行動に影響を与えた。これは同様に、自分の行動が相手の行動に影響を与えることを意味する。さらには、相手の行動は相手の友達へも影響を与えるから、この影響がウォークを通じてネットワークを駆け巡ることになる。

　ここで「(1)→(2)→(4)→(3)→(1)」というウォークを考えてみよう。ピア効果の経済モデルの影響とは、自分の行動の増加によって相手の利得が増えるという影響であった。したがって、最初のノード1からノード2への一歩めのウォークで自分の行動が増加していると、これは相手（ノード2）の利得を高める効果を与えていることになる。この効果はウォークを通じて巡り巡って各ノードで連鎖していき、以上のウォークの最後の一歩を確認すると、ノード3の行動の増加によって、自分（ノード1）の利得を高める効果を与えている。

　このように、相手の利得を高める効果が、巡り巡って、自分の利得を高める効果に戻ってきたわけであり、これは、「情けは他人のためというよりも、巡り巡って自分によい報いが返ってくる」ことに他ならない。つまり、「情けは人のためならず」が表現されているのである。

　ここで隣接行列をn乗した$\boldsymbol{G}^k$の(i,j)要素は距離がkのノードiからjへのウォークの数を示している。ここでの自分（ノードi）から自分（ノードi）へのウォークは「情けは人のためならず」効果を示しているウォークに他ならない。したがって、$\boldsymbol{G}^k$の(i,i)要素をc_i^kと表記しておこう。さらに、ここで

$$1 + c_i^1 + \frac{1}{2\times1}c_i^2 + \frac{1}{3\times2\times1}c_i^3 + \frac{1}{4\times3\times2\times1}c_i^4 + \cdots \tag{7.102}$$

という値を考える。また、$n! \equiv n\times(n-1)\times\cdots\times2\times1$という記号と総和を求めるシグマ記号（$\sum$）を用いると

$$1 + \sum_{k=1}^{\infty}\frac{1}{k!}c_i^k \tag{7.103}$$

が得られる。これはボナチッチ・パワー中心性と似た定式化であることがわかるであろう。実はこれはサブグラフ中心性 (subgraph centrality) と呼ばれており、ボナチッチ・パワー中心性のβ^kに対応する値が$1/k!$となることによって、どのような隣接行列に対しても必ず値が収束するという望ましい性質もあわせもつ (Estrada and Rodríguez-Velázquez, 2005)。

　現実にも、大学のゼミ内においてこのサブグラフ中心性の高い学生がより高いゼミでの評価を得ていたということが明らかにされた (Fujiyama, 2020a)。つまり、「情けは人のためならず」が実証されている。

第8章　固有ベクトル中心性

これまでの中心性は、他のノードの違いを明示的に考えていなかった。しかしながら、現実には有力者につながるとより有利な状況を得るということも多い。このように、より中心性の高いノードにつながると自分の中心性もより高くなるという中心性をここでは考えていく。さらに、この中心性は中心性のネットワーク内で無限の累積的な変化も考慮している。ここでの中心性の考え方は、Google の検索エンジンにおけるウェブサイトの重要性のランキングとも深く関係している。また、ネットワーク効果の無限の連鎖を含め、中心性の相互依存を考えるときには、行列による分析が強力である。隣接行列に含まれるエッセンスを固有ベクトルという形で抽出するという醍醐味も味わってもらいたい。

8.1　基本的な考え方と問題点

これまでの中心性の考え方はリンクを通じて、なんらかの情報を獲得する、もしくは、何らかの影響を相手に与え、結果として主体の重要度としての中心性が上がるというものであった。ここで注意すべきは、誰につながろうとも、相手の重要性は直接には考慮されていないということである。しかしながら、現実には重要度の高い主体とつながると、より自分にとっては有利となるという状況も多い。例えば、大物芸能人と仲良くなった駆け出し芸能人は、より仕事を得やすくなるような場合である。

こうした状況を、ここでは、より中心性の高いノードとつながると、自分もより中心性が高くなるとして、以下では定式化していこう[*1]。

主体 i の中心性を c_i として、これらを縦に並べた中心性のベクトル

$$\begin{pmatrix} c_1 \\ c_2 \\ \vdots \\ c_n \end{pmatrix} \tag{8.1}$$

を考える。また、隣接行列を G として

$$G = \begin{pmatrix} g_{11} & g_{12} & \cdots & g_{1n} \\ g_{21} & g_{22} & \cdots & g_{2n} \\ \vdots & \vdots & \ddots & \vdots \\ g_{n1} & g_{n2} & \cdots & g_{nn} \end{pmatrix} \tag{8.2}$$

[*1]　この章と次章は藤山 (2013) の内容を大幅に改訂したものである。

を考える。

ここで、それぞれを掛けることにより

$$\boldsymbol{Gc} = \begin{pmatrix} \sum_{j=1}^{n} g_{1j}c_j \\ \sum_{j=1}^{n} g_{2j}c_j \\ \vdots \\ \sum_{j=1}^{n} g_{nj}c_j \end{pmatrix} = \begin{pmatrix} g_{11}c_1 + g_{12}c_2 + \cdots + g_{1n}c_n \\ g_{21}c_1 + g_{22}c_2 + \cdots + g_{2n}c_n \\ \vdots \\ g_{n1}c_1 + g_{n2}c_2 + \cdots + g_{nn}c_n \end{pmatrix} \tag{8.3}$$

が得られる。実は、ここにおける第1要素はノード1が各ノードから得られた中心性と解釈できる。

以下、それを説明する。この第1要素は、対角要素がg_{11}が0であることに注意すると

$$g_{12}c_2 + \cdots + g_{1n}c_n \tag{8.4}$$

と書き直される。また、ノード1がノードiにリンクを張ると$g_{1i} = 1$であり、張っていないと$g_{1i} = 0$となる。したがって、この項はリンクを張っている他者の中心性で構成される。つまり、他者の中心性で自分(ノード1)の中心性が作られている。

第1要素以外の要素でも同様の解釈ができる。つまり、第i要素はノードiの他者から得た中心性を表している。まとめると、$\boldsymbol{Gc}$によって、他者の中心性の差異を考慮した中心性が定義できたのである。

ただし、ここで問題が起きる。というのも、はじめに定義された初期の中心性としての$\boldsymbol{c}$と、ネットワークを通じて利用可能となる中心性も含めた$\boldsymbol{Gc}$とでは、一般に異なるベクトルとなってしまう。つまり

$$\boldsymbol{c} \neq \boldsymbol{Gc} \tag{8.5}$$

となるからである。

したがって、ここでの中心性を定義するためには

$$\boldsymbol{c} = \boldsymbol{Gc} \tag{8.6}$$

という等式をうまく成立させる工夫が必要となる。以上の等式のもとではじめて、初期の中心性と新たに形成された中心性が同じとなり、中心性$\boldsymbol{c}$を整合的に定義できるからである。

ここでもう少し式 (8.6) について考察を深めよう。ここで$\boldsymbol{c}$について解いてみると

$$\boldsymbol{c} = \boldsymbol{Gc} \tag{8.7}$$
$$\Longleftrightarrow \quad \boldsymbol{c} - \boldsymbol{Gc} = \boldsymbol{0} \tag{8.8}$$
$$\Longleftrightarrow \quad (\boldsymbol{I} - \boldsymbol{G})\boldsymbol{c} = \boldsymbol{0} \tag{8.9}$$

となる[*2]。

ここで$(\boldsymbol{I} - \boldsymbol{G})$が**逆行列**をもつ場合

$$(\boldsymbol{I} - \boldsymbol{G})\boldsymbol{c} = \boldsymbol{0} \tag{8.10}$$
$$\Longleftrightarrow \quad (\boldsymbol{I} - \boldsymbol{G})^{-1}(\boldsymbol{I} - \boldsymbol{G})\boldsymbol{c} = (\boldsymbol{I} - \boldsymbol{G})^{-1}\boldsymbol{0} \tag{8.11}$$

$$\Longleftrightarrow \quad \boldsymbol{c} = \boldsymbol{0} \tag{8.12}$$

となる[*3]。つまり、この場合は、$\boldsymbol{c} = \boldsymbol{0}$以外の解はもたないということになる。

したがって、以下では、$\boldsymbol{c} = \boldsymbol{G}\boldsymbol{c}$が成立し、かつ、$\boldsymbol{c} \neq \boldsymbol{0}$となるような$\boldsymbol{c}$が存在する状況について考察していく。

8.2 対処法1：隣接行列を修正する

先の議論から、すべての要素が0ではない$\boldsymbol{c}$の存在を可能にするためには、$(\boldsymbol{I} - \boldsymbol{G})$が逆行列をもたないようにすればよい。

したがって、以下では逆行列をもたないようにする変換を考えよう。このためには、以下の方法が知られている[*4]。つまり各列を各列の要素の総和で割ることによって、新しい隣接行列を作る。それでは、修正した隣接行列を作っていこう。はじめに、隣接行列を

[*2] ここで$\boldsymbol{I}$とは対角要素が1でそれ以外の要素がすべて0となるような行列であり、**単位行列**と呼ばれる。2行2列では

$$\begin{pmatrix} 1 & 0 \\ 0 & 1 \end{pmatrix}$$

となる。これは計算可能な、どのようなベクトルや行列を掛けても計算結果は元に戻るという性質をもつ。数値で考えると1に対応するものである。行列で考えると難しそうであるが、数値での対応を考えて

$$c = gc$$
$$c - gc = 0$$
$$(1 - g)c = 0$$

という計算のイメージをもつとよい。

[*3] 逆行列とは逆数の行列バージョンと考えると理解しやすい。ここでの数式の展開を、単なる数値で考えてみると

$$(1 - g)c = 0$$
$$\Longleftrightarrow \quad (1 - g)^{-1}(1 - g)c = (1 - g)^{-1}0$$
$$\Longleftrightarrow \quad c = 0$$

となる。このように、逆数$(1 - g)^{-1}$が定義できることで

$$c = gc \iff c = 0$$

となり、$c = 0$が唯一の解となる。他方で、行列で考えるときには、興味深いことに、こうした逆数に対応する概念、つまり逆行列が得られない場合に、すべての要素を0としない$\boldsymbol{c}$を見つけることができるのである。逆行列については、基本的な線形代数の教科書にあたってもらいたい。基本的な線形代数のテキストを見ると解説が示されている（三宅 (1991); 笠原 (1982); 齋藤 (1966) ）。ウェブサイト「理数アラカルト」の「正則行列と逆行列」(https://risalc.info/src/inverse-matrix.html#def) も参考になる。

[*4] ここではWasserman and Faust (1994, p. 207)の議論を参考にしている。

$$\boldsymbol{G} = \begin{pmatrix} 0 & 1 & 1 & 1 & 1 \\ 0 & 0 & 1 & 1 & 0 \\ 0 & 0 & 0 & 0 & 1 \\ 0 & 1 & 1 & 0 & 0 \\ 1 & 0 & 0 & 0 & 0 \end{pmatrix} \tag{8.13}$$

とする。このネットワークのグラフは**図8.1**のように示される。

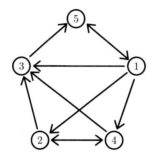

図8.1　固有ベクトル中心性のための例

このとき、変換された隣接行列$(\tilde{\boldsymbol{G}})$は、次のように得られる、つまり

$$\tilde{\boldsymbol{G}} = \begin{pmatrix} 0 & 1/2 & 1/3 & 1/2 & 1/2 \\ 0 & 0 & 1/3 & 1/2 & 0 \\ 0 & 0 & 0 & 0 & 1/2 \\ 0 & 1/2 & 1/3 & 0 & 0 \\ 1 & 0 & 0 & 0 & 0 \end{pmatrix} \tag{8.14}$$

となる。

より一般には

- 隣接行列を$\boldsymbol{G}$に対して、各列について各列の総和で、各列の要素を割るという作業を行う。つまり、第i列の各要素を$g_{1,i}, g_{2,i} \ldots, g_{n,i}$とする場合、修正した第$i$列の各要素を

$$\frac{g_{1,i}}{\sum_{j=1}^{n} g_{1,j}}, \frac{g_{2,i}}{\sum_{j=1}^{n} g_{2,j}}, \ldots, \frac{g_{n,i}}{\sum_{j=1}^{n} g_{n,j}} \tag{8.15}$$

とする。ただし、$\sum_{j=1}^{n} g_{i,j} = 0$となっているときには、その列は変更をせずそのままにしておく。こうして、すべての要素が0となる列を除いて、各列の総和は1となっている、修正した隣接行列$(\tilde{\boldsymbol{G}})$が得られる。

ここで、修正した隣接行列$(\tilde{\boldsymbol{G}})$から得られる$\boldsymbol{I} - \tilde{\boldsymbol{G}}$において、逆行列は存在しないことを確認しよう。ただし、議論の流れを簡単に抑える程度とする[*5]。

[*5]　この辺は、線形代数について予備知識がある人向けの流れの説明となっているので、初学者はざっと眺めるぐらいでよい。

はじめに、逆行列が存在しないことを示すためには行列式が0となることを示せばよい[6]。

行列式が0となることを示すためには、

(1) ある行に他の行を足しても、行列式の値は変わらない

(2) 行のすべての要素が0のときには、行列式は0となる

という性質を用いる[7]。

したがって、第1行から第$n-1$行までをすべて、第n行へ足し合わせ、結果として得られる行列の第n行の要素はすべて0となることを示せばよい。

先の例を用いると

$$\begin{pmatrix} 1 & -1/2 & -1/3 & -1/2 & -1/2 \\ 0 & 1 & -1/3 & -1/2 & 0 \\ 0 & 0 & 1 & 0 & -1/2 \\ 0 & -1/2 & -1/3 & 1 & 0 \\ -1 & 0 & 0 & 0 & 1 \end{pmatrix} \tag{8.16}$$

の第1行から第4行までを、第5行に足し合わせると

$$\begin{pmatrix} 1 & -1/2 & -1/3 & -1/2 & -1/2 \\ 0 & 1 & -1/3 & -1/2 & 0 \\ 0 & 0 & 1 & 0 & -1/2 \\ 0 & -1/2 & -1/3 & 1 & 0 \\ 0 & 0 & 0 & 0 & 0 \end{pmatrix} \tag{8.17}$$

が得られる。したがって、行列式は0となる。

まとめると、各列の総和を1に変換した隣接行列$\tilde{G}$に対して、$I - \tilde{c}$の逆行列が存在しないことがわかり

$$\tilde{c} = \tilde{G}\tilde{c} \tag{8.18}$$

を満たすcですべての要素が0でないものが存在することになる。

---

[6] 適当な線形代数のテキストで確認すればよいが、例えば、岩崎・吉田 (2006, p. 28) や、証明についてはウェブサイト「理数アラカルト」の「正則行列 $\iff$ 行列式が0ではない」(https://risalc.info/src/determinant-non-singular-matrix.html) を参照するとよい。ここでの「正則行列」とは逆行列をもつ行列に他ならない。また、直接に示されていることは「正則行列である $\iff$ 行列式が0でない」であるが、ここで対偶を考えると「行列式が0である $\iff$ 正則行列でない」が得られる。

[7] 行列式と逆行列との関係について、および、(1)については、基本的な線形代数のテキストで解説されている (三宅, 1991; 笠原, 1982; 齋藤, 1966)。また、(2)については、すべての要素が0となっている行についての余因子展開を考えると、行列式が0となることがわかる。この点についても基本的な線形代数のテキストを見るとよい。例えば三宅 (1991, p. 55) を確認されたい。

要素を明らかにすると

$$c_i = \sum_{s=1}^{n} \tilde{g}_{is} c_s \tag{8.19}$$

となる。これは主体iは各主体sのもつ中心性c_sのうち$\tilde{g}_{is}$の割合を得ることができて、その総和が自分の中心性となっている[*8]。

8.3 対処法2：固有ベクトルを利用する

先の対処法1では、Gを修正することにより逆行列をもたないようにした。しかし、そこでは各列の要素を各列の総和で割るという操作をした。この操作の具体的な意味は8.4.2項で改めて述べるが、複数の他のノードからリンクを受け入れている場合、一つのノード当たりの影響力の低下を示している。

このように影響力を変化させることなく、与えられた隣接行列をそのまま用いる対処法をここでは考える。

実は、ある値λと、すべての要素が0でないベクトルcが存在して

$$Gc = \lambda c \tag{8.20}$$

という関係を得ることができる。このとき、λを**固有値**と呼び、cはこの固有値に対応する**固有ベクトル**と呼ばれる[*9]。

もう少し、見やすいように式変形をすると

$$c = \frac{1}{\lambda} Gc \tag{8.21}$$

となり、第i要素を明示すると

$$c_i = \frac{1}{\lambda} \sum_{j=1}^{n} g_{ij} c_j \tag{8.22}$$

となる。これより、$1/\lambda$という係数はついているが、周りの中心性によって、自分の中心性が作られていることがわかる。

この中心性cは固有ベクトルから作られる中心性なので、**固有ベクトル中心性** (eigenvector centrality) と呼ばれる[*10]。

[*8]　実際の値を求めることは、8.2節で固有ベクトルを学んでから、8.4.1項で行う。

[*9]　この段階では、任意の隣接行列G（つまりn行n列の正方行列）に対して、以上のような固有値と固有ベクトルが得られるという事実だけを押さえておけばよい。より詳細な議論を知りたい場合は、すでに本書で参考文献として挙げた線形代数のテキスト、もしくは自分の好みの線形代数のテキストにあたってもらいたい。行列を変換とみなし、図形的なイメージを全面に押し出しながら固有値や固有ベクトルを含め線形代数を解説する平岡・堀 (2004) も良書である。もしくは、ウェブサイト「理数アラカルト」の「固有値、固有ベクトルの基礎と具体例」(https://risalc.info/src/eigenvalue-vector.html) を参考にするのもよい。

　一般には固有値と固有ベクトルは複数存在するが、通常は、絶対値が最大の固有値(λ^*)と対応する固有ベクトル(c^*)で固有ベクトル中心性が定義される。この意味は後に8.6節で確認する。

　具体的にここでは中心性を求めていこう。**図 8.1**に示したネットワークに対して、隣接行列は

$$G = \begin{pmatrix} 0 & 1 & 1 & 1 & 1 \\ 0 & 0 & 1 & 1 & 0 \\ 0 & 0 & 0 & 0 & 1 \\ 0 & 1 & 1 & 0 & 0 \\ 1 & 0 & 0 & 0 & 0 \end{pmatrix} \tag{8.23}$$

であった。固有値を求めてみると、五つの固有値が得られ[*11]

$$1.75, \quad -1, \quad -1, \quad 0.12 + 0.74i, \quad 0.12 - 0.74i \tag{8.24}$$

となった。iは**虚数**で$i \equiv \sqrt{-1}$と定義される数値である[*12]。なお、$0.12 + 0.74i$は0.12という通常の数値 (**実数**と呼ばれる) の部分と$0.74i$という虚数の部分が組み合わされた数値であり、全体でも虚数と呼ばれる。それぞれの**絶対値**は、符号をすべてプラスに直した数値であり

$$1.75, \ 1, \ 1, \ 0.75, \ 0.75 \tag{8.25}$$

となる[*13]。したがって、絶対値が最大の固有値は1.75であり、対応する固有ベクトルは

$$\begin{pmatrix} -0.74 \\ -0.32 \\ -0.24 \\ -0.32 \\ -0.42 \end{pmatrix} \tag{8.26}$$

と求められる。ここでマイナスが気になるかもしれないが、固有値をλ、固有ベクトルをcとして

---

*10 この固有ベクトル中心性は Bonacich (1972, p. 114) で示された中心性概念である。このため、安田 (2001, p. 87) では、この固有ベクトル中心性を「ボナチッチ中心性」と呼んでいる。筆者自身も、藤山 (2013)で、「ボナチッチの二つの中心性」の一つとして、固有ベクトル中心性を取り上げてしまった。しかしながら、固有ベクトル中心性をボナチッチ中心性と呼ぶことは、一般的ではない。なぜならば、ボナチッチという名称のつく中心性は、通常は、次の節で紹介する「ボナチッチ・パワー中心性」となるからである。このように名称については、注意をする必要がある。

*11 Rを用いて求めており、数値は小数第二位までとしている。今後の数値例も同様に求めている。

*12 虚数とは数の概念の拡張である。2乗して負となるような数値を扱えるようになり、有用である。用語の補足をすると、$b = 0$を認めて、実数も虚数も表現できる$a + bi$は一般に複素数と呼ぶ。そして、複素数の中で実数でないものを虚数と呼ぶ。したがって、$2i$, $1 + 2i$は、ともに虚数となる。また、実数は複素数に含まれる。虚数のありがたさは例えば、YouTubeのチャンネル『予備校のノリで学ぶ「大学の数学・物理」』の虚数の説明動画「中学数学からはじめる複素数」(https://www.youtube.com/watch?v=IQaYyFboK48)で実感することができる。ただし、本書の範囲では、虚数が出てくると面倒だなという感覚をもつだけで、十分である。

*13 虚数$a + bi$の絶対値は$\sqrt{a^2 + b^2}$と定義される。

$$Gc = \lambda c \tag{8.27}$$

において、両辺に-1を掛けて

$$-Gc = -\lambda c \tag{8.28}$$

$$\Longleftrightarrow\ G(-c) = \lambda(-c) \tag{8.29}$$

となるので、すべて0以上の数値としての中心性

$$\begin{pmatrix} 0.74 \\ 0.32 \\ 0.24 \\ 0.32 \\ 0.42 \end{pmatrix} \tag{8.30}$$

を得ることができる (**図8.2**)[*14]。

　最後に、**図8.2**について解釈をしていこう。実際に、ノード1は4本のリンクを他のノードに張っており（つまり、出次数が4であり）、中心性をこれら四つのノードから引き寄せていて一番中心性が高い。他方で、ノード5は1本のリンクを他のノードに張っているだけだが、その相手が中心性の高いノード1なので、2番目の中心性となっている。ノード2は2本のリンクを他のノードに張っているが、張っている先のノードの中心性が高くなく、それほど中心性が高くなっていない。このように、自分の中心性が他のノードの中心性で決まり、より大きな中心性のノードにリンクを張ると、自分の中心性がより高くなることを確認できる。

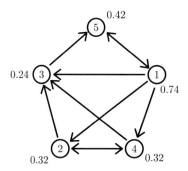

図8.2　固有ベクトル中心性の値

[*14] このように単純な場合は、両辺にマイナスを掛けて、すべてが0以上の要素となる (つまり非負の実数の) 固有ベクトルを得ることができる。より一般に都合のよい固有ベクトルがすべての隣接行列に対してうまくとれるかどうかは、8.6.1項で議論する。

8.4　対処法1と対処法2の統一的視点

8.4.1　対処法1と固有ベクトルの関係

対処法1では

$$c = \tilde{G}c \tag{8.31}$$

において、$c \neq 0$が解となるように、各列の和を1に変換した隣接行列$\tilde{G}$を考えた。

ここで、この式を見るとcは固有値1に対応する固有ベクトルであることが、固有値と固有ベクトルの定義の式からわかる。したがって、ここでの解であるcを得るためには、$\tilde{G}$の固有値1に対応する固有ベクトルを求めればよい[*15]。

固有値1に対応する固有ベクトルを求めてみると

$$\begin{pmatrix} 0.64 \\ 0.21 \\ 0.32 \\ 0.21 \\ 0.64 \end{pmatrix} \tag{8.32}$$

を得る。

このように、対処法1の解は、対処法2と同様に固有ベクトルを求めていることに他ならない。

8.4.2　対処法1の解釈

つづいて、対処法1で行った列の総和を1とするという操作がどのような意味をもつかを、対処法2との違いを通じて、考えていく。

ここでは式 (8.13) で示された隣接行列を用いて考える。また、初期の中心性を

[*15] 8.2節の議論では、$(I - G)c = 0$が$c \neq 0$となるcを解にもつためには、$(I - G)$が逆行列をもたないようにすればよいと述べた。これについてもう少し解説をしておく。第9章でも確認するように、行列を用いた方程式は、連立方程式の別表現に他ならない。ここで、$Ax = 0$という連立方程式を考えると

- $Ax = 0$において、$x \neq 0$となるxを解にもつための必要十分条件はAが逆行列をもたないことである (適当な線形代数のテキストを確認すればよいが、例えば笠原 (1982, p. 39, 定理3.4) を挙げておく)
- Aが逆行列をもつための必要十分条件は行列式の値が0でないことである (適当な線形代数のテキストを確認すればよいが、例えば笠原 (1982) ならば、定理4.12と定理4.15 (pp. 64–66) を確認すればよい)

ということが知られている。以上に対してAに$(I - G)$を代入し、xにcを代入すると、

$$(I - G) \text{の行列式が} 0$$
$$\iff (I - G) \text{が逆行列をもたない}$$
$$\iff (I - G)c = 0 \text{において、} c \neq 0 \text{となる} c \text{を解にもつ}$$

という関係が得られる。そして、このようにして固有ベクトルcの存在を確認できる。

$$\mathbf{1} = \begin{pmatrix} 1 \\ 1 \\ 1 \\ 1 \\ 1 \end{pmatrix} \tag{8.33}$$

として

$$\boldsymbol{G}\mathbf{1} \tag{8.34}$$

から、ノード 1、2、3 の中心性を求めると、それぞれ

$$\begin{pmatrix} 0 & 1 & 1 & 1 & 1 \\ 0 & 0 & 1 & 1 & 0 \\ 0 & 0 & 0 & 0 & 1 \\ 0 & 1 & 1 & 0 & 0 \\ 1 & 0 & 0 & 0 & 0 \end{pmatrix} \cdot \begin{pmatrix} 1 \\ 1 \\ 1 \\ 1 \\ 1 \end{pmatrix} = \begin{pmatrix} 4 \\ 2 \\ 1 \\ 2 \\ 1 \end{pmatrix} \tag{8.35}$$

となっている。ここでノード 1 に注目すると、中心性が

$$0 + 1 + 1 + 1 + 1 = 4 \tag{8.36}$$

から得られている。

つづいて、式 (8.14) で示された修正された隣接行列から、初期の中心性として、$\mathbf{1}$ を用いて、同様に、ノード 1、2、3 の中心性を $\tilde{\boldsymbol{G}}\mathbf{1}$ から求めると

$$\begin{pmatrix} 0 & 1/2 & 1/3 & 1/2 & 1/2 \\ 0 & 0 & 1/3 & 1/2 & 0 \\ 0 & 0 & 0 & 0 & 1/2 \\ 0 & 1/2 & 1/3 & 0 & 0 \\ 1 & 0 & 0 & 0 & 0 \end{pmatrix} \cdot \begin{pmatrix} 1 \\ 1 \\ 1 \\ 1 \\ 1 \end{pmatrix} = \begin{pmatrix} \frac{11}{6} \\ \frac{5}{6} \\ \frac{1}{2} \\ \frac{5}{6} \\ 1 \end{pmatrix} \tag{8.37}$$

となっている。ノード 1 に注目すると、中心性が

$$0 + \frac{1}{2} + \frac{1}{3} + \frac{1}{2} + \frac{1}{2} = \frac{11}{6} \tag{8.38}$$

から得られている。

以上の違いでわかることは、修正された隣接行列 $\tilde{\boldsymbol{G}}$ では、分数が出ていることである。ノード 1 に関する式 (8.38) の第 3 項の 1/3 はノード 3 から得る中心性となっている。なぜ、1/3 になっているかというと、もともとの隣接行列 ($\boldsymbol{G}$) から見てわかるように、ノード 3 が $1 \rightarrow 3$、$2 \rightarrow 3$、$4 \rightarrow 3$ という 3 本のノード 3 へ向かう 3 本のリンクをもっているからである。つまり、ノード 1、2、4 がノード 3 の中心性を利用していて、つまり、3 人がノード 3 の中心性を利用しているので、ノード 1、2、4 はそれぞれ 1/3 の中心性しか利用できないと解釈できる。

これはノード 3 が有限の資源 (例えば時間) を用いて、他のノードに中心性を与えている (例え

ば、何らかの共同作業をする) 場合、より多くのノードへ中心性を与えるときに、一人当たりに与えられる中心性は減ってしまうことになる。

他方において、もともとの隣接行列 G を踏まえた場合は、式 (8.36) からわかるように、複数のノードへ中心性を与えたとしても、各ノードは1の中心性を得ており、減少することはない。

これは、例えば情報の伝達などが当てはまる。情報を与えるだけならば、一人当たりの伝達にそれほど時間をかけることなく、また、他のノードはその情報の便益を同様に享受できる。

以上のように、どのように中心性の影響が現れるかに依存して、対処法1が適切かどうかの判断が分かれてくる。

最後に、以上を踏まえて、式 (8.32) で示された、対処法1で得られた中心性を解釈していこう。これは**図 8.3**で示されており、ノードの横の数値が式 (8.32) で示された対処法1における中心性である。

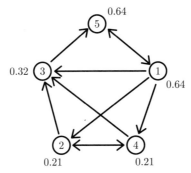

図8.3 対処法1における、固有ベクトル中心性の値

ここにおいて、基本的に対処法2で考えた通常の固有ベクトル中心性と同様の性質を確認できる。すなわち、ノード1は4本のリンクを他のノードに張っており、中心性をこれら三つのノードから引き寄せていて、高い中心性をもつ。また、ノード5は1本のリンクのみを他のノードに張っているだけだが、その相手が中心性の高いノード1なので、ここでの中心性も高い。しかしながら、ノード2は2本のリンクを他のノードに張っているが、張っている先のノードの中心性が高くなく、それほど中心性が高くなっていない。このように、自分の中心性が他のノードの中心性で決まり、より大きな中心性のノードに張るとより自分の中心性が高くなることが表現されている。

もちろん、列和を1とする対処法1における固有ベクトルと、隣接行列にそうした変換をしない対処法2における固有ベクトルとでは異なる点も出てくる。それを次に確認していこう。二つの固有ベクトル中心性を比較しやすいように、双方とも、中心性の総和が1となるように値を調整した中心性を並置したものが**図 8.4**である。上の値が隣接行列をそのまま用いる対処法2での固有ベクトル中心性であり、下の値が列和を1とした対処法1における固有ベクトル中心性である。

違いはノード5で顕著である。対処法2の通常の隣接行列での固有ベクトル中心性では、ノード5の中心性はノード1より小さな値となっているが、対処法1の列和を1とする隣接行列での固有ベクトル中心性では、ノード5の中心性はノード1の中心性と同じになっている。これは、次のように解釈できる。すなわち、ノード1は自分以外のすべてのノードから中心性を得ていることにより

中心性を高めているが、対処法1では、一つのノードの中心性が複数のノードへ伝わる場合、一つ当たりの絶対量が小さくなる。また、ノード5はノード1の中心性を独り占めできている。この減少効果と独り占め効果のため、対処法1ではノード5の中心性が相対的に上昇し、結果としてノード1の中心性と同じになった。さらに、このノード5の中心性の増加の効果は、ノード3の中心性の増加ももたらし、ノード2と4よりも大きな中心性となっている。このように、対処法1と2で異なる中心性が得られていることを確認できる。

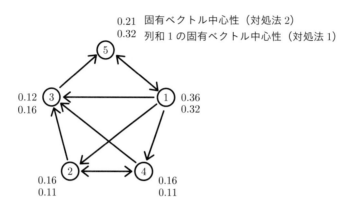

（注）比較がしやすいように中心性の総和は1となるように数値を調整している。

図 8.4　通常の固有ベクトル中心性と列和を1とした固有ベクトル中心性の比較

8.4.3　対処法1と最大の固有値との関係

つづいて、もう一つの対処法1と対処法2の共通点がある。というのも、対処法1でも、対処法2と同様に最大の固有値に対応する固有ベクトルを求めていることになっている。実際に先のネットワークの例では、各固有値は

$$1, \quad -0.68, \quad -0.5, \quad 0.09 + 0.33i, \quad 0.09 - 0.33i \tag{8.39}$$

となっており、各絶対値は

$$1, \quad 0.68, \quad 0.5, \quad 0.35, \quad 0.35 \tag{8.40}$$

となっていて、固有値1が最大となっている。

以上はたまたまではなく、対処法1で変換した、つまり、各行の総和を1とした $\tilde{G}$ について

- $\tilde{G}$ の任意の固有値の絶対値は1以下である。

ことが知られている。

8.4.4　$\tilde{G}$ の任意の固有値の絶対値は1以下であることの確認

ここでは「$\tilde{G}$ の任意の固有値の絶対値は1以下であること」を確認しておこう。ただし、やや上

級の議論となるので行列の議論に慣れていない読者は飛ばしてもらいたい。しかし、必要な知識についての参照は適宜紹介していく。

固有値が λ_1 から λ_n まで存在するとする[*16]。ここで任意の $i \in \{1, 2, \ldots, n\}$ における、λ_i に注目する[*17]。

さらに、以下の証明の中で行の総和が1であることを利用するので、ここでは**転置した G'** で議論を進めていく[*18]。つまり、v を n 個の要素をもつ縦ベクトルとして

$$\lambda v = \tilde{G}' v \tag{8.41}$$

を考えていく。しかしながら、転置によって固有値は変化しないので、転置した G' を考えても全く問題はない[*19]。

[*16] 念のために述べておくと、以下の議論においては、固有値の個数は問題とならない。

[*17] つまり、以下の議論は任意の固有値 λ_i について当てはまるということである。

[*18] 行列の転置とは、行列の行と列を入れ替えることであり、例で見るとわかりやすい。いま行列 A を

$$\begin{pmatrix} 1 & 2 & 3 \\ 4 & 5 & 6 \\ 7 & 8 & 9 \end{pmatrix}$$

としたとき、これを転置した行列 A' は

$$\begin{pmatrix} 1 & 4 & 7 \\ 2 & 5 & 8 \\ 3 & 6 & 9 \end{pmatrix}$$

となる。記号で表現すると、

$$A = \begin{pmatrix} - & a_{1\cdot} & - \\ - & a_{2\cdot} & - \\ & \vdots & \\ - & a_{n\cdot} & - \end{pmatrix}$$

であり (ここで $a_{i\cdot}$ は行ベクトルである)、この転置が

$$A' = \begin{pmatrix} | & | & & | \\ a'_{1\cdot} & a'_{2\cdot} & \cdots & a'_{n\cdot} \\ | & | & & | \end{pmatrix}$$

と示される (ここで $a'_{i\cdot}$ は $a_{i\cdot}$ の各要素を縦に並べた列ベクトルである)。ここでは転置の記号は A' というようにプライム ($\prime$) を用いた。しかし、テキストによっては転置 (Transpose) の T を用いて、A^T としたり、これでは T 乗と紛らわしいので、$^t A$ と表記したりする場合がある。転置に関する計算規則もこの後、本書内で必要に応じて補足していくが、こうした計算規則は、適当な線形代数の教科書を参考にされたい。この辺は三宅 (1991, 1章) など、薄めのテキストで例題が多いものが理解しやすいかもしれない。統計学と計量経済学のテキストではあるが拙著(藤山, 2007, 22章)では、行列とベクトルの基礎的な計算規則をかなり丁寧に説明しているのでこれも参考にされたい。

[*19] 固有値が変化しないことは、これを求めるために必要な固有多項式が変化しないことからわかる。さらに、固有多項式が変化しないことは、行列式が転置によって変化しないことからわかる。以上については、適当な線形代数のテキスト、例えば三宅 (1991, p. 49) を参照のこと。また、固有多項式も含めて、固有値が変化しないことはウェブサイト「理数アラカルト」の「転置行列の性質と公式」の「転置行列の固有値」(https://risalc.info/src/transpose-matrix-properties.html#eigen) を参照してもらいたい。

以上でのベクトルの等式の第k要素に注目すると

$$\lambda_i v_k = \sum_{s=1}^{n} \tilde{g}'_{ks} v_s \tag{8.42}$$

となる。ここで、$\tilde{g}'_{ks}$は、転置された行列$\tilde{\boldsymbol{G}}'$の第(k,s)要素である。

さて、$v_1, \ldots, v_n$のなかで、最大のものをv_*と表記しておく。ここで$k = *$として、式(8.42)を表記すると

$$\lambda_i v_* = \sum_{s=1}^{n} \tilde{g}'_{*s} v_s \tag{8.43}$$

が得られる。

両辺に対して絶対値をとって、次のように整理ができる。なお式と式の間に挟んでいる説明は上から下に流れて読めるように、上の式から下の式へ整理される理由を上下の式の間に挟んで示している。

$$|\lambda_i v_*| = \left| \sum_{s=1}^{n} \tilde{g}'_{*s} v_s \right| \tag{8.44}$$

（総和の絶対値＜絶対値の総和より）

$$\leq \sum_{s=1}^{n} |\tilde{g}'_{*s} v_s| \tag{8.45}$$

（隣接行列の各要素は0以上の値をとるので）

$$= \sum_{s=1}^{n} \tilde{g}'_{*s} |v_s| \tag{8.46}$$

（v_*の作り方より、$|v_s| \leq |v_*|$であり）

$$\leq \sum_{s=1}^{n} \tilde{g}'_{*s} |v_*| \tag{8.47}$$

$$= |v_*| \sum_{s=1}^{n} \tilde{g}'_{*s} \tag{8.48}$$

（$\tilde{\boldsymbol{G}}$の列の総和は1だから、転置した$\tilde{\boldsymbol{G}}'$の行の総和は1であり）

$$= |v_*| \tag{8.49}$$

となる。すなわち

$$|\lambda_i v_*| \leq |v_*| \tag{8.50}$$

が示された。

ここで、$|\lambda_i v_*| = |\lambda_i||v_*|$に注意すると

$$|\lambda_i v_*| \leq |v_*| \tag{8.51}$$

$$\Longleftrightarrow \quad |\lambda_i||v_*| \le |v_*| \tag{8.52}$$

$$\Longleftrightarrow \quad |\lambda_i| \le 1 \tag{8.53}$$

が示される。

以上において固有値に付された i には関係なく議論ができるから、任意の i に対して

$$|\lambda_i| \le 1 \tag{8.54}$$

が示された。

繰り返しとなるが、先に述べたように、固有値は転置によって変化しないので、$\tilde{G}$ についても、すべての固有値の絶対値は 1 以下となる。

このように、対処法 1 でも対処法 2 と同様に、最大となる固有値に対応する固有ベクトルを求めていることになる。

8.5 固有ベクトル中心性が実数で得られるのか

8.5.1 対称行列の望ましさ

はじめに、本章の最初で示したネットワークで固有値 (式 (8.24)) を確認してみると、4 番目の固有値は $0.12 + 0.74i$ となり、虚数となっている。また、対応する固有ベクトルについても

$$\begin{pmatrix} -0.29 + 0.09i \\ -0.35 - 0.30i \\ 0.54 \\ -0.35 - 0.30i \\ 0.06 + 0.40i \end{pmatrix} \tag{8.55}$$

となっており、要素に虚数が含まれている。

このように、一般に、虚数も固有値となり得るし、固有ベクトルは虚数の要素をもち得るが、虚数に対する中心性の解釈は難しいものとなる。

したがって、社会ネットワークの中心性を自然に解釈するためには、固有値と、そして特に固有ベクトルを虚数ではなく、実数に限定したいという動機をもつ。

ここにおいて対称行列は望ましい、というのも、対称行列の固有値はすべて実数となるという性質をもつからである[20]。

そうすると、対応する固有ベクトルの要素もすべて実数となる。これは次のように確認できる。もし、複素数によって固有ベクトルを考えたとき、実数部分と虚数部分は別々に計算するので、この固有ベクトルは

$$a + ib \tag{8.56}$$

---

[20] 適当な線形代数の教科書に示されているが、例えば笠原 (1982, 8.4 節) や Strang (2009, 6.4 節) である。

と示すことができる。すると、対応する実数の固有値をλとして

$$G(a + ib) = \lambda(a + ib) \tag{8.57}$$

と表すことができる。ここで、実数部分と虚数部分を分けて議論することを踏まえると

$$Ga = \lambda a \tag{8.58}$$

かつ

$$G(ib) = \lambda ib \tag{8.59}$$

が成立していないといけない。このとき、作り方よりaもbもその要素はすべて実数であり、かつ、固有ベクトルλに対応する固有ベクトルになっている。つまり、対応する固有ベクトルですべての要素が実数であるものが得られた[*21]。

以上をまとめると

- 対称行列を考えると、すべての固有ベクトルを実数で考えることができ、固有ベクトルの中に虚数が含まれるという問題を回避することができる

となる。

さらには

- すべての要素が実数である対称行列では、n行n列の行列を考えるとき、n個の固有ベクトルが得られる、つまり、**対角化**が可能である。さらには、異なる固有ベクトルはお互いに直交する

という望ましい性質をもつ[*22]。

この性質は第9章で**スペクトル分解**を議論するときに必要な性質となっている。さらに、スペクトル分解を用いて、第10章において固有ベクトル中心性とボナチッチ・パワー中心性の関係が明らかにされる。

こうした数学的に望ましい性質から、実際の分析において、固有ベクトル中心性を求める場合には、隣接行列が対称行列となる無向ネットワークで考えることが多い[*23]。

8.6 なぜ最大の固有値に対応する固有ベクトルを考えるのか

8.6.1 最大の固有値に対応する固有ベクトルの要素がすべて実数となること

これまでの議論で、対処法1は結果として最大の固有値に対応する固有ベクトルを考えていて、対処法2においても、最大の固有値に対応する固有ベクトルを考えることが推奨されていた。実は、

[*21] なお、すべての要素が実数の固有ベクトルaが与えられるとして、これに虚数iを掛けたベクトルiaを考えると、これも固有ベクトルになるので、虚数の固有ベクトルは簡単に作ることができる。

[*22] 多くの線形代数のテキストで示されているが、例えば、笠原 (1982, 8.4節) や Strang (2009, 6.4節) などを参考にするとよい。

最大の固有値に対応する固有ベクトルを考えることの望ましさが存在する。これについて確認をしていく。

一つ目の望ましさは

- **非負行列**の場合は、絶対値が最大の固有値で**非負**の実数となるものが得られ、かつ、対応する固有ベクトルで、成分のすべてを非負とするものが得られる

ことである (Minc, 1988, Theorem 4.2, p. 14)[24]。

以上から、絶対値が最大の固有値に対応する固有ベクトルに注目すると、各要素が実数になるだけではなく、すべて非負となり、プラスとマイナスの中心性が現れたときに、それらをどのように解釈するかという問題も回避することができる[25]。

8.6.2 初期の中心性から固有ベクトル中心性への収束について

二つ目の望ましさは

- どのように中心性の値が実現するのかという過程を示すことができる

という点である。そもそも、固有ベクトル中心性では

---

[23] なお、Rのパッケージでは、igraphでは "eigen_centrality" により、snaでは "evcent" により固有ベクトル中心性を求められる。

　有向グラフでは、固有値や固有ベクトルが複素数になることもあり、snaの "evcent" のヘルプにおいて、「有向ネットワークは自動的に対称行列には変換されない。対称でない行列で固有ベクトル中心性を求めるときには、対称でない行列を用いていることを自覚して、コマンドを用いるように」という主旨の注意が示されている。

　さらに補足をすると、これらのコマンドには他にも注意しないといけない点がある。というのも、有向ネットワークを考えるときには、igraphのコマンドである "eigen_centrality" で固有ベクトル中心性を求めると、結果は G の「絶対値が最大の固有値に対応する固有ベクトル」では "なく"、転置された G' に対する「絶対値が最大の固有値に対応する固有ベクトル」が求められる。ここにおいては、$g_{ij} = 1$ のとき、つまりリンク $i \rightarrow j$ の解釈において、「ノード i がノード j から中心性を引き出している」のではなく、矢印の流れを素直に読み込んだ「ノード j がノード i から中心性を引き出している」となる。他方で、Rのパッケージsnaのコマンドである、"evcent" では素直に、G の「絶対値が最大の固有値に対応する固有ベクトル」が得られる。このようなこともあり、固有ベクトル中心性を実際に使う場合は、コマンドの機械的な当てはめではなく、何が行われているかの理解が必要となる。

　さらに、大きなサイズの行列を考える場合には、固有ベクトルを数値計算で求めないといけないことが知られている。また、対称行列においては比較的容易に求められることも知られており、この意味で、固有ベクトル中心性を求めるときには、対称な隣接行列を得られる、無向ネットワークが推奨される。なお、数値計算による対称行列の望ましさは、例えば平岡・堀 (2004, 5章) で確認できる。

[24] 非負とは0もしくは正ということである。また、非負行列とはすべての要素が非負となる行列である。なお、Bonacich (1991, Appendix B) でも、Minc (1988, p. 14) を引用しつつ、対称行列のもとで同様の主張をしている。ただし、Minc (1988, p. 14) を確認すればわかるように対称行列である必要はない。

[25] 単純に、マイナスの中心性はより弱い中心性と解釈すればよいと考えられそうだが、固有ベクトルに -1 を掛けてもまた、それは固有ベクトルになるので、この場合はすべての数値の符号が逆となってしまい、統一的な解釈が難しくなる。

$$c = \frac{1}{\lambda} Gc \tag{8.60}$$

で中心性が表現された。しかし、どのようにこの中心性が実現するかは明らかでない。

しかしながら、最大の固有値に対応する固有ベクトルに注目すると、固有ベクトル中心性へ収束していく、行動の連鎖を示すことができる。

つまり、いま隣接行列 G を考え、ここでの固有値を $\lambda_1, \ldots, \lambda_n$ として、対応する固有ベクトルを $v_1, v_2, \ldots, v_n$ とする。さらに、ここから絶対値が最大の固有値を選び出し λ^* として、対応する固有ベクトル、すなわち固有ベクトル中心性を c^* と表しておく。このとき、追加的な条件のもと

$$\lim_{k \to \infty} G^k \mathbf{1} // c^* \tag{8.61}$$

という式が成立する。ここで $//$ とは二つのベクトルの向きが同じであることを示している[*26]。

もう少し連鎖について丁寧に説明し、以上の式の理解を深めることにする。各主体のもともとの中心性をすべて1として、ベクトル $\mathbf{1}$ として表記する。隣接行列 G のもとで、各主体が得る中心性の総和は

$$c_1 = G\mathbf{1} \tag{8.62}$$

と表記できる。

この中心性 c_1 をもとに、隣接行列 G のもとで、各主体が得る中心性の総和は

$$c_2 = Gc_1 = G(G\mathbf{1}) = G^2\mathbf{1} \tag{8.63}$$

となる。

この中心性 c_2 をもとに、隣接行列 G のもとで、各主体が得る中心性の総和は

$$c_3 = Gc_2 = G(G^2\mathbf{1}) = G^3\mathbf{1} \tag{8.64}$$

となる。

同様の手続きを k 回繰り返すと、c_k が定義できて

$$c_k = G^k\mathbf{1} \tag{8.65}$$

と示される。これは他者から得られる中心性を隣接行列から逐次的に定義していき、k 段階目の各主体のもつ中心性である。

以上より

$$\lim_{k \to \infty} G^k\mathbf{1} \tag{8.66}$$

[*26] つまり、ベクトル a とベクトル b という二つのベクトルの向きが同じであることとは、ある正の定数 α が存在して

$$a = \alpha b$$

が成立することである。

とは、無限回の連鎖を考えた後の中心性となる。

　なお、最初に与える中心性のベクトル**1**については、これに限定されることなく、他の中心性を初期値とした$\boldsymbol{h}$を考えてもよい[*27]。すなわち

$$\lim_{k\to\infty} \boldsymbol{G}^k\boldsymbol{h}//\boldsymbol{c}^* \tag{8.67}$$

となる。これは次のことを示している。すなわち、固有値が最大の固有ベクトル中心性では、初期における各主体の中心性の差異が全くなくなってしまうほどに、他者からの関係の連鎖($\boldsymbol{G}^\infty$)の影響が大きくなっている[*28]。

　このように、均衡への収束によって、社会的な変化が記述されることになる。つまり、どのように均衡が導かれるかのミクロ的な基礎づけがなされている。

　最後に、収束先のベクトルの要素が実数となるかどうかについて考えると、$\lim_{k\to\infty} \boldsymbol{G}^k\boldsymbol{h}$において、$\boldsymbol{G}$および$\boldsymbol{h}$はともに、すべての要素を実数で考えているから、その収束先も実数となる。したがって、ここで議論した収束を満たす固有ベクトルの要素はすべて実数であることがわかる[*29]。

🔖 8.6.3　$\lim_{k\to\infty} \boldsymbol{G}^k\boldsymbol{1}//\boldsymbol{c}^*$ の導出

　ここでは、前項の$\lim_{k\to\infty} \boldsymbol{G}^k\boldsymbol{1}//\boldsymbol{c}^*$ を導出する。なお、$\boldsymbol{G}$は隣接行列、$\boldsymbol{c}^*$は絶対値が最大の固有値に対応する固有ベクトル中心性、そして**1**は各ノードの初期中心性であった。ここでの議論もやや上級のものとなるので、初学者は飛ばしてもかまわない。

　さて、ここでの議論で必要な追加の条件を二つ述べる。一つ目は$\boldsymbol{G}$が

● n本の互いに一次独立な固有ベクトルをもつ

ことである[*30]。

　二つ目は$\boldsymbol{G}$の

● 最大の固有値はただ一つであり、他のどの固有値よりも大きいとする

ことである[*31]。つまり、最大の固有値を複数とれないものとする。この仮定は、多くのネットワークで満たされることが、Bonacich (1991)で述べられており、ここでもこれにしたがい議論をする[*32]。

　ここでは最大固有値はλ^*であった。仮定の二つ目より、他のすべての固有値よりも厳密に大き

[*27]　具体的にどのような初期ベクトルをとれるかというと、8.6.3 項の議論において、初期ベクトルを固有ベクトルで表現したときに最大固有値に対応する固有ベクトルの係数を0としないようなすべてのベクトルをとることができる。

[*28]　もちろん、$\lim_{k\to\infty} \boldsymbol{G}^k\boldsymbol{h}//\boldsymbol{c}^*$ は平行となることを示しているから、固有ベクトル中心性と、各要素の比が同じとなるベクトルが得られている。

[*29]　さらに、隣接行列は非負であるから、初期ベクトルも非負とすると、収束先のベクトルも非負となる。

[*30]　もしn行n列のすべての要素を実数とする行列が、n個の異なる固有値をもてば、n本の一次独立な固有ベクトルが得られる。これは例えば三宅 (1991, p. 107)を参照のこと。

[*31]　つまり、不等号を「最大の固有値＞他の固有値」で考えて、「最大の固有値≧他の固有値」で考えていない。

い。また、対応する固有ベクトルを $\boldsymbol{v}^*$ と表記しておく。

ここで、先の初期の中心性としてのベクトル $\boldsymbol{1}$ を固有ベクトルで表現をすると

$$\boldsymbol{G1} = \boldsymbol{G}(\alpha_1\boldsymbol{v}_1 + \cdots + \alpha_n\boldsymbol{v}_n) \tag{8.68}$$

$$= \alpha_1\boldsymbol{Gv}_1 + \cdots + \alpha_n\boldsymbol{Gv}_n \tag{8.69}$$

となる。仮定の一つ目より、互いに一次独立な固有ベクトルが n 個とれているので、要素が n 個あるベクトル $\boldsymbol{1}$ も表現することができる。

なお、この議論でのさらなる仮定として

- 最大固有値に対応する固有ベクトルの係数 α_* も 0 ではない

とする[*33]。

これからは、以上の式をうまく変形していく。

$$\boldsymbol{G1} = \alpha_1\boldsymbol{Gv}_1 + \cdots + \alpha_n\boldsymbol{Gv}_n \tag{8.70}$$

（固有ベクトルの性質（$\boldsymbol{Gv}_k = \lambda_k\boldsymbol{v}_k$）を用いる）

$$\iff \boldsymbol{G1} = \alpha_1\lambda_1\boldsymbol{v}_1 + \cdots + \alpha_n\lambda_n\boldsymbol{v}_n \tag{8.71}$$

（両辺の左から $\boldsymbol{G}$ をさらに掛ける）

$$\iff \boldsymbol{G} \cdot \boldsymbol{G1} = \boldsymbol{G} \cdot \alpha_1\lambda_1\boldsymbol{v}_1 + \cdots + \boldsymbol{G} \cdot \alpha_n\lambda_n\boldsymbol{v}_n \tag{8.72}$$

（固有ベクトルの性質を使いたいので、$\boldsymbol{Gv}_k$ でまとめる）

$$\iff \boldsymbol{G}^2\boldsymbol{1} = \alpha_1\lambda_1\boldsymbol{Gv}_1 + \cdots + \alpha_n\lambda_n\boldsymbol{Gv}_n \tag{8.73}$$

[*32] 「最大の固有値はただ一つであり、他のどの固有値よりも大きい」ことに関連して有名な定理としては、Perron の定理がよく知られる。ただし、この定理においては、すべての要素が正（つまり、すべての (i, j) 要素 > 0）の行列（これは正行列と呼ばれる）に対しての主張となっている。ここでは最大の固有値が "ただ一つ" に定まる（齋藤, 1966, 定理 3.1, p. 217）。残念ながら、隣接行列においては要素に 0 が含まれており、正行列を対象とする Perron の定理を適用することはできない。しかし、絶対値が最大の固有値は非負であり、対応する固有ベクトルのその要素はすべて非負であることは示されている。ただし、この固有値が唯一であることまでは示されない（齋藤, 1966, 定理 3.2, p. 221）。

なお、歴史的には正行列に対して示した Perron の定理を、Frobenius がすべての要素が非負の行列（これは非負行列と呼ばれる）にまで拡張したという流れになっている。ここでは、非負行列に対してどのような追加的な条件を加えると、正行列を対象にした Perron の定理と同様の主張ができるかが焦点となっている。また、名称についても「Perron–Frobenius の定理」とまとめた形で述べられることも多い。実際に、齋藤 (1966, 定理 3.1, p. 217) は正行列に対するものであるが、ここで「Perron–Frobenius の定理」という名称が用いられており、そのあと、補足の説明として、定理 3.2 が解説されている。「Perron–Frobenius の定理」に興味ある読者に対しては、難解ではあるが、詳細な解説として Meyer (2000, 8 章) や二階堂 (1961, II 章) を挙げておく。

[*33] もし初期ベクトル $\boldsymbol{1}$ のとり方において、たまたま、最大の固有値に対応する固有ベクトルの係数が α_* が 0 として表現されているとする。もし、係数がゼロでない固有ベクトルの中で固有値が最大のものがただ一つの（つまり、複数の固有値が同時に最大値をとっていない）場合は、以下の議論をそのまま当てはめることができ、「係数がゼロでない固有ベクトルの中で固有値が最大のもの」と平行なベクトルに収束していくことになる。

$$(固有ベクトルの性質 (\boldsymbol{G}\boldsymbol{v}_k = \lambda_k \boldsymbol{v}_k) を用いる)$$

$$\Longleftrightarrow \boldsymbol{G}^2 \boldsymbol{1} = \alpha_1 \lambda_1 \lambda_1 \boldsymbol{v}_1 + \cdots + \lambda_n \alpha_n \lambda_n \boldsymbol{v}_n \tag{8.74}$$

$$\Longleftrightarrow \boldsymbol{G}^2 \boldsymbol{1} = \alpha_1 \lambda_1^2 \boldsymbol{v}_1 + \cdots + \alpha_n \lambda_n^2 \boldsymbol{v}_n \tag{8.75}$$

となる。

以上の作業を k 回繰り返すと

$$\boldsymbol{G}^k \boldsymbol{1} = \alpha_1 \lambda_1^k \boldsymbol{v}_1 + \cdots + \alpha_n \lambda_n^k \boldsymbol{v}_n \tag{8.76}$$

となる。ここで、少し式表現を工夫して、最大の固有値を λ_1 としておく[*34]。すると

$$\boldsymbol{G}^k \boldsymbol{1} = \alpha_1 \lambda_1^k \boldsymbol{v}_1 + \alpha_2 \lambda_2^k \boldsymbol{v}_2 + \cdots + \alpha_n \lambda_n^k \boldsymbol{v}_n \tag{8.77}$$

となり

$$\boldsymbol{G}^k \boldsymbol{1} = \lambda_1^k \left(\alpha_1 \boldsymbol{v}_1 + \alpha_2 \left(\frac{\lambda_2}{\lambda_1} \right)^k \boldsymbol{v}_2 + \cdots + \alpha_n \left(\frac{\lambda_n}{\lambda_1} \right)^k \boldsymbol{v}_n \right) \tag{8.78}$$

と表現できる。ここで、λ_1 は絶対値が最大の固有値としたから、$j \in \{2, \ldots, n\}$ に対して、$|\lambda_1| > |\lambda_j|$ となるので

$$\lim_{k \to \infty} \left(\frac{\lambda_j}{\lambda_1} \right)^k \to 0 \tag{8.79}$$

となっていく。したがって

$$\lim_{k \to \infty} \left(\alpha_1 \boldsymbol{v}_1 + \alpha_2 \left(\frac{\lambda_2}{\lambda_1} \right)^k \boldsymbol{v}_2 + \cdots + \alpha_n \left(\frac{\lambda_n}{\lambda_1} \right)^k \boldsymbol{v}_n \right) = \alpha_1 \boldsymbol{v}_1 \tag{8.80}$$

となる。

これより、k を十分大きくしていくと

$$\boldsymbol{G}^k \boldsymbol{1} \tag{8.81}$$

は

$$定数 \times \boldsymbol{v}_1 \tag{8.82}$$

に限りなく近づいていき、最大の固有値に対応する固有ベクトルに平行となる[*35]。

以上より、最大の固有値に対応する固有ベクトルを再度 $\boldsymbol{v}^*$ として置き直すと

$$\lim_{k \to \infty} \boldsymbol{G}^k \boldsymbol{1} /\!/ \boldsymbol{v}^* \tag{8.83}$$

が示されたことになる[*36]。また、$\boldsymbol{v}^*$ は作り方より、最大固有値に対応する固有ベクトル中心性 $\boldsymbol{c}^*$ となる。

最後に、以上の証明で初期の中心性としてのベクトルは $\boldsymbol{1}$ であった。しかし、他のベクトル($\boldsymbol{h}$)

[*34] 固有ベクトルの並びは任意なので、固有ベクトルを並び替えてこのようにすることができる。

として

$$h = \alpha_1 v_1 + \cdots + \alpha_n v_n \tag{8.84}$$

ただし、最大の固有値の固有ベクトルに対応する係数 α_* については0でない、を考えても以上と全く同じ議論が可能である。すなわち、初期の中心性は1に限定されない。

8.6.4　均衡と収束の議論との違い

これまでの復習を含めながら、固有ベクトル中心性に対する理解をさらに深めていこう。固有ベクトル中心性とは

$$c = \frac{1}{\lambda} G c \tag{8.85}$$

と表現できた。実はこれは一つの均衡と解釈することができる。というのも、これを右辺から左辺が導かれる関数として考えて

$$y = \frac{1}{\lambda} G x \tag{8.86}$$

ととらえてみよう。すると、右辺で x に c をインプットすると、アウトプットの y において再び c が出てくることを式 (8.85) は示している。この意味で、ひとたび中心性ベクトル c が実現すると、そこから他の中心性ベクトルへは変化しないと解釈できる。これは**均衡** (equilibrium) と呼ばれる[37]。

ただし、一般には、固有ベクトルは複数存在し、以上の均衡としての固有ベクトル中心性は、すべての固有ベクトルについて当てはまる。

すると複数存在する固有ベクトルのうちでどれを中心性として扱えばよいかという問題が生じて

---

[35] ここでの定数部分は $\lim_{k \to \infty} \lambda_1^k \times \alpha_1$ であり、λ_1 が1でない限り、0もしくは ∞ になってしまうので、気になる人もいるであろう。実際には十分大きな k でそこでのベクトルのサイズが非常に大きくなったり、小さくなったりするが、そのサイズを前提としてそのベクトルは固有ベクトルと平行となることが近似的にいえるということになる。ただ、この点が気になる場合は

$$G^k 1$$

の代わりに、ベクトル $G^k 1$ の大きさ $|G^k 1|$ で割った

$$\frac{G^k 1}{|G^k 1|}$$

を考えると、λ_1^k からくるベクトルの大きさをコントロールすることができる。

[36] これは、べき乗法と呼ばれ、数値計算で固有ベクトルで求めるときに用いられる方法と同じ考えである。例えば平岡・堀 (2004, 5.3節) が参考となる。

[37] 数学では、こうした均衡は不動点と呼ばれる。なお、経済学の市場均衡およびゲーム理論のナッシュ均衡の存在の証明において、不動点に関する定理 (角谷の不動点定理) がよく用いられる。ちなみに、市場均衡の存在は、実は、18世紀のアダム・スミスの「神の見えざる手」の導き先を保証するために非常に重要となる。しかし、それが厳密に証明されたのは20世紀に入ってからである (Arrow and Debreu, 1954; Debreu, 1952)。さらには、この証明のために用いられたのは、ゲーム理論におけるナッシュ均衡の存在証明のアイデア (つまり、角谷の不動点定理の利用) である (Nash, 1950, 1951)。なお、市場均衡の存在に関する日本語の古典的な名著としては (二階堂, 1960) を挙げることができる。

くる。ここにおいて、ある初期の中心性を考え、そこからの変化を考える意味が生じてくる。単に均衡ということだけではなく、その状態へ**収束** (convergence) していくという社会的なプロセスが含まれる中心性がより望ましいからである。

ここにおいて、最大固有値に対応する固有ベクトル中心性を考える利点が出てくる。つまり、初期ベクトル $\boldsymbol{h}$ から

$$\lim_{k \to \infty} \boldsymbol{G}^k \boldsymbol{h} // \boldsymbol{c}^* \tag{8.87}$$

と "均衡" としての最大固有ベクトルへの "収束" が示されるからである。

ただし、固有ベクトル中心性への収束を保証するためには、以下の条件が追加された。つまり

- n 次ベクトルで表現される初期値としての中心性が、固有ベクトルの組によって表現可能である

- 最大の固有値はただ一つで、他のすべての固有値は最大の固有値より小さい。つまり、いま n 個の固有値を得たとして、その大きい順に番号を振っていったとする。このとき

$$\lambda_1 > \lambda_2 \geq \lambda_3 \geq \cdots \geq \lambda_n \tag{8.88}$$

  とならないといけない

ということであった。

固有ベクトル中心性を求める上で、無向ネットワークを考えることの望ましさが、1番目の条件を考えるときにも出てくる。というのも、無向ネットワークでは隣接行列が対称行列となり、条件1に関する望ましい性質が知られているからである[*38]。

つづいて、2番目の条件については、Bonacich (1991, Appendix B) では、多くのネットワークでこれは満たされることが述べられている。しかしながら、これを満たさないネットワークが存在することも意識しないといけない。

ここで、2番目の条件が崩れる場合には中心性の収束の議論ができないことを、具体例から確認していこう。4人の主体における円形ネットワークを考えていく (**図 8.5**)。ここでの隣接行列は

$$\begin{pmatrix} 0 & 1 & 0 & 0 \\ 0 & 0 & 1 & 0 \\ 0 & 0 & 0 & 1 \\ 1 & 0 & 0 & 0 \end{pmatrix} \tag{8.89}$$

となる。

また、初期の中心性 $\boldsymbol{c}$ を

[*38] 例えば、「対称行列は対角化可能である」(笠原, 1982, 定理 8.21; Strang, 2009, p. 334) や「対角化可能であれば、n 本の一次独立な固有ベクトルを得られる」(三宅, 1991, p. 108) という主張が得られる。

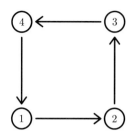

図8.5　主体4の方向あり円形ネットワーク

$$c = \begin{pmatrix} 1 \\ 2 \\ 3 \\ 4 \end{pmatrix} \tag{8.90}$$

とする。このとき

$$Gc = \begin{pmatrix} 2 \\ 3 \\ 4 \\ 1 \end{pmatrix}, \quad G^2c = \begin{pmatrix} 3 \\ 4 \\ 1 \\ 2 \end{pmatrix}, \quad G^3c = \begin{pmatrix} 4 \\ 1 \\ 2 \\ 3 \end{pmatrix}, \quad G^4c = \begin{pmatrix} 1 \\ 2 \\ 3 \\ 4 \end{pmatrix} \tag{8.91}$$

となっている。このように、中心性は循環していき、この隣接行列をどれだけ掛けても中心性が収束することはない。

ここで、固有値を見てみると

$$-1, \quad 1, \quad -i, \quad i \tag{8.92}$$

となっている。これらの固有値の絶対値はそれぞれ

$$1, \quad 1, \quad 1, \quad 1 \tag{8.93}$$

となり、すべて1となっている。つまり、最大の固有値が複数出てきてしまっている。このため、「最大の固有値はただ一つで、他のすべての固有値は最大の固有値よりに小さい」という条件が成立せず、これまでの議論ができなくなっている。

なお、対応する固有ベクトルはそれぞれ

$$\begin{pmatrix} -0.5 \\ 0.5 \\ -0.5 \\ 0.5 \end{pmatrix}, \quad \begin{pmatrix} -0.5 \\ -0.5 \\ -0.5 \\ -0.5 \end{pmatrix}, \quad \begin{pmatrix} 0.5 \\ 0.0 + 0.5i \\ -0.5 \\ 0.0 - 0.5i \end{pmatrix}, \quad \begin{pmatrix} 0.5 \\ 0.0 - 0.5i \\ -0.5 \\ 0.0 + 0.5i \end{pmatrix} \tag{8.94}$$

となっている。以上はすべて、最大固有値に対応する固有ベクトルとしての固有ベクトル中心性となっている。

この中であえて一つ望ましい固有ベクトル中心性を選ぶことを試みよう。上記の中で、3番目と4番目の固有ベクトルには、虚数を含んでおり、解釈が難しい。また、1番目の固有ベクトルはマイナスとプラスが出ている。もともとのネットワークを見ると四つのノードで対称的といえ、どれかのノードが他と違うネットワーク上の位置にあるとはいえない。したがって、四つのノードで大小関係がつく中心性は望ましいとはいえない。

2番目の固有ベクトルはすべての要素がマイナスとなっているが、こうした場合は、8.3節で述べたように-1を掛けて

$$\begin{pmatrix} 0.5 \\ 0.5 \\ 0.5 \\ 0.5 \end{pmatrix} \tag{8.95}$$

が得られ、四つの中では最も適切な固有ベクトル中心性といえよう。

最後に、隣接行列が対称行列であっても、残念ながら、複数の固有値がともに最大という状況があり得ることを示そう。例えば、ノードが四つで、向きのない円形ネットワークを考えてみる。ここでの隣接行列は

$$\begin{pmatrix} 0 & 1 & 0 & 1 \\ 1 & 0 & 1 & 0 \\ 0 & 1 & 0 & 1 \\ 1 & 0 & 1 & 0 \end{pmatrix} \tag{8.96}$$

となる。

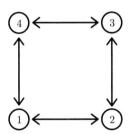

図8.6　主体4の方向なし円形ネットワーク

ここでの絶対値が最大の固有値は2と-2であり、二つの固有ベクトルをとることができる。実際に、$\lim_{k \to \infty} \boldsymbol{G}^k \boldsymbol{c}$において収束しない状況を確認できる。はじめに、初期の中心性$\boldsymbol{c}$を

$$\boldsymbol{c} = \begin{pmatrix} 1 \\ 2 \\ 3 \\ 4 \end{pmatrix} \tag{8.97}$$

とする。このとき

$$Gc = \begin{pmatrix} 6 \\ 4 \\ 6 \\ 4 \end{pmatrix}, \quad G^2c = \begin{pmatrix} 8 \\ 12 \\ 8 \\ 12 \end{pmatrix}, \quad G^3c = \begin{pmatrix} 24 \\ 16 \\ 24 \\ 16 \end{pmatrix}, \quad G^4c = \begin{pmatrix} 32 \\ 48 \\ 32 \\ 48 \end{pmatrix} \tag{8.98}$$

となっている。これでは、やや確認しにくいので、各要素の総和で各要素を割って、比率としての要素を見ていく。すると

$$\frac{1}{20}Gc = \begin{pmatrix} 0.3 \\ 0.2 \\ 0.3 \\ 0.2 \end{pmatrix}, \quad \frac{1}{40}G^2c = \begin{pmatrix} 0.2 \\ 0.3 \\ 0.2 \\ 0.3 \end{pmatrix}, \quad \frac{1}{80}G^3c = \begin{pmatrix} 0.3 \\ 0.2 \\ 0.3 \\ 0.2 \end{pmatrix}, \quad \frac{1}{160}G^4c = \begin{pmatrix} 0.2 \\ 0.3 \\ 0.2 \\ 0.3 \end{pmatrix} \tag{8.99}$$

となり、中心性は循環していき、この隣接行列をどれだけ掛けても中心性が収束することはない。

いずれにせよ、最大の固有値はただ一つで、他のどの固有値よりも厳密に大きいことが、収束の議論をするために必要な条件となる。この条件があってはじめて、固有ベクトル中心性がなぜ実現するかという社会的な過程を考えることができる。そして、そうでないのであれば、収束の議論が成立しないのである。

8.7　固有ベクトル中心性と複数のコンポーネントについて

第2章でコンポーネントを学び、これはネットワークが複数に分割され、他とは離れている部分のネットワークであった。いま複数のコンポーネントが存在するときに、固有ベクトル中心性を考えるときの注意点を述べておく。いま、ネットワークが二つのコンポーネントに分かれていたとする。さらに

- 一つのコンポーネントをn_1行n_1列の隣接行列G_1
- もう一つのコンポーネントをn_2行n_2と列隣接行列G_2

と表現しておく。

このとき、全体のネットワークについての隣接行列をGとして表現すると、これは

$$G = \begin{pmatrix} G_1 & 0_{n1,n2} \\ 0_{n2,n1} & G_2 \end{pmatrix} \tag{8.100}$$

で表現される。ここで$0_{a,b}$はすべての要素を0とするa行b列の行列である。全体として、$n_1 + n_2$行$n_1 + n_2$列の行列となっている。

このとき、行列の計算規則から

$$G^n = \begin{pmatrix} G_1^n & 0_{n1,n2} \\ 0_{n2,n1} & G_2^n \end{pmatrix} \tag{8.101}$$

とすることができる[39]。

つづいて、固有ベクトルについても興味深い性質をもつ。いま

$$G_1 \text{ に対する固有ベクトルを } v_{11}, v_{12}, \ldots, v_{1,n_1}$$
$$G_2 \text{ に対する固有ベクトルを } v_{21}, v_{22}, \ldots, v_{2,n_2}$$

としておく。対応する固有値を

$$\lambda_{11}, \lambda_{12}, \ldots, \lambda_{1,n_1}$$
$$\lambda_{21}, \lambda_{22}, \ldots, \lambda_{2,n_2}$$

としておく。

ここでは作り方より、以下はすべて G に対する固有ベクトル

$$\begin{pmatrix} v_{11} \\ 0_{n_2} \end{pmatrix}, \begin{pmatrix} v_{12} \\ 0_{n_2} \end{pmatrix}, \ldots, \begin{pmatrix} v_{1,n_1} \\ 0_{n_2} \end{pmatrix}, \begin{pmatrix} 0_{n_1} \\ v_{21} \end{pmatrix}, \begin{pmatrix} 0_{n_1} \\ v_{22} \end{pmatrix}, \ldots, \begin{pmatrix} 0_{n_1} \\ v_{2,n_2} \end{pmatrix} \tag{8.102}$$

となる。作り方より、対応する固有値は

$$\lambda_{11}, \lambda_{12}, \ldots, \lambda_{1,n_1}, \lambda_{21}, \lambda_{22}, \ldots, \lambda_{2,n_2}$$

となっている。

ここまでくると、前節の議論を直接に当てはめることができる。つまり、絶対値が最大となる固有値がただ一つとれる状況を考え、これを v^* としておく。

すると、前節の議論より

$$\lim_{k \to \infty} G^k // v^* \tag{8.103}$$

が得られる。

例えば、最大の固有値に対応する固有ベクトルが

$$v^* = \begin{pmatrix} v_{11} \\ 0_{n_2} \end{pmatrix} \tag{8.104}$$

であったとしよう。すると、これが示すことは、隣接行列 G_2 で示されるコンポーネントに含まれるノードの固有ベクトル中心性はすべて0になるということである。

これは、固有ベクトル中心性における、隣接行列を無限回掛け合わすという性質から、より極端な中心性が得られたと解釈できる。

では、どのようなコンポーネントが最大の固有値をもちやすいのであろうか。一般的には

● ノード数が多い

● リンク数が多い

---

[39] 気になる人は、5行5列の行列ぐらいの簡単な行列で分割を行い計算をして感覚をつかむのもよい。

場合に、そのコンポーネントは最大値の固有値をもちやすい。

　なお、実際のデータでは、ノード数の大きさだけで判断してほぼ間違いはない。ただし、例えば二つのコンポーネントがあって、一方のノード数が大きい場合でも、リンク数の関係で、ノード数の小さいコンポーネントが最大の固有値をとることもあるので、単純にノード数だけで判断できないことにも注意する。

8.8　企業ネットワークにおける固有ベクトル中心性のランキング

　2008年の固有ベクトル中心性ランキングを**表8.1**、**表8.3**に、2018年のランキングを**表8.2**、**表8.4**に示す。役員派遣ネットワークは派遣元から派遣先へと、株式取得ネットワークでは株をもつ企業からもたれる企業へという、向きのあるリンクによる有向ネットワークとなっている。しかしながら、派遣先も派遣元から何らかの便益を受けていることは自然であるし、株式を取得されることによって有力な企業の影響下に入り便益を得ることも自然である。したがって、有向ネットワークでの中心性に加え、無向ネットワークにおける中心性も求め、それぞれランキングを示している[40]。

　2008年の役員兼任ネットワークのランキングを見ると、日本を代表する企業がランクインしていることを確認できる。これは、役員派遣ネットワーク (有向) 、役員派遣ネットワーク (無向化) とも共通する。しかし、役員派遣ネットワーク (有向) においては、銀行業、保険業が8企業含まれ、また、電力やガスなどの地域の基盤となる企業が含まれることが特徴的である。役員派遣の有向ネットワークでは、派遣元がより大きな中心性をもつ傾向があり、無向ネットワークでは、派遣元も派遣先もより大きな中心性をもつことになる[41]。この意味で、役員派遣ネットワーク (無向化) において、より知名度も劣るような多様な企業を確認できる。なお、株式取得ネットワークではネットワークがより疎であり[42]、有向であれ、無向であれ、意味ある解釈をすることが難しい。また、20位まで企業名がないのは、同率の企業がより多く示されてしまうからである[43]。この意味でも、株式取得ネットワークについて、固有ベクトル中心性の観点から考察することの困難さが出てくる。

---

[40] ここでは、有向ネットワークの固有ベクトル中心性の信頼性については、固有ベクトルを $G^6 1$ で近似したものと近いものとなっているかの確認を行った。

[41] このことが一番示されている企業として、2018年度のランキングの14位の加賀電子に注目するとよい。加賀電子の役員において、トヨタ出身、日本銀行出身、三菱UFJファイナンシャルグループ出身、みずほファイナンシャルグループ出身の役員がそれぞれ一人ずつおり、これがランキングを挙げる理由として考えられる。というのも、加賀電子出身の役員も他の2企業で5名確認できるが、これは他の企業と比較して圧倒的に少ない人数となっているからである。例えば、三菱UFJ銀行出身の役員は382名確認できる。

[42] このことは第6章の**表6.3**でも確認したように、株式取得ネットワークにおいて、平均出次数が0.25ほどであり、役員派遣ネットワークでは平均出次数が2.5前後、役員兼任ネットワークでも平均次数が2前後であり、大きな違いを確認できる。

[43] 実際に、2008年の有向の株式取得ネットワークでは、14位以降はすべて、固有ベクトル中心性の値が0となってしまっている。また、無向ネットワークでは、13位以降で25企業が中心性の値が0.1110で並んでしまっている。

2018年の役員兼任ネットワークのランキングを見ると、他のランキングと比較して、大きな違いを確認できる。GMOグループがトップ10のうちの9企業を占め、また、全体的にカタカナの企業名が目立つ。これは、新興の企業が企業グループ間で役員兼任を行っていることがわかる。2000年代に入って以降、「失われた10年」「失われた20年」と呼ばれているが、日本企業の変化の兆しをここに確認できるといえるかもしれない。役員派遣ネットワークについては、有向ネットワークでは、銀行業・保険業の企業が2008年からは9企業から6企業へ減少しているが、それでも大きな比率を示している。他方で、電力やガスなどのインフラ系の企業が20位以内には含まれていなくなっていることも興味深い。電力市場の自由化などの環境変化のため、各企業の影響力が低下しているのかもしれない[*44]。株式取得ネットワークについても、2008年と同様に、同率の企業が多く存在してしまい、ランキングとして考察することの困難さを示している[*45]。

株式取得ネットワークで、ランキングの解釈が難しいものとなった。この理由の一つは、全体に対して比較的小さなコンポーネントが形成されてしまっていることであろう。というのも、2008年では全3808企業が存在し、最大コンポーネントは506の企業で構成されている。他方で、孤立した企業が2387企業となっている。2018年も同様に、全3742企業が存在し、最大コンポーネントは230の企業で構成されている。他方で、孤立した企業が2628企業となっている。このような形で十分なネットワーク内での相乗効果を得られないということになってしまう[*46]。

コンポーネントの議論から、部分的につながりが強い企業群(つまり部分ネットワーク)で、中心性の値が大きく増幅されることがわかる。この観点から、2018年度の役員兼任ネットワークでのGMOグループがランキング上位を独占していることも解釈可能である。つまり、GMOの企業グループ内で密な役員兼任がなされており、そこにおけるネットワーク内での増幅効果が高い中心性をもたらしていると考えられる。

[*44] 2018年では、関西電力は58位、九州電力は60位、東京電力は137位、西部ガスと九電工は同率204位となっていた。

[*45] 実際に、2018年の有向の株式取得ネットワークでは、11位以降はすべて、固有ベクトル中心性の値が0となってしまっている。また、無向ネットワークでは、8位以降で20企業が中心性の値が0.1861で並んでしまっている。

[*46] 参考までに、役員派遣ネットワークでは、2008年においては、全4360企業が存在し、最大コンポーネントは3898の企業で構成されており、孤立した企業が357企業となっている。2018年においては、全4320企業が存在し、最大コンポーネントは3917の企業で構成されており、孤立した企業は317企業となっている。役員兼任ネットワークでは、2008年においては、全3887企業が存在し、最大コンポーネントは1473の企業で構成されており、孤立した企業が1518企業となっている。2018年においては、全3708企業が存在し、最大コンポーネントは2286の企業で構成されており、孤立した企業は997企業となっている。最後に補足のコメントをしておくと、もともとのデータベースが異なり、同一年度でも異なるネットワークでは企業数は異なっている。特に、企業派遣ネットワークでは過去の企業も含まれており、企業数がより大きくなっている。

表 8.1　2008年の固有ベクトル中心性ランキング（役員兼任と役員派遣ネットワーク）

	役員兼任ネットワーク		役員派遣ネットワーク（有向）		役員派遣ネットワーク（無向化）	
順位	企業名	固有ベクトル中心性	企業名	固有ベクトル中心性	企業名	固有ベクトル中心性
1	富士急行	0.2737	日本生命保険	0.4896	三菱UFJフィナンシャル・グループ	0.6689
2	トヨタ自動車	0.2291	三菱UFJフィナンシャル・グループ	0.3648	みずほフィナンシャルグループ	0.1527
3	ソニー	0.2149	トヨタ自動車	0.3130	三菱商事	0.0557
4	古河電気工業	0.1804	東京海上日動火	0.2217	トヨタ自動車	0.0540
5	富士電機ホールディングス	0.1716	松下電器産業	0.2170	日本生命保険	0.0525
6	三井住友フィナンシャルグループ	0.1587	第一生命保険	0.1983	新日本製鐵	0.0521
7	日本ゼオン	0.1494	東京銀行	0.1844	三菱電機	0.0498
8	ADEKA	0.1468	三井住友フィナンシャルグループ	0.1694	三菱重工業	0.0477
9	横浜ゴム	0.1448	九州電力	0.1512	双日	0.0472
10	日本通運	0.1384	全日本空輸	0.1446	兼松	0.0438
11	東京急行電鉄	0.1308	東京電力	0.1445	いすゞ自動車	0.0430
12	阪急阪神ホールディングス	0.1247	三菱重工業	0.1415	富士ソフト	0.0419
13	三井物産	0.1187	三菱商事	0.1354	ホンダ	0.0417
14	損保ジャパン	0.1181	住友生命保険	0.1247	名古屋銀行	0.0416
15	帝国ホテル	0.1111	東京急行電鉄	0.1163	ライフコーポレーション	0.0410
16	西日本旅客鉄道	0.1083	西部ガス	0.1050	ピケンテクノ	0.0404
17	小田急電鉄	0.1070	西日本シティ銀行	0.1050	大同特殊鋼	0.0402
18	松下電器産業	0.1063	九電工	0.1027	丸三証券	0.0397
19	東京ドーム	0.1062	関西電力	0.0975	塩水港精糖	0.0390
20	シロキ工業	0.1051	東映	0.0895	山九	0.0386

表 8.2　2018年の固有ベクトル中心性ランキング（役員兼任と役員派遣ネットワーク）

	役員兼任ネットワーク			役員派遣ネットワーク（有向）			役員派遣ネットワーク（無向化）	
順位	企業名	固有ベクトル中心性	順位	企業名	固有ベクトル中心性	順位	企業名	固有ベクトル中心性
1	GMOクラウド	0.3273	1	三菱UFJフィナンシャル・グループ	0.4468	1	三菱UFJフィナンシャル・グループ	0.6282
2	GMOペイメントゲートウェイ	0.3262	2	日立製作所	0.3465	2	みずほフィナンシャルグループ	0.2394
3	GMOメディア	0.3171	3	トヨタ自動車	0.3350	3	三菱商事	0.0764
4	GMOリサーチ	0.3162	4	JT	0.2756	4	りそなホールディングス	0.0760
5	GMOぺぱぼ	0.3125	5	J. フロント リテイリング	0.2051	5	新日鐵住金	0.0678
5	GMOアドパートナーズ	0.3125	6	日本銀行	0.1809	6	トヨタ自動車	0.0636
5	GMO TECH	0.3125	7	日立化成	0.1751	7	日立製作所	0.0498
5	GMOインターネット	0.3125	8	三井住友フィナンシャルグループ	0.1732	8	双日	0.0476
9	ネクシィーズグループ	0.2957	9	日本生命保険	0.1683	9	三菱電機	0.0441
10	GMOフィナンシャルホールディングス	0.2861	10	第一生命ホールディングス	0.1620	10	三菱重工業	0.0440
11	USEN-NEXT HOLDINGS	0.0564	11	ソニー	0.1547	11	コンコルディア・フィナンシャルグループ	0.0439
12	D. A. コンソーシアムホールディングス	0.0501	12	3M	0.1516	12	三井物産	0.0436
13	エレマテック	0.0486	13	NHK	0.1206	13	日新製鋼	0.0435
14	三栄コーポレーション	0.0481	14	パナソニック	0.1203	14	加賀電子	0.0432
15	バルニバービ	0.0467	15	日本電信電話	0.1132	15	毎日コムネット	0.0426
16	キャリア	0.0451	16	三菱商事	0.1124	16	丸和運輸機関	0.0423
17	ポーラ・オルビスホールディングス	0.0432	17	コニカミノルタ	0.1069	17	東邦亜鉛	0.0422
18	エリアリンク	0.0381	18	三菱重工業	0.1028	18	日本銀行	0.0421
19	アストマックス	0.0368	19	新日鐵住金	0.1000	19	コニカミノルタ	0.0420
20	エムアイ	0.0367	20	みずほフィナンシャルグループ	0.0999	20	日東工業	0.0419

表8.3 2008年の固有ベクトル中心性ランキング (株式取得ネットワーク)

株式取得ネットワーク (有向)			株式取得ネットワーク (無向化)		
順位	企業名	固有ベクトル中心性	順位	企業名	固有ベクトル中心性
1	だいこう証券ビジネス	0.7947	1	三菱商事	0.6652
2	大阪証券金融	0.2649	2	三井物産	0.2151
2	テレビ朝日	0.2649	3	かどや製油	0.1468
2	東映	0.2649	4	日清オイリオグループ	0.1355
5	昭和パックス	0.1325	5	三菱自動車	0.1196
5	サンエー化研	0.1325	5	東京産業	0.1196
5	岡部	0.1325	7	エージーピー	0.1178
5	新立川航空機	0.1325	8	ローソン	0.1176
5	IHI	0.1325	9	三菱UFJリース	0.1148
5	ニッピ	0.1325	10	伊勢化学工業	0.1143
5	リーガルコーポレーション	0.1325	11	米久	0.1141
5	小林産業	0.1325	11	クオール	0.1141
5	立飛企業	0.1325			

表8.4 2018年の固有ベクトル中心性ランキング (株式取得ネットワーク)

株式取得ネットワーク (有向)			株式取得ネットワーク (無向化)		
順位	企業名	固有ベクトル中心性	順位	企業名	固有ベクトル中心性
1	日本電気硝子	0.5000	1	三菱商事	0.2606
1	テレビ朝日ホールディングス	0.5000	2	エージーピー	0.2042
1	昭和パックス	0.2500	3	かどや製油	0.2017
1	サンエー化研	0.2500	4	三菱UFJリース	0.1952
1	エス・サイエンス	0.2500	5	ローソン	0.1934
1	エルアイイーエイチ	0.2500	5	北越コーポレーション	0.1934
1	ニッピ	0.2500	5	伊勢化学工業	0.1934
1	リーガルコーポレーション	0.2500			
1	ニプロ	0.2500			
1	東映	0.2500			

8.9　対処法1と関連した収束を保証する条件：ページランクについて

8.9.1　推移確率としての解釈と収束のための条件

8.6 節より、中心性を議論するときには、均衡という性質だけではなく、どのように実現するかという社会的な過程を含めることで、より現実妥当性の高い中心性を選ぶことができた。ただし、この収束の議論は、対処法2を前提として進めていった。本節では、対処法1の文脈で、収束を保証する中心性について議論をする。ここにおいても、どのような追加的な条件が必要となるかが論点となる。

はじめに、対処法1では、列の総和を1とした。これによって、最大の固有値は1となり、固有値が実数なので8.5 節でも確認したように、対応する固有ベクトルの要素はすべて実数とすることができる。

ここで、8.6.4 項で取り上げた主体数が4の有向な円形ネットワークを考えてみよう (**図8.5**)。隣接行列を再掲すると、

$$
\begin{pmatrix}
0 & 1 & 0 & 0 \\
0 & 0 & 1 & 0 \\
0 & 0 & 0 & 1 \\
1 & 0 & 0 & 0
\end{pmatrix}
\tag{8.105}
$$

であった。ここでの列和は既に1となっており、対処法1における変換後の隣接行列の条件を満たしている。そして、8.6.4 項で確認したように、固有ベクトル以外の初期値としての中心性からの収束の議論を行うことはできなかった。したがって、対処法1で変換後の列和が1となる隣接行列においても、収束のために追加的な条件が必要となることを確認できる。

つづいて、追加的な条件を議論するための準備として、対処法1で変換した隣接行列の新しい見方を示しておく。

実は、列和を1とした行列の要素 $\tilde{g}_{ij}$ は

- いま、ノード j にいるとして、そこからノード i へ移動する確率

と解釈できる。というのも

- すべての j について、$0 \leq \tilde{g}_{ij} \leq 1$、かつ
- $\displaystyle\sum_{i=1}^{n} \tilde{g}_{ij} = 1$

となり、**確率** (probability) の定義を満たすからである[*47]。したがって、すべてのノードが次のタイミングで、どのノードに移動するかが行列 $\tilde{G}$ で特徴づけられている。このため、この行列の要素はノード間の**推移確率** (transition probability) を示しており、**推移確率行列** (transition probability matrix) と呼ばれる。

推移確率行列について、さらに例を用いて確認していこう。このために、8.2 節の**図 8.1**で示し

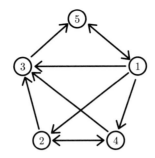

図 8.7　有向ネットワークの再掲

た有向ネットワークを再掲しておく (**図 8.7**)。

さらに、対処法1で変換された隣接行列 ($\tilde{G}$) は

$$\tilde{G} = \begin{pmatrix} 0 & 1/2 & 1/3 & 1/2 & 1/2 \\ 0 & 0 & 1/3 & 1/2 & 0 \\ 0 & 0 & 0 & 0 & 1/2 \\ 0 & 1/2 & 1/3 & 0 & 0 \\ 1 & 0 & 0 & 0 & 0 \end{pmatrix} \tag{8.106}$$

となっていた。

変換された隣接行列 ($\tilde{G}$) の第2列を推移確率という点から解釈すると、ノード2からは確率1/2でノード1へ、確率1/2でノード4へ移動するという状況となるのである。他方で、8.4.2節の解釈を思い出すと、例えば、第 $(4, 2)$ 要素とは、ノード4がノード2の中心性を受け取っていることを示し、ノード1とノード4がノード2の中心性を受け取っているため、ノード4は半分の中心性しか受け取れず値が1/2となっている。このように移動する確率と中心性の流れが対応しているのである。

こうした移動を考える場合は、**図 8.7** の矢印を逆向きにして、解釈すると理解しやすい。つまり、**図 8.8** を考えると、ノード2から、ノード1とノード4へ移動することがわかる。このように、各ノードの中心性が他のノードへ移動するという観点からは、矢印を逆にした方が理解しやすい。

---

*47 確率の定義については、以下のように考えるとよい。単純な例では、サイコロの目は1から6までで、その確率は1/6というものがある。このとき、事象1から6に対して、数値1/6というものを割り振っていることが確率ということになる。そうすると、確率とは事象を input として、数値を output とする関数に他ならない。そして、各数値は0以上1以下の数値をとり (つまり、マイナスの確率や、1を超える確率はあり得ない)、すべての数値を足すと1とならなければならない (つまり事象のうち、どれかが実現する確率は1) ということは直感的に理解できるであろう。したがって、いま、$\omega_1, \omega_2, \ldots, \omega_n$ をすべての事象として考えるときに、ω_i に対する関数 ($p(\omega_i)$) を考えて

- すべての i について、$0 \le p(\omega_i) \le 1$ となり
- $\displaystyle\sum_{i=1}^{n} p(\omega_i) = 1$

となるように、関数 ($p(\omega_i)$) が定義できれば、この関数は確率とみなすことができる。

中心性という解釈ではなく、単純に人々の移動と考えるとより理解がしやすいかもしれない。例えば、各ノードを街と考えて、それぞれのノードに1万人が住んでいるとする。そうすると、先の例では、ノード2からノード1とノード4へ、それぞれ半数の5000人ずつが移動することになる。他のノードを見てみると、ノード3からは、ノード1、2、4へ、それぞれ1/3万人 (小数点以下の値は無視する) が移動すると解釈できる[*48]。

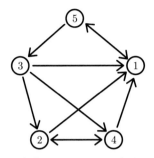

図 8.8　図 8.7 の有向ネットワークの矢印を逆にしたもの

全体として、どのような移動が起きるかは、**1** を各要素を1とするベクトルとして

$$\tilde{G}\mathbf{1} = \begin{pmatrix} 0 & 1/2 & 1/3 & 1/2 & 1/2 \\ 0 & 0 & 1/3 & 1/2 & 0 \\ 0 & 0 & 0 & 0 & 1/2 \\ 0 & 1/2 & 1/3 & 0 & 0 \\ 1 & 0 & 0 & 0 & 0 \end{pmatrix} \cdot \begin{pmatrix} 1 \\ 1 \\ 1 \\ 1 \\ 1 \end{pmatrix} = \begin{pmatrix} \frac{1}{2}+\frac{1}{3}+\frac{1}{2}+\frac{1}{2} \\ \frac{1}{3}+\frac{1}{2} \\ \frac{1}{2} \\ \frac{1}{2}+\frac{1}{3} \\ 1 \end{pmatrix} = \begin{pmatrix} \frac{11}{6} \\ \frac{5}{6} \\ \frac{1}{2} \\ \frac{5}{6} \\ 1 \end{pmatrix} \tag{8.107}$$

という計算より求められる。解釈とするとノード1は、ノード2から1/2万人、ノード3から1/3万人、ノード4から1/2万人、ノード5から1/2万人の人口を受け入れて、結果として、合わせて11/6万人 (小数点以下は無視して18333人) となっている。他のノードも同様にして移動してくる人数を求められる。

推移確率行列による移動をさらにもう1回考えるには、固有ベクトル中心性での議論と同様に、$\tilde{G}^2\mathbf{1}$ を考えればよく、さらに3回の移動を推移確率行列で考えるには $\tilde{G}^3\mathbf{1}$ を考えればよく、結局のところ k 回の移動の結果として各ノードに存在する人数は

$$\tilde{G}^k\mathbf{1} \tag{8.108}$$

を考えればよい。以上において、中心性の変化が示されたことと同様に、もともと各ノードに1万人の人口が初期値としていた場合に、n 回の移動の結果として各ノードにどれだけの人口がいるかを示している。

ここで望ましい収束の状況とは、固有ベクトル中心性のときの議論と同様に、ある条件のもとで

[*48] それぞれ各ノードへ移動する人口は、移動元のノードにいる人数 (ここでは1万人) に、各ノードへ移動する確率を掛けることで求められる。このように、ある値に確率で重みをつけて得られる値を期待値という。つまり、平均的にどのような移動が起こるかということを示している値である。

$$\lim_{k \to \infty} \tilde{G}^k \mathbf{1} // c^* \tag{8.109}$$

が示されるとよい。

　実は、推移確率行列において、こうした収束を保証するための追加の条件として以下が知られている。つまり

- 任意のノードから、すべての他のノードへ移動することが可能であり（これは「**既約** (irreducible)」と呼ばれる）

- あるノードから他のノードへ移動しまた元のノードに戻ってくるまでに周期がない（これは**非周期的** (aperiodic) と呼ばれる）

というものである。

　周期 (period) について例を挙げて説明すると、**図 8.6** で示されたノード数が 4 の無向の円形ネットワークでは、すべての列和を 1 とするように隣接行列を変換すると、

$$\begin{pmatrix} 0 & 1/2 & 0 & 1/2 \\ 1/2 & 0 & 1/2 & 0 \\ 0 & 1/2 & 0 & 1/2 \\ 1/2 & 0 & 1/2 & 0 \end{pmatrix} \tag{8.110}$$

となる。ここでは、一度あるノードから離れると、戻ってくる確率はさまざまであるが、ネットワークの形状から、元に戻る場合は必ず偶数回後であるという特徴をもつ。ここにおいて、周期は 2 となる[*49]。これより非周期的という条件が満たされないので、推移確率行列に変換して考えても、収束しないことがわかる。

　まとめると、対処法 1 で修正された隣接行列を推移確率とみなして、「既約」と「非周期的」という条件が追加的に満たされれば、均衡への収束が保証される[*50]。ここでの収束先は固有ベクトルで示され、初期状態を任意にとれることも知られている[*51]。このように中心性への収束というミ

[*49] もう一つ、より単純な例を用いて周期についての直感的な理解をする。**図 8.5** で示されたノード数が 4 の有向の円形ネットワークを考えよう。ここでは、一度あるノードから離れると、必ず 4 期後に元に戻ってくるので、周期を 4 とすることは自然であろう。この直感的な理解を拡張し、より厳密には次のように定義される。はじめにあるノード i に注目する。ノード i から離れてノード i へ戻ってくる、実現可能なすべてのパスを考える。さらに、それらすべてのパスの距離に対する集合を得る。最後に距離についての最大公約数を求め、これを周期と定義する。また、もし周期が 1 の場合に、非周期的と呼ぶのである。さらに、既約な状況ではすべてのノードで同じ周期をもつことが知られているので（小山 (1999, 定理 7.11, p. 264) もしくは Norris (1997, Lemma 1.8.2, p. 41) を参考にするとよい）、既約なネットワークではどれか一つのノードについて非周期的であれば、ネットワーク全体で非周期的であることがわかる。

[*50] 推移確率行列の文脈では、「均衡」ではなく、すべての状態が「分布」としてとらえられることと合わせて、「定常分布 (stationary distribution)」もしくは「不変分布 (invariant distribution)」と呼ばれることもある。もちろん Norris (1997, p. 33) が述べるように、invariant、stationary、equilibrium はすべて同じ意味で用いられる。なお、本書では他の説明と同じ用語を使いたいので、基本的には「均衡」という用語を用いる。

[*51] さらには、この均衡としての固有ベクトルはただ一つだけであることも知られている。この辺りの議論は、例えば、小山 (1999, pp. 272–276, 定理 7.15, 7.17) を確認してもらいたい。

クロ的な基礎づけが可能となる。

8.9.2 ページランク

つづいて、推移確率行列 (本書での文脈では、列の総和を1とした修正した隣接行列 $\bar{G}$) を既約かつ、非周期にする方法を考えていこう。この考えと深い関わりをもつ中心性として、**ページランク** (PageRank) があり、この解説を中心に議論を続けていく[52]。

なお、ページランクはインターネット上での検索をいかに効率的に行うかということから出てきたものである。検索サイトにおいては、検索したいものに関連するキーワードを入力し、そこで検索結果として表示されるサイトから自分の目的にあった情報を得ようとする。いまでは「ググる」という俗語があるように、Googleがインターネット上での検索の代名詞となっているが、以前は、ディレクトリ型といって手動でサイトを整理していくYahoo! JAPANのサイトをはじめ、複数の検索サイトがお互いに検索の精度を競っていた。より精度を高めることで、より多くの検索サービスの利用者を獲得できたからである。

もちろん、検索されたワードをより多く含むようなサイトが、より上位に表示するサイトの候補となる。しかし、それでも候補のサイトは数多く挙げられることになり、さらにサイトを絞り込む、もしくは、重要度にしたがってランキングを付けるということが必要となってきた。

素直に考えると、内容それ自身の質的な側面を評価するということが考えられる。しかし、このためにはコンピュータによる量からの機械的な判断ではなく、人間がより多く関与しなければならない[53]。しかしながら、サイト数の天文学的な多さを考えると、こうした人間の関与は現実的なものではなくなっていた。

ここで、どのサイトが重要かという考え方と中心性という概念がつながってくる。Googleの創設者の一人のペイジは、インターネット内のサイトには、リンクが存在し、全体としてネットワークを形成していることに注目し、よりリンクをされているサイトは、より重要であるというアイデアを導入したのである。

さらに、より重要なサイトからリンクされると、自分の重要度も上がるという考え方も含め、固有ベクトル中心性と同様の定義を行ったのである。

なお、隣接行列の解釈には注意が必要である。ページランクでは他の有力なサイトから"リンクされる"ほど、自分の中心性が高くなる。つまり、これまでの他の有力なノードに"リンクする"ことによって中心性が高くなることと、逆の関係になっている。

この辺りは、いままでの考え方と紛らわしいこともあり、一つひとつ意味をとらえながら定式化

---

[52] 本書で示すページランクの定義はHaveliwala (1999) にしたがっている。ここにおいても、既約かつ、非周期という性質のよさが議論されている。オリジナルの論文はPage et al. (1998) であるが、定義はやや読み取りにくい。ページランクの歴史も含めた議論は、Googleの創業者の二人が執筆しているBrin and Page (1998) を参考にしてもらいたい。Langville and Meyer (2009) も理論的な説明において参考になる。

[53] かつては、Yahoo! JAPANの検索においては、人によるサイトの精査を行い、Yahoo!カテゴリの登録サイトを選び、ここに登録されたサイトを検索結果の上位に載せていた。これがディレクトリ型の検索サイトと呼ばれていた。

していこう。8.9.1 項で考えた**図 8.7** の有向ネットワークからはじめよう。このネットワークの定義は、ネットワークを張ることによって、相手の中心性を得ることができた。つまり、解釈としての中心性の流れを示すと**図 8.8** という理解ができた。

このとき、式 (8.14) で示された対処法 1 で変換された隣接行列 $\tilde{G}$ は、ページランクの考え方と対応することになる。以下でそれを説明する。

各ノードの中心性のベクトルを

$$\begin{pmatrix} c_1 \\ c_2 \\ c_3 \\ c_4 \\ c_5 \end{pmatrix} \tag{8.111}$$

として、$\tilde{G}$ による、中心性の移動後の結果は

$$\begin{pmatrix} 0 & 1/2 & 1/3 & 1/2 & 1/2 \\ 0 & 0 & 1/3 & 1/2 & 0 \\ 0 & 0 & 0 & 0 & 1/2 \\ 0 & 1/2 & 1/3 & 0 & 0 \\ 1 & 0 & 0 & 0 & 0 \end{pmatrix} \cdot \begin{pmatrix} c_1 \\ c_2 \\ c_3 \\ c_4 \\ c_5 \end{pmatrix} = \begin{pmatrix} \frac{1}{2}c_2 + \frac{1}{3}c_3 + \frac{1}{2}c_4 + \frac{1}{2}c_5 \\ \frac{1}{3}c_3 + \frac{1}{2}c_4 \\ \frac{1}{2}c_5 \\ \frac{1}{2}c_2 + \frac{1}{3}c_3 \\ c_1 \end{pmatrix} \tag{8.112}$$

となる。

これは、**図 8.8** における中心性の移動として理解できる。ここでは

- 中心性が流れてくるノードの数が多ければ多いほど、自分の中心性は高くなる

さらに、固有ベクトル中心性と同じ考え方で中心性を定義するので

- 直接リンクしているノードの中心性が高いほど、自分の中心性もより高くなる

という性質も確認できる。

このように、ページランクで用いる確率推移行列を求めるためには、与えられた隣接行列に対して、対処法 1 を施せばよい。ただし、リンクの向きとは逆向きに何らかのパワーやリソースを得ていると解釈を行わないといけない。逆向きの解釈をしないための変換は 8.13 節で補論として述べておく。

以上の例によるネットワークでは、「既約」かつ「非周期的」という性質はもちあわせている[*54]。しかしながら、任意の隣接行列 G から、対処法 1 で得られた $\tilde{G}$ について、「既約」という性質と、

[*54] これを確認するには、実質的な意味を示している**図 8.8** から理解するとよい。任意のノードからすべての他のノードに移動できることはすぐに確認できる。つまり、既約となる。また、ノード 1 に注目すると、$1 \to 5 \to 1$ という元に戻るパスと、$1 \to 5 \to 3 \to 1$ という元に戻るパスを得られる。それぞれの距離は 2 と 3 であり、最大公約数は 1 となることがわかり、ノード 1 の周期は 1 であり、非周期的である。さらに、既約なネットワークであることから、ノード 1 の周期とすべてのノードの周期は同じとなる。つまり、このネットワークは非周期的ということがわかる。

「非周期的」という性質が常に満たされるということはない。したがって、$\tilde{G}$ に対して、必ずこれらの性質を満たすように、行列をさらに修正していく。

ここで、すべての要素を $1/n$ とする n 行 n 列の行列を考え、これを

$$\left(\frac{1}{n}\right)_{n \times n} \tag{8.113}$$

と表現しておく。つづいて、$0 < \varepsilon < 1$ なる十分に小さな定数を考える。この行列の意味はすべてのノードが、自分を含めて、他のノードへ等確率で移動することを意味している。

以上の行列と非常に小さな定数として ε を考え、ページランクで考える修正された隣接行列 $\hat{G}$

$$\hat{G} = (1 - \varepsilon)\tilde{G} + \varepsilon \left(\frac{1}{n}\right)_{n \times n} \tag{8.114}$$

が与えられる。右辺の第2項は非常に小さな確率で、任意のノードから自分を含めて他のノードへ移動することを示している。なお、Brin and Page (1998) では、通常は $\varepsilon = 0.15$ とすることが述べられ、igraph でもこれが標準の設定となっている。

解釈をすると、この確率推移行列では、$\tilde{G}$ で示された以外に**ノイズ**を含んでいて、ある小さな確率でランダムな移動がなされるということである。

式のイメージを得るために $n = 4$ と $\varepsilon = 0.1$ で考えると[*55]

$$
\begin{pmatrix}
\hat{g}_{11} & \hat{g}_{12} & \hat{g}_{13} & \hat{g}_{14} \\
\hat{g}_{21} & \hat{g}_{22} & \hat{g}_{23} & \hat{g}_{24} \\
\hat{g}_{31} & \hat{g}_{32} & \hat{g}_{33} & \hat{g}_{34} \\
\hat{g}_{41} & \hat{g}_{42} & \hat{g}_{43} & \hat{g}_{44}
\end{pmatrix}
$$
$$
= 0.9 \cdot
\begin{pmatrix}
\tilde{g}_{11} & \tilde{g}_{12} & \tilde{g}_{13} & \tilde{g}_{14} \\
\tilde{g}_{21} & \tilde{g}_{22} & \tilde{g}_{23} & \tilde{g}_{24} \\
\tilde{g}_{31} & \tilde{g}_{32} & \tilde{g}_{33} & \tilde{g}_{34} \\
\tilde{g}_{41} & \tilde{g}_{42} & \tilde{g}_{43} & \tilde{g}_{44}
\end{pmatrix}
+ 0.1 \cdot
\begin{pmatrix}
\frac{1}{4} & \frac{1}{4} & \frac{1}{4} & \frac{1}{4} \\
\frac{1}{4} & \frac{1}{4} & \frac{1}{4} & \frac{1}{4} \\
\frac{1}{4} & \frac{1}{4} & \frac{1}{4} & \frac{1}{4} \\
\frac{1}{4} & \frac{1}{4} & \frac{1}{4} & \frac{1}{4}
\end{pmatrix}
\tag{8.115}
$$

[*55] ここでは数値と行列の積がなされている。ここでの計算ルールは数値がすべての要素に掛けられることになる。つまり

$$a \begin{pmatrix} x_{11} & x_{12} \\ x_{21} & x_{22} \end{pmatrix} = \begin{pmatrix} a \cdot x_{11} & a \cdot x_{12} \\ a \cdot x_{21} & a \cdot x_{22} \end{pmatrix}$$

となる。さらに、行列と行列の足し算もなされている。行列やベクトルの足し算や引き算のルールは単純で、対応する要素をそのまま足し算、引き算をすることになる。つまり、足し算については

$$\begin{pmatrix} x_{11} & x_{12} \\ x_{21} & x_{22} \end{pmatrix} + \begin{pmatrix} y_{11} & y_{12} \\ y_{21} & y_{22} \end{pmatrix} = \begin{pmatrix} x_{11} + y_{11} & x_{12} + y_{12} \\ x_{21} + y_{21} & x_{22} + y_{22} \end{pmatrix}$$

となる。こうした行列の計算規則は、適当な線形代数の教科書を参考にされたい。この辺は三宅 (1991, 1章) など、薄めのテキストで例題の多いものが理解しやすいかもしれない。統計学と計量経済学のテキストではあるが拙著(藤山, 2007, 22章)では、行列とベクトルの基礎的な計算規則をかなり丁寧に説明しているので、これも参考にされたい。

$$
= \begin{pmatrix}
0.9 \cdot \tilde{g}_{11} & 0.9 \cdot \tilde{g}_{12} & 0.9 \cdot \tilde{g}_{13} & 0.9 \cdot \tilde{g}_{14} \\
0.9 \cdot \tilde{g}_{21} & 0.9 \cdot \tilde{g}_{22} & 0.9 \cdot \tilde{g}_{23} & 0.9 \cdot \tilde{g}_{24} \\
0.9 \cdot \tilde{g}_{31} & 0.9 \cdot \tilde{g}_{32} & 0.9 \cdot \tilde{g}_{33} & 0.9 \cdot \tilde{g}_{34} \\
0.9 \cdot \tilde{g}_{41} & 0.9 \cdot \tilde{g}_{42} & 0.9 \cdot \tilde{g}_{43} & 0.9 \cdot \tilde{g}_{44}
\end{pmatrix}
+ \begin{pmatrix}
0.025 & 0.025 & 0.025 & 0.025 \\
0.025 & 0.025 & 0.025 & 0.025 \\
0.025 & 0.025 & 0.025 & 0.025 \\
0.025 & 0.025 & 0.025 & 0.025
\end{pmatrix}
\tag{8.116}
$$

$$
= \begin{pmatrix}
0.9 \cdot \tilde{g}_{11} + 0.025 & 0.9 \cdot \tilde{g}_{12} + 0.025 & 0.9 \cdot \tilde{g}_{13} + 0.025 & 0.9 \cdot \tilde{g}_{14} + 0.025 \\
0.9 \cdot \tilde{g}_{21} + 0.025 & 0.9 \cdot \tilde{g}_{22} + 0.025 & 0.9 \cdot \tilde{g}_{23} + 0.025 & 0.9 \cdot \tilde{g}_{24} + 0.025 \\
0.9 \cdot \tilde{g}_{31} + 0.025 & 0.9 \cdot \tilde{g}_{32} + 0.025 & 0.9 \cdot \tilde{g}_{33} + 0.025 & 0.9 \cdot \tilde{g}_{34} + 0.025 \\
0.9 \cdot \tilde{g}_{41} + 0.025 & 0.9 \cdot \tilde{g}_{42} + 0.025 & 0.9 \cdot \tilde{g}_{43} + 0.025 & 0.9 \cdot \tilde{g}_{44} + 0.025
\end{pmatrix}
\tag{8.117}
$$

となる。

念のため、式 (8.114) で作成した $\hat{G}$ が確かに推移確率行列となっていることを確認しておこう。はじめに、列の要素の総和 $\sum_{i=1}^{n} \hat{g}_{ij}$ が 1 となっていることを確認しよう。これについては、作り方より $\sum_{i=1}^{n} \tilde{g}_{ij} = 1$ となることを思い出すと、$\hat{G}$ の第 j 列の各要素の総和は

$$
\sum_{i=1}^{n} \hat{g}_{ij} = \sum_{i=1}^{n} \left((1-\varepsilon)\tilde{g}_{ij} + \varepsilon \frac{1}{n} \right)
\tag{8.118}
$$

$$
= (1-\varepsilon) \sum_{i=1}^{n} \tilde{g}_{ij} + \varepsilon \sum_{i=1}^{n} \frac{1}{n}
\tag{8.119}
$$

$$
= (1-\varepsilon) \cdot 1 + \varepsilon n \cdot \frac{1}{n}
\tag{8.120}
$$

$$
= (1-\varepsilon) + \varepsilon = 1
\tag{8.121}
$$

となる。

つづいて、すべての第 j 列において、$0 \le \hat{g}_{ij} \le 1$ となっていることを確認する。$\hat{G}$ のすべての要素 $\hat{g}_{ij}$ は

$$
\hat{g}_{ij} = (1-\varepsilon)\tilde{g}_{ij} + \varepsilon \frac{1}{n}
\tag{8.122}
$$

$$
= (1-\varepsilon) \frac{g_{ij}}{\sum_{k=1}^{n} g_{kj}} + \varepsilon \frac{1}{n} > 0
\tag{8.123}
$$

が得られ、最後の不等式は、各要素が正の値で得られていることと、ε が十分に小さいことからわかる。最後に、先に示した、第 j 列の各要素の総和が 1 であったこと、すなわち $\sum_i \hat{g}_{ij} = 1$ と、すべての i で $\hat{g}_{ij} > 0$ であることを合わせて、すべての i で $\hat{g}_{ij} < 1$ となることがわかる。

以上より、$\hat{G}$ は確率推移行列となっている。次に

- $\hat{G}$ が既約かつ非周期的である

ことを示そう。

既約とはすべてのノードから他のすべてのノードに移動することができることである。これは、作成した推移確率行列 $\hat{G}$ のすべての (i, j) 要素は式 (8.123) より

$$
\hat{g}_{ij} > 0
\tag{8.124}
$$

であり、つまり、すべてのノードから他のすべてのノードへ移動する確率はすべて正である。したがって、推移確率行列$\hat{G}$は既約である。

非周期的であることも、すべてのノードから他のすべてのノードへ移動する確率が正であることからわかる。いまノード数が3以上であることを考えよう。そうするとノードiに注目して

- ノードi → ノードj → ノードi

- ノードi → ノードj → ノードk → ノードi

というノードiへ戻るパスを考えることができる。ここでの距離はそれぞれ2と3であり、これより最大公約数は1となり、ノードiは非周期的である。さらに、既約であることから、すべてのノードに対して、非周期的であることがわかり、推移確率行列$\hat{G}$は非周期的であることも示された。

以上より、ページランクで用いる隣接行列$\hat{G}$が、既約かつ非周期的な推移確率行列となった。このとき、すべて要素が正となる確率ベクトル

$$\boldsymbol{\pi} = \begin{pmatrix} \pi_1 \\ \pi_2 \\ \vdots \\ \pi_n \end{pmatrix} \tag{8.125}$$

が存在し[56]

$$\lim_{k\to\infty} \hat{G}^k = \begin{pmatrix} \pi_1 & \pi_1 & \dots, & \pi_1 \\ \pi_2 & \pi_2 & \dots, & \pi_2 \\ & & \vdots & \\ \pi_n & \pi_n & \dots, & \pi_n \end{pmatrix} \tag{8.126}$$

となることが知られている[57]。この右辺の行列を$\boldsymbol{\Pi}$と表記すると、任意の初期ベクトル$\boldsymbol{h}$に対して

$$\lim_{k\to\infty} \hat{G}^k \boldsymbol{h} = \boldsymbol{\Pi}\boldsymbol{h} = a\boldsymbol{\pi} \tag{8.127}$$

となる。ここでaはベクトル$\boldsymbol{h}$の各要素を足し合わせて得られる定数である。つまり

$$\lim_{k\to\infty} \hat{G}^k \boldsymbol{h} // \boldsymbol{\pi} \tag{8.128}$$

が得られた。

さらには、対処法1のときの議論と同様に、$\boldsymbol{\pi}$は$\hat{G}$における最大の固有値に対応する固有ベクト

---

[56] つまりすべての$i \in \{1, 2, \dots, n\}$で$\pi_i > 0$であり、$\sum_{i=1}^{n} \pi_i = 1$となる。

[57] 詳細な議論は小山 (1999, 定理7.14, p. 270) もしくはNorris (1997, Theorem 1.8.3, p. 41) を参考にするとよい。このような推移はマルコフ連鎖 (Markov Chain) と呼ばれるが、状態ベクトルは行ベクトルとし、推移確率行列の左から掛けることが通例である。このため、推移確率行列の表現も本書のものを転置したものとなるので、その点は注意されたい。

ルでもあり

$$\boldsymbol{\pi} = \hat{\boldsymbol{G}}\boldsymbol{\pi} \tag{8.129}$$

となることも知られている。

　つまり、確率推移行列に対して、既約かつ非周期的という条件を加えることにより、任意の初期状態 $\boldsymbol{h}$ から、均衡でもある最大固有値に対応する固有ベクトルに ($\boldsymbol{\pi}$) へ収束していくことが保証される[58]。

8.10　具体的なネットワークにおけるページランクの導出

　具体的にページランクを求めていこう。注目するネットワークを図 8.9 に示しておく[59]。対処法2で考えた固有ベクトル中心性と、対処法1で考えた列和を1にしたときの固有ベクトル中心性は図 8.10 で示しておく[60]。これらの中心性と対応するページランクを求めていこう。

　はじめに、図 8.9 で示されたネットワークの隣接行列は

$$\boldsymbol{G} = \begin{pmatrix} 0 & 1 & 1 & 1 & 1 \\ 0 & 0 & 1 & 1 & 0 \\ 0 & 0 & 0 & 0 & 1 \\ 0 & 1 & 1 & 0 & 0 \\ 1 & 0 & 0 & 0 & 0 \end{pmatrix} \tag{8.130}$$

であった。ここでは、リンクを貼ることにより、リンク先の中心性を自分が受け取ることができるという仮定がなされていた。

　他方において、8.9.1 項の議論を思い出すと、ページランクでは、相手からリンクを張られることにより自分の中心性 (もしくはウェブページとしての重要性) が上がるという考え方をする。こ

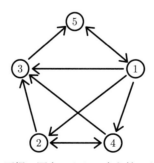

図 8.9　再掲：固有ベクトル中心性のための例

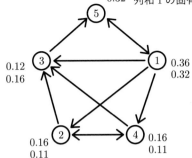

（注）比較がしやすいように中心性の総和は1となるように数値を調整している。

図8.10 再掲：通常の固有ベクトル中心性と列和を1とした固有ベクトル中心性の比較

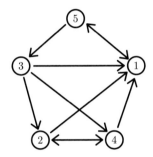

図8.11 再掲：矢印を向きを逆にしたネットワーク

の意味から、実質的な意味を示した**図8.11**のネットワークから考察をはじめる[61]。

つまり、**図8.11**で示されたネットワーク隣接行列 $\boldsymbol{G}_p$ として

$$\boldsymbol{G}_p = \begin{pmatrix} 0 & 0 & 0 & 0 & 1 \\ 1 & 0 & 0 & 1 & 0 \\ 1 & 1 & 0 & 1 & 0 \\ 1 & 1 & 0 & 0 & 0 \\ 1 & 0 & 1 & 0 & 0 \end{pmatrix} \tag{8.131}$$

から考える。もちろんこの $\boldsymbol{G}_p$ はもともとの隣接行列 $\boldsymbol{G}$ を転置したものとなる。これから推移確率行列を作っていくが、**図8.11**からノード3がノード1と2と4に自分の影響力を与えているように、ここでは、行和を1とするように推移確率行列を作らないといけない。すなわち

---

*61 これは**図8.8**の再掲である。

$$\hat{\boldsymbol{G}}_p = \begin{pmatrix} 0 & 0 & 0 & 0 & 1 \\ 1/2 & 0 & 0 & 1/2 & 0 \\ 1/3 & 1/3 & 0 & 1/3 & 0 \\ 1/2 & 1/2 & 0 & 0 & 0 \\ 1/2 & 0 & 1/2 & 0 & 0 \end{pmatrix} \tag{8.132}$$

が得られる。

　ただし、中心性のベクトルは右から掛けることによって、各要素が各ノードの中心性を示すようにしたいので、以上をさらに転置して、最終的な推移確率行列 $\tilde{\boldsymbol{G}}$ として

$$\tilde{\boldsymbol{G}}_p = \begin{pmatrix} 0 & 1/2 & 1/3 & 1/2 & 1/2 \\ 0 & 0 & 1/3 & 1/2 & 0 \\ 0 & 0 & 0 & 0 & 1/2 \\ 0 & 1/2 & 1/3 & 0 & 0 \\ 1 & 0 & 0 & 0 & 0 \end{pmatrix} \tag{8.133}$$

を得る。

　ページランクにおける最終的な行列 $\check{\boldsymbol{G}}$ は[62]、5行5列の行列なので $n = 5$ となり

$$\check{\boldsymbol{G}} = 0.85 \times \begin{pmatrix} 0 & 1/2 & 1/3 & 1/2 & 1/2 \\ 0 & 0 & 1/3 & 1/2 & 0 \\ 0 & 0 & 0 & 0 & 1/2 \\ 0 & 1/2 & 1/3 & 0 & 0 \\ 1 & 0 & 0 & 0 & 0 \end{pmatrix} + 0.15 \times \begin{pmatrix} 1/5 & 1/5 & 1/5 & 1/5 & 1/5 \\ 1/5 & 1/5 & 1/5 & 1/5 & 1/5 \\ 1/5 & 1/5 & 1/5 & 1/5 & 1/5 \\ 1/5 & 1/5 & 1/5 & 1/5 & 1/5 \\ 1/5 & 1/5 & 1/5 & 1/5 & 1/5 \end{pmatrix} \tag{8.134}$$

と具体的に示される。

　この $\check{\boldsymbol{G}}$ における最大固有値に対応する固有ベクトルがページランクとなる。結果として得られたページランクは、これまで求めた二種類の固有ベクトルに関連した中心性とともに、図 8.12 で示されている。ここでは、すべての中心性で各要素の総和が1となるように値を調整している。上段の数値は通常の固有ベクトル中心性 (対処法2) であり、中段の数値は列和を1として固有ベクトル中心性 (対処法1) 、下段の数値はページランクとなっている。

　ページランクは、列和を1とした対処法1による固有ベクトル中心性に近い作り方となっており、値も似ている。このことは、次のように確認できる。ノード2、3、4の関係は、列和を1とした対処法1による固有ベクトル中心性との関係と同様である。つまり、ノード2と4は同じ中心性であり、この値はノード3の中心性より小さい値となっている。また、ノード1と5のページランクと対処法1による固有ベクトル中心性はほぼ同じ値となっている。

---

[62] "ˇ" は「チェック」と読む。

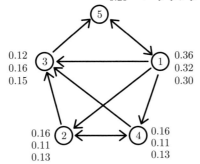

0.21　固有ベクトル中心性（対処法2）
0.32　列和1の固有ベクトル中心性（対処法1）
0.29　ページランク

（注）比較がしやすいように中心性の総和は1となるように数値を調整している。

図8.12　三つの固有ベクトルに関連した中心性の比較

8.11　企業ネットワークにおけるページランク

　ページランクのランキングについて、2008年を**表8.5**、**表8.7**に、2018年を**表8.6**、**表8.8**に示す。ここでは、8.8節に示した固有ベクトル中心性のランキングとの比較をしていく。

　2008年の役員兼任ネットワークの固有ベクトル中心性のランキングでは、日本を代表する企業がランクインをしていた。ページランキングでも同様に日本を代表する企業がランクインしている。役員派遣ネットワーク (有向) を見ると、固有ベクトル中心性のランキングでは、銀行・保険業、また、電力やガスなどの地域の基盤となる企業が含まれていた。ページランクのランキングも、銀行・保険業は同様の傾向であるが、電力やガスという生活インフラに関する企業については東京電力しか含まれていない。また、役員派遣ネットワーク (無向化) において、固有ベクトル中心性のランキングでは、より知名度も劣るような多様な企業を確認できたが、そうした傾向もなくなっている。なお、株式取得ネットワークについては、固有ベクトル中心性のランキングでは解釈が難しかった。しかし、ページランクのランキングでは、無向化されたネットワークでは日本を代表するような企業がランキングしている。また、有向ネットワークでは、無向化されたネットワークのランキングと似たランキングが得られつつ、固有ベクトル中心性でランキングに含まれていた大証金、だいこう証券ビジネスが含まれており、これら二つのランキングをミックスしたようになっている。

　このように、ページランクでは、固有ベクトル中心性のランキングと近いものではあるが、より著名な大企業が含まれ、固有ベクトル中心性のランキングで見られた、知名度は落ちるが興味深い企業を見出しにくくなっている。

　この傾向は2018年でも同様で、ページランクにおける役員兼任ネットワークでは、GMO企業グループを見出すことはできず、役員派遣ネットワークでも、知名度は落ちるが興味深い企業が見出しにくくなっている。株式取得ネットワークの傾向も2008年と同じである。

　以上は、固有ベクトル中心性は、基本的にノード数が最大のコンポーネントに含まれる企業以外は、中心性が0になるなど、ネットワーク構造からの特徴づけにおいて、より極端な企業を選びやすいことからくると思われる。他方で、ページランクでは、その作り方より、ネットワーク全体が一つのコンポーネントとなり、2番目以降の大きさのコンポーネントの企業も比較的大きな中心性をもちやすくなっている。このため、より大きな企業がランキング上位に入りやすくなっていると考えられる。

表 8.5　2008年のページランク中心性ランキング（役員兼任と役員派遣ネットワーク）

	役員兼任ネットワーク			役員派遣ネットワーク（有向）			役員派遣ネットワーク（無向化）	
順位	企業名	PageRank	順位	企業名	PageRank	順位	企業名	PageRank
1	トヨタ自動車	0.001946	1	三菱UFJフィナンシャル・グループ	0.046832	1	三菱UFJフィナンシャル・グループ	0.026213
2	富士急行	0.001761	2	みずほフィナンシャルグループ	0.027410	2	みずほフィナンシャルグループ	0.015109
3	ソニー	0.001665	3	日本生命保険	0.021494	3	りそなホールディングス	0.008979
4	日立製作所	0.001567	4	トヨタ自動車	0.016458	4	三井物産	0.005483
5	古河電気工業	0.001493	5	三井住友フィナンシャルグループ	0.011719	5	三菱商事	0.005399
6	フジタ	0.001374	6	松下電器産業	0.010746	6	三井住友フィナンシャルグループ	0.005221
7	阪急阪神ホールディングス	0.001358	7	東京銀行	0.010310	7	伊藤忠商事	0.005150
8	三井物産	0.001322	8	りそなホールディングス	0.009771	8	日立製作所	0.004483
9	東レ	0.001309	9	東京電力	0.008872	9	NEC	0.003607
10	関西電力	0.001303	10	三菱商事	0.008847	10	野村ホールディングス	0.003342
11	東京急行電鉄	0.001288	11	東京海上日動火	0.008765	11	トヨタ自動車	0.003245
12	三井住友フィナンシャルグループ	0.001286	12	昭和電工	0.008371	12	新日本製鐵	0.003097
13	東京海上ホールディングス	0.001241	13	新日鉱ホールディングス	0.008090	13	東芝	0.003057
14	フジテレビジョン	0.001211	14	日本銀行	0.007713	14	松下電器産業	0.003019
15	パソナグループ	0.001164	15	中央三井トラスト・ホールディングス	0.007678	15	日本電信電話	0.002973
16	京阪電気鉄道	0.001132	16	日立製作所	0.007543	16	横浜銀行	0.002805
17	近畿日本鉄道	0.001121	17	三菱重工業	0.007495	17	日本銀行	0.002797
18	富士電機ホールディングス	0.001105	18	日産自動車	0.007463	18	新生銀行	0.002771
19	日本水産	0.001095	19	新日本製鐵	0.007024	19	住友商事	0.002626
20	ふくおかフィナンシャルグループ	0.001093	20	伊藤忠商事	0.005821	20	丸紅	0.002608

表 8.6　2018年のページランク中心性ランキング（役員兼任と役員派遣ネットワーク）

| | 役員兼任ネットワーク | | 役員派遣ネットワーク（有向） | | 役員派遣ネットワーク（無向化） | |
順位	企業名	PageRank	企業名	PageRank	企業名	PageRank
1	パナソニック	0.001206	三菱UFJフィナンシャル・グループ	0.045510	三菱UFJフィナンシャル・グループ	0.023627
2	近鉄グループホールディングス	0.001183	みずほフィナンシャルグループ	0.028364	みずほフィナンシャルグループ	0.017018
3	関西電力	0.001161	トヨタ自動車	0.021429	りそなホールディングス	0.009868
4	サトーホールディングス	0.001132	日立製作所	0.018823	三菱商事	0.006751
5	イオン	0.001124	日本銀行	0.016941	三井物産	0.005327
6	帝国ホテル	0.001123	JT	0.016623	伊藤忠商事	0.004807
7	三菱商事	0.001121	第一生命ホールディングス	0.015147	日本銀行	0.004229
8	IHI	0.001082	J.フロント リテイリング	0.013286	リクルートホールディングス	0.004205
9	アシックス	0.001077	日本電信電話	0.010629	ソニー	0.004174
10	三菱総合研究所	0.001055	東レ	0.010407	トヨタ自動車	0.004060
11	トランスコスモス	0.001042	三菱ケミカルホールディングス	0.010375	三井住友トラスト・ホールディングス	0.003938
12	京浜急行電鉄	0.001003	ソニー	0.009879	野村ホールディングス	0.003878
13	ゼンショーホールディングス	0.000993	りそなホールディングス	0.008903	日立製作所	0.003775
14	ファーストリテイリング	0.000990	日本生命保険	0.008846	パナソニック	0.003719
15	西日本フィナンシャルホールディングス	0.000981	商工中金	0.008615	日本電信電話	0.003329
16	ヒューリック	0.000980	三菱商事	0.007887	イオン	0.003267
17	USEN-NEXT HOLDINGS	0.000967	NHK	0.007527	新日鐵住金	0.003262
18	三井物産	0.000961	三井住友フィナンシャルグループ	0.006848	東芝	0.002931
19	コマツ	0.000950	日立化成	0.006830	住友商事	0.002813
20	日本取引所グループ	0.000948	パナソニック	0.006606	双日	0.002785

表 8.7 2008年のページランク中心性ランキング (株式取得ネットワーク)

株式取得ネットワーク (有向)			株式取得ネットワーク (無向化)		
順位	企業名	PageRank	順位	企業名	PageRank
1	トヨタ自動車	0.007408	1	三菱商事	0.008360
2	三菱商事	0.006152	2	三井物産	0.007554
3	伊藤忠商事	0.005471	3	イオン	0.007511
4	三井物産	0.005436	4	伊藤忠商事	0.007021
5	日立製作所	0.005292	5	トヨタ自動車	0.006649
6	イオン	0.005265	6	日立製作所	0.005228
7	大証金	0.005035	7	新日本製鐵	0.004535
8	だいこう証券ビジネス	0.004485	8	ホンダ	0.003919
9	新日本製鐵	0.004116	9	三菱電機	0.003403
10	ホンダ	0.002642	10	NEC	0.003232
11	三菱電機	0.002294	11	太平洋セメント	0.002924
12	太平洋セメント	0.002226	12	富士通	0.002847
13	NEC	0.002207	13	丸紅	0.002755
14	住友商事	0.002128	14	住友商事	0.002436
15	丸紅	0.002125	15	住友化学	0.002370
16	富士通	0.001917	16	神戸製鋼所	0.002299
17	神戸製鋼所	0.001893	17	セコム	0.002260
18	ソフトバンク	0.001878	18	住友金属工業	0.002180
19	光通信	0.001832	19	東芝	0.002122

表 8.8　2018年のページランク中心性ランキング (株式取得ネットワーク)

株式取得ネットワーク (有向)			株式取得ネットワーク (無向化)		
順位	企業名	PageRank	順位	企業名	PageRank
1	トヨタ自動車	0.005902	1	イオン	0.007895
2	イオン	0.005231	2	三菱商事	0.007659
3	三菱商事	0.005035	3	伊藤忠商事	0.006671
4	伊藤忠商事	0.004911	4	トヨタ自動車	0.006568
5	日本製鉄	0.003775	5	日本製鉄	0.006054
6	ホンダ	0.002673	6	ホンダ	0.004319
7	光通信	0.002522	7	三井物産	0.003987
8	三井物産	0.002296	8	三菱電機	0.003658
9	三菱電機	0.002201	9	光通信	0.003456
10	ニプロ	0.002158	10	JXTG ホールディングス	0.003352
11	日本電気硝子	0.002056	11	住友化学	0.003100
12	JXTG ホールディングス	0.002013	12	RIZAP グループ	0.002796
13	住友化学	0.001918	13	太平洋セメント	0.002528
14	丸紅	0.001885	14	GMO インターネット	0.002491
15	日立製作所	0.001805	15	神戸製鋼所	0.002435
16	住友商事	0.001744	16	住友商事	0.002311
17	RIZAP グループ	0.001730	17	住友電気工業	0.002251
18	東映	0.001705	18	大日本印刷	0.002186
19	テレビ朝日ホールディングス	0.001671	18	近鉄グループホールディングス	0.002186
20	ソニー	0.001645	20	KDDI	0.002035

8.12　固有ベクトル中心性を使うにあたっての考え方

　はじめに、固有ベクトルは実際に値を求めるときに、数学的な性質のよさがあると求めやすい。この点から、対称行列の固有ベクトルは比較的求めやすいので、固有ベクトル中心性を用いる場合は、無向ネットワークを考えることが多い。特に、大規模ネットワークでは、数値的に固有ベクトルを正しく求められるかどうかということ自体が問題となり、この意味でも、無向ネットワークが好まれる。

　さらには、本章で述べたように、中心性が実数で表現できるかという点も注意すべきである。複素数であれば、虚数の解釈が難しい。それだけでなく、すべて0以上であることも望ましい。もし、

正と負の値が混じっていると、この解釈も難しくなる[63]。以上の意味でも、無向ネットワークの隣接行列つまり、非負の対称行列は望ましい。

　しかしながら、有向ネットワークで固有ベクトル中心性を扱えないということではない。小規模のネットワークならば、直接に固有ベクトルを求めることもでき、また隣接行列の n 乗 ($\boldsymbol{R}^n$) を具体的に計算をするなどして、統計アプリケーションの R における igraph や sna に含まれるコマンドで得られたベクトルと比較することによって、その信頼性を確認することもできる。

　注意すべき点のもう一つは、どのようにして固有ベクトル中心性を実現するかという、背景となる社会的なメカニズムについての議論である。この意味で、もし最大固有値がただ一つ存在する場合は、初期の中心性を隣接行列 $\boldsymbol{G}$ で無限回掛け合わせることによって、固有ベクトル中心性 (と平行なベクトル) が得られることになる。なお、固有ベクトルへの収束については、対称行列であっても必ずしも保証されない。

　また、一つのネットワークが複数のコンポーネントに分かれているとき、最大の固有値をもつコンポーネント以外のコンポーネントに属するノードでは、固有ベクトル中心性の値は0になってしまうという問題が生じる。

　以上の観点から、ページランクでは、値はすべて0以上の実数となり、初期の中心性に隣接行列 $\boldsymbol{G}$ を無限回掛け合わせることによって、固有ベクトルへ収束することも保証されている。また、隣接行列の修正過程において、ネットワーク全体が一つのコンポーネントとなるようにしているので、最大固有値をもつコンポーネントだけしか正の中心性の値を取り得ないという問題も回避できる。しかしながら、ページランクにおいては、ある主体の中心性の他の主体への影響は、リンクの数に依存して小さくなるという仮定がなされている。もし中心性の源泉として、情報の拡散というものを考えるのであれば、そのときには、複数のノードにわたっても情報の価値は減少しないこともあり得るので、ページランクで考える仮定が当てはまらない場合も出てくる。このように、ページランクの使用においては、以上の仮定が妥当するかどうかを確かめる必要がある[64]。

　まとめると、もし細かな点を気にしたくなければ、ただ一つのコンポーネントをもつ無向ネットワークで固有ベクトル中心性を考えるべき、という大まかな考え方 (Rule of Thumb) が得られる[65]。というのも、非負の値をもつ固有ベクトル中心性が必ず得られ、より小さなコンポーネントに含まれるすべてのノードの中心性が0となるという問題も起こらないからである。別の言い方をすると、有向ネットワークを考える場合は、社会科学的に意味のある値が求められるかどうかについて、数学的な知識も含めて、注意を払わなければならない。

---

[63]　本文内で述べたことの繰り返しとなるが、固有ベクトルに任意の実数を掛けても固有ベクトルとなるので、-1 を掛けると大小関係が反対となってしまう。

[64]　実際には、対処法2における固有ベクトル中心性が、固有ベクトルを用いる中心性の中では、最も一般的な中心性概念となっている。この理由としては、隣接行列に追加的な修正をしないという意味で、より自然という理解がなされているためであろう。

[65]　もちろん、異なる考え方も存在する。例えば、Wasserman and Faust (1994, p. 207) では、有向ネットワーク (つまり、非対称行列の議論の中) で固有ベクトル中心性を扱っている。しかしながら、非対称行列に対する固有ベクトルの扱いにくさもあり、本書で述べた対処法1が推奨されている。

8.13 補論：ページランクの確率推移行列でリンクの向きとリソースの流れを同じにする

8.9.1項で隣接行列から確率推移行列を求めるときに、リンクの向きとノード間のパワーやリソースの流れを逆に考えないといけなかった。ここでは、これらの向きを逆にするというわずらわしさをなくす方法を示す。つまり、実質的な意味を示している**図8.8**に直接対応する隣接行列からページランクで用いる確率推移行列を求める場合にはどうすればよいかを解説する。

図8.8に対応する隣接行列は

$$\boldsymbol{G} = \begin{pmatrix} 0 & 0 & 0 & 0 & 1 \\ 1 & 0 & 0 & 1 & 0 \\ 1 & 1 & 0 & 1 & 0 \\ 1 & 1 & 0 & 0 & 0 \\ 1 & 0 & 1 & 0 & 0 \end{pmatrix} \tag{8.135}$$

となる。

しかし、ここでの解釈は第 (i, j) 要素では、第 i ノードから第 j ノードへ中心性が流れる場合に1となる。例えば、第2行に注目すると、ノード2からどのノードへ移動するかがわかる。ここでは、ノード1とノード4へ中心性が流れることがわかる。このため、行和を1とするように考えないといけない。

結果として、各行和を1と変換した確率推移行列が

$$\tilde{\boldsymbol{G}} = \begin{pmatrix} 0 & 0 & 0 & 0 & 1 \\ 1/2 & 0 & 0 & 1/2 & 0 \\ 1/3 & 1/3 & 0 & 1/3 & 0 \\ 1/2 & 1/2 & 0 & 0 & 0 \\ 1/2 & 0 & 1/2 & 0 & 0 \end{pmatrix} \tag{8.136}$$

となる。

さて、ここで中心性が移動した結果どうなるかということについては、左から行ベクトルとしての初期中心性を掛けるとよい。確認すると

$$\left(c_1, c_2, c_3, c_4, c_5 \right) \cdot \begin{pmatrix} 0 & 0 & 0 & 0 & 1 \\ 1/2 & 0 & 0 & 1/2 & 0 \\ 1/3 & 1/3 & 0 & 1/3 & 0 \\ 1/2 & 1/2 & 0 & 0 & 0 \\ 1/2 & 0 & 1/2 & 0 & 0 \end{pmatrix} \tag{8.137}$$

$$= \left(\frac{1}{2}c_2 + \frac{1}{3}c_3 + \frac{1}{2}c_4 + \frac{1}{2}c_5, \; \frac{1}{3}c_3 + \frac{1}{2}c_4, \; \frac{1}{2}c_5, \; \frac{1}{2}c_2 + \frac{1}{3}c_3, \; c_1 \right) \tag{8.138}$$

となり、中心性が移動した結果としての中心性が得られる。

ここで各要素を中心性とした行ベクトルを $\boldsymbol{c}'$ と表現して(ベクトルの基本は列ベクトルなので転

置して行ベクトルを表現している)、中心性がどんどん変化していく様子は

$$c'\tilde{G} \to c'\tilde{G}^2 \to c'\tilde{G}^3 \to c'\tilde{G}^4 \to \cdots \tag{8.139}$$

として表現される。

　つまり、最初の中心性の行ベクトルを c'_1 として、確率推移行列で一度変換した後の中心性の行ベクトルを c'_2 とする場合は

$$c'_2 = c'_1\tilde{G} \tag{8.140}$$

という関係が得られる。これより、行ベクトルの総和を1として確率推移行列を作り、中心性のベクトルを行として左から掛けることによって、もともとの隣接行列からネットワークグラフの向きを逆に解釈するというわずらわしさがなくなる。

　最後に補足の議論をする。すなわち、中心性についてのベクトルを行から列にするように変換する。これは両辺について転置をすればよい。つまり

$$(c'_2)' = (c'_1\tilde{G})' \tag{8.141}$$

$$\iff c_2 = \tilde{G}'(c'_1)' \tag{8.142}$$

$$\iff c_2 = \tilde{G}'c_1 \tag{8.143}$$

が得られる。以上のように、中心性のベクトルを列ベクトルで直すと、この列ベクトルは右から掛けることになり、さらに、以上の $\tilde{G}'$ は

$$\begin{pmatrix} 0 & 1/2 & 1/3 & 1/2 & 1/2 \\ 0 & 0 & 1/3 & 1/2 & 0 \\ 0 & 0 & 0 & 0 & 1/2 \\ 0 & 1/2 & 1/3 & 0 & 0 \\ 1 & 0 & 0 & 0 & 0 \end{pmatrix} \tag{8.144}$$

となる。以上は、式 (8.106) で示した確率推移行列と対応している。

8.14 Rによる固有ベクトル中心性とページランクの導出

8.3節で求めた固有ベクトル中心性をRで求めていこう。
はじめに隣接行列を

```
G <- matrix(
          c(0, 1, 1, 1, 1,
            0, 0, 1, 1, 0,
            0, 0, 0, 0, 1,
            0, 1, 1, 0, 0,
            1, 0, 0, 0, 0), nrow=5, ncol=5, byrow = T)
```

として読み込んでおく。

　ネットワークを描画したい場合はsnaパッケージ、もしくはigraphパッケージを読み込んで描ければよい。ここではsnaを用いることにすると

```
library("sna")
gplot(G, gmode="digraph", label=c(1: ncol(G)))
```

とする。

　固有値と固有ベクトルを求めるには

```
myeigen <- eigen(G)
```

とする。固有値は

```
myeigen$values
```

として得られて、絶対値は

```
abs(myeigen$values)
```

として得られて、絶対値の大きさ順に並んでいることがわかる。それぞれに対応する固有ベクトルは、固有値の順番通りに並んでいて

```
myeigen$vectors
```

として得られる。最大の固有値の固有ベクトルは一番最初のベクトルなので

```
myeigen$vectors[, 1]
```

で得られて、マイナスを掛けて正の値にするには

```
-myeigen$vectors[, 1]
```

とすればよい。これが固有ベクトル中心性となる。各要素の総和を1にするように調整した固有ベクトル中心性とするには

```
-myeigen$vectors[, 1]/sum(-myeigen$vectors[, 1])
```

とすればよい。

　snaのコマンドで直接求めるには

```
evcent(G)
```

とする。総和を1とするように値を調整するには

```
evcent(G)/sum(evcent(G))
```

としてもよいし、コマンドでのオプションの指定で

```
evcent(G, rescale = TRUE)
```

としてもよい。

8.4節では、列和を1とした後に、最大の固有値である固有値1に対応する固有ベクトルを求めた。これは、変換した隣接行列を

```
G <- matrix(
            c(0, 1/2, 1/3, 1/2, 1/2,
              0,   0, 1/3, 1/2,   0,
              0,   0,   0,   0, 1/2,
              0, 1/2, 1/3,   0,   0,
              1,   0,   0,   0,   0), nrow=5, ncol=5, byrow = T)
```

として、先と同じ手順を繰り返せばよい。

最後にページランクを求めよう。式 (8.131) で示した実質的な流れを示す隣接行列を

```
Gp <-matrix(
            c(0, 0, 0, 0, 1,
              1, 0, 0, 1, 0,
              1, 1, 0, 1, 0,
              1, 1, 0, 0, 0,
              1, 0, 1, 0, 0), nrow=5, ncol=5, byrow = T)
```

として読み込んでおく。行和を1とするには

```
hatGp <- Gp /rowSums(Gp)
```

とすればよい。

右側から中心性のベクトルを掛けて意味が合うように転置をして

```
tildeGp <- t(hatGp)
```

という推移確率行列を得る。

ノイズについての行列は

```
n <- nrow(tildeGp)
u <- matrix(1/n, nrow = n, ncol = n)
```

として、ノイズについての行列に対するパラメータを

```
e <- 0.85
```

として、ページランクで最終的に用いる修正された隣接行列を

```
checkG <- e *tildeGp + (1 -e) *u
```

として得る。

あとは、最大固有値に対応する固有ベクトルを求めると、これはページランクに他ならず

```
myeigen <- eigen(checkG)
mypage <- myeigen$vectors[, 1]
mypage
```

とすると求められる。ページランクの総和を1とするように調整するには

```
mypage/sum(mypage)
```

とすればよい。

　igraphを用いるとコマンドで直接に求めることができる。いままではsnaを用いていたので、これを除いて、igraphを読み込むために

```
detach("package:sna", unload=TRUE)
library("igraph")
```

とする。その後に、ページランクは直接に

```
myg <- graph_from_adjacency_matrix(Gp)
mypage.rank <- page_rank(myg, damping = 0.85)
mypage.rank$vector
```

で得られる。このページランクもページランクの総和は1となるように調整されている。

　その他にも、Rのスクリプトファイルの"固有ベクトル中心性とページランク.r"では、igraphで固有ベクトル中心性を求める方法の紹介、収束しない状況の数値的な確認、そして、コンポーネントと固有ベクトル中心性との関係の確認を行っている。興味ある読者は、適宜参照してもらいたい。

📑 章末まとめ

- 固有ベクトル中心性とは、より中心性の高いノードにつながることで、自分の中心性をより高められるという性質をもつ。また、初期の中心性がネットワークを通じて新しい中心性に変化し、さらに新しい中心性がネットワークを通じて新しい中心性へさらに変化するという、ネットワークの効果の無限の繰り返しの先で得られる中心性でもある。

- 固有ベクトル中心性は、最大の固有値に対応する固有ベクトルを考える。そうすることによって、中心性を非負の実数にできる。さらに最大の固有値が唯一であれば、中心性の収束も保証されるなど、望ましい性質を得られる。

- インターネット上のより重要なウェブページを見つけ出すために考案されたページランクも、固有ベクトルから得られる中心性であり、固有ベクトル中心性と同様の性質をもつ。また、一つのコンポーネントを得るため、複数のコンポーネントがあるときの問題を回避できる。なお、リンク数が多いと一つ当たりのノードに伝わる中心性が小さくなるという定式化となっている。

💭 考えてみよう

1. 固有ベクトル中心性がより当てはまる状況を考えてみよう。
   - 例えば、政治家において、人脈の豊かさでその人の評判が決まることは自然である。より有力な政治家につながるとその人の評判も高くなるであろう。また、評判とはネットワーク内で変化していく過程よりも、最終的にどのような状態かということが重要であるから、固有ベクトル中心性で、$\lim_{k \to \infty} G^k \mathbf{1}$ という収束先を考えることも整合的といえるだろう。

2. 固有ベクトル中心性では、ある主体の中心性を1として、その主体が三つのリンクをもっていたとしても、それぞれのリンクで中心性1が伝わることになる。他方で、ページランクでは、ある主体の中心性を1として、その主体が三つのリンクをもっていたら、それぞれのリンクで中心性1/3が伝わることになる。それぞれに適した状況を考えよ。
   - ページランクでの解釈は素直で、主体がもつ資源が有限で競合する場合に当てはまる。典型的な例が時間で、60分の時間を使えるとして、一人に対しては60分を、三人に対しては一人当たり20分を使えることになる。ただし、それほど時間のかからないアドバイスや、情報の共有であれば、競合の度合いが薄れ、複数の主体で同時に同程度の便益を一人の主体から受けることができる。この場合は固有ベクトル中心性がより適切であろう。論文の執筆で大御所の先生が多くの論文に同時に名を連ねることがあるが、これはアドバイス的な役割を担っており、競合の度合いの小さい貢献を各論文で行っているからと考えられる。

$^{N_0^5}$ 記号や数学に関する確認問題

1. 8.6.3 項の式 (8.71) から式 (8.83) までの展開を自分でできるか確認せよ。
2. 他にも行列やベクトルを用いた式展開が多いので、各部分を限定して、本文を見ないで自分で導出できるかを確認するとよい。

🅡 Rを用いて考えよう

- "固有ベクトル中心性とページランク.r" では本文内の解説の順にしたがって、以下を行っている。
  - 固有ベクトル中心性を求める。
  - 対処法1の中心性を固有ベクトルにしたがって求める。
  - 収束しない状況を確認する。
  - 最大の固有値をもつコンポーネントのみが正の中心性を得ることを確認する。
  - 対処法1でも収束しない状況が変わらないことを確認する。
  - ページランクを求めている。

コラム

Add-Health data

　大規模なネットワークデータとして有名なものに、ノースカロライナ大学を中心に収集されている Add-Health data というものがある。これは米国の Grade 7 から 12 まで (日本でいうところの中学生と高校生) の生徒が対象となっている。1994 年から 1995 年に行われた最初の調査では、144 の学校の 90000 人ほどの生徒に対してアンケート調査がなされ、つづいて、1996 年には 128 の学校の 15000 人ほどの生徒に対して、追跡のアンケートとインタビュー調査がなされた。その後も追跡調査が継続されている。

　ここでは、友人に対する調査もなされている。つまり、最大 5 名までの男性の友人および最大 5 名までの女性の友人が挙げられている。これより、大規模なネットワークデータを得ることができる。また、さまざまな生徒に対する属性もデータとして取得されている。

　この友人ネットワークを用いて、Calvó-Armengol et al. (2009) では、ボナチッチ・パワー中心性についての実証分析がなされた。この中心性については第 9 章で解説をしている。ボナチッチ・パワー中心性では、隣接行列に G に掛けられる β というパラメータの値の設定が必要となるが、このパラメータもデータから推定していることも特徴の一つである。同様の分析は、日本の大学の小規模なデータでも試みられた (藤山, 2014)。ともに、よりボナチッチ・パワー中心性の高い主体がより高い学業成果を収めていた。

　もう一つ、Add-Health data を用いた分析を紹介しておこう。それは、友人・知人からの異なる効果の分析である (Fujiyama et al., 2021)。この友人・知人からの効果とは第 9 章で述べるピア効果に他ならない。結果として、友人からの効果は良い面も悪い面もあるが、部活動 (extracurricular activity) の部員からの効果は良い面のみあることが示された。つまり、友人関係においては、自分の友人の平均 GPA が自分より高い場合は、自分の GPA も高くなる傾向があり、自分の友人の平均 GPA が自分より低い場合は、自分の GPA も低くなる傾向があった。しかしながら、部活動においては、自分の所属する部の部員の平均 GPA が自分より高い場合は、自分の GPA も高くなる傾向があったが、自分の所属する部の部員の平均 GPA が自分より低い場合は、自分の GPA は変化しなかった。以上の背景となる理論は、友人関係は情緒的でどのような行動でも同調への圧力が高いが、部活動での交友関係では、部活動以外での交友を断つことも容易であり、よい効果のみ選択的に享受できるというものである。

　そのほかにも、より人気の高い生徒が、よりうつ病を発症しやすい傾向があることが示されるなど (Guan and Kamo, 2016)、Add-Health data を用いてさまざまな興味深い研究成果が生まれている。

第9章　ナッシュ均衡と中心性

第6章から第9章ではネットワークの中心性の概念を解説してきた。この章では、再びゲーム理論に戻ろう。ネットワークとは各個人が誰と付き合っているかを示しているが、自分の付き合っている仲間の行動は自分の行動へも影響を及ぼすであろう。ここで、相手がより努力をすれば自分も努力をした方がより利得が上がるような状況を考える。このときに、ナッシュ均衡で示される最適な行動水準は、ボナチッチ・パワー中心性と深い関係をもつ。つまり、ゲーム理論におけるナッシュ均衡と社会ネットワーク分析における中心性概念のきれいな対応を確認することができる。

9.1　ピア効果の経済モデルにおける均衡

9.1.1　ピア効果の定式化

　ゲーム理論では、自分の行動が、相手の行動から影響を受けるという、駆け引きのある状況を分析した。第4章で述べたネットワーク上での公共財供給の分析では、ネットワークで直接につながっている主体がどれくらい貢献をしているかが問題となった。ここでは、相手の貢献が多ければ、自分の貢献を少なくすることができた。このような相手の行動水準がより大きくなると、自分の行動水準はより小さくなるという状況は**戦略的代替** (strategic substitutes) と呼ばれる。

　友人づきあいを考えてみると、また、違った関係も考えられる。例えば、遊び人の友人をもつと、自分の遊び時間も増えていくであろう。週に5日は夜に飲み歩く友人とより交友を深めるためには、自分も同様に飲み歩くことが望ましいであろう。友人がタバコを吸っているのであれば、自分もタバコを吸った方が、お互い紫煙を燻らせながら気兼ねなく交流できるであろう。こうした例は社会的には望ましいとは言い難い行動がお互いに強化される例である。

　もちろん、より望ましいと思われる例もある。例えば、知的レベルの高い友人と付き合うと、そうした知的会話をより一層楽しむために、自分の知的な活動が増えていくであろう。書物でも映画でも、共通の読書体験、視聴体験を踏まえ、自分なりの解釈を交換し、より理解を深めることは楽しいことである。チームスポーツでも、チームメイトの技術レベルが上がると、自分の技術を上げることによってできるプレーの幅も広がっていき、より楽しめることになる。野球であれば、内野のダブルプレーを取ろうとしても、自分がショートとして、相手のセカンドの技量が低ければ、ショートはダブルプレーをしようとするインセンティブが小さくなる。アメリカンフットボールでも、優秀なランニングバックがいれば、ラインのメンバーも、ランプレーを成功させるため、より強くなろうとするだろう。サッカーでも、パスを出す側と受ける側で、パスコースのコースどりを適切にできるか、正確にパスコースにパスができるかで、よりうまくなろうとするときのインセンティブが変わってくるだろう。

このような相手の (遊びであれ知的活動であれ) 行動水準が高くなると、自分の行動水準も高くなるという状況も多く考えられる。こうした状況は**戦略的補完**(strategic complements) と呼ばれる。

「戦略的代替」であれ、「戦略的補完」であれ、相手の行動によって自分の行動が変化してくることになる。ネットワーク分析においては、相手とは不特定の他者ではなく、自分と直接関係をする相手に他ならず、自分と関係する他者から影響を受け自分の行動が変わってくることを**ピア効果**(peer effect) と呼ぶ。以下では、この「ピア効果」を含む状況をモデルとして考えていく。

はじめに、

- 主体 i の行動水準を x_i とする

としておこう。先の例からは、飲み会に行く回数でも、スポーツの練習量でもよい。もちろん、この直接の行動から、各主体は便益を得る。この部分について単純に

- 主体 i の便益 (うれしさ) は、行動水準 x_i に依存して決まり、ここでは x_i だけ得る

と仮定する。つまり、飲み友達と飲み会をともにすれば楽しい時間を過ごせることや、スポーツの例ではより多く練習をすれば、その分だけの技術の向上という便益を得ると考える。

他方において、飲み会であれば飲み会代がかかり、練習をすればそれだけ肉体的・精神的にも疲労するので、この部分は費用として定式化しておく。この費用は

- 主体 i の費用は、行動水準 x_i に依存して決まり、$\dfrac{1}{2\beta}x_i^2$ だけこうむる

とする。係数の $\dfrac{1}{2\beta}$ については、後に分析をするときに比較的単純な形になるように置いているだけで、気になれば単に β としても構わない。また、x_i^2 と 2 乗の形となっている理由は、十分に行動水準 x_i が大きいときには、必ず費用が便益を上回るようにするためである。

以上をまとめると、主体 i の利得関数 u_i が

$$u_i = x_i - \frac{1}{2\beta}x_i^2 \tag{9.1}$$

と表されることになる[*1]。

ここでの主体 i の利得を最大にする x_i は次のようにして求められる。これは**図 9.1**で示されるように、利得関数は 2 次関数であり、利得の最大値は接線の傾きを 0 とする x_i で特徴づけられる。ある関数の接線の傾きを求めるにはその関数の導関数を求めればよく、導関数はその関数を微分することにより得られる。

---

*1　利得と便益という用語がやや紛らわしいが、ここでは、便益から費用を引くことによって利得が得られるという用い方をしている。

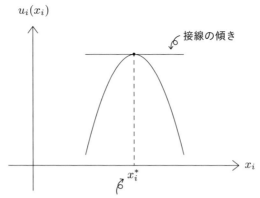

図 9.1 利得最大にする行動水準

したがって、式 (9.1) の導関数は

$$\frac{du_i(x_i)}{dx_i} = 1 - \frac{1}{\beta}x_i \tag{9.2}$$

となる。この導関数が 0 のところで接線の傾きが 0 となるので

$$1 - \frac{1}{\beta}x_i = 0 \tag{9.3}$$

$$\Longleftrightarrow \frac{1}{\beta}x_i = 1 \tag{9.4}$$

$$\Longleftrightarrow x_i = \beta \tag{9.5}$$

が得られる[*2]。ここで利得を最大にする最適水準ということを $*$ で示して、$x_i^* = \beta$ と表現しておく。

さらに、以上の利得関数に対してピア効果を含めることにする。

相手との関係については、隣接行列 $\boldsymbol{G}$ を用いることにする。つまり、主体 i が主体 j と友人である、もしくは、同じクラブに所属している場合は $g_{ij} = 1$ となる。この主体 j との関係において、相手の行動水準が高いときは自分の行動水準が同じでも、より大きな便益を得られるとしよう。このことを

- 行動水準 x_i と j の行動水準 x_j から、主体 i は便益 $g_{ij}x_ix_j$ を得る

と表現する。つまり、$g_{ij} = 1$ のときに、x_i を 1 だけ増加させると、便益が x_j だけ増加する。他のすべての主体について以上を考慮すると、まとめて

- 主体 i のピア効果は $\displaystyle\sum_{i=1}^{n} g_{ij}x_ix_j$ となる

ことがわかる[*3]。

[*2] x_i^2 の係数を $\frac{1}{2\beta}$ としたおかげで、このように x_i の最適解で β と単純な表記ができた。

まとめると、主体iの利得関数が

$$u_i = x_i - \frac{1}{2\beta}x_i^2 + \sum_{i=1}^{n} g_{ij}x_ix_j \tag{9.6}$$

として表現される。もちろん、主体は1からnまでいるので、$i \in \{1, \ldots, n\}$となる。繰り返しとなるが、x_iは主体iの行動水準であり、g_{ij}は隣接行列$\boldsymbol{G}$の(i, j)要素である。βは正の値として、努力のコストの水準を決めるパラメータである。第1項は行動から得られる便益であり、第2項は行動のコストであり、第3項は友人からのピア効果となっている。

9.1.2 利得最大化とナッシュ均衡

利得を最大化する条件は、先ほどと同様に求められる。つまり、すべての主体$i \in 1, 2, \ldots, n$に対して

$$\frac{du_i}{dx_i} = 0 \tag{9.7}$$

という条件のもとで求められる[*4]。

以下では、これを解いていく。つまり

$$\frac{du_i}{dx_i} = 0 \tag{9.8}$$

$$\iff 1 - \frac{1}{\beta}x_i + \sum_j g_{ij}x_j = 0 \tag{9.9}$$

となる。

以上を主体1について書き下すと、$g_{11} = 0$となることに注意して

$$1 - \frac{1}{\beta}x_1 + g_{12}x_2 + g_{13}x_3 + \ldots + g_{1n}x_n = 0 \tag{9.10}$$

となる。

これを、すべての主体について行い、並べると

$$\begin{cases} 1 - \frac{1}{\beta}x_1 + g_{12}x_2 + g_{13}x_3 + \ldots + g_{1n}x_n = 0 \\ 1 - \frac{1}{\beta}x_2 + g_{21}x_2 + g_{23}x_3 + \ldots + g_{2n}x_n = 0 \\ \vdots \\ 1 - \frac{1}{\beta}x_n + g_{n1}x_2 + g_{n2}x_3 + \ldots + g_{n,n-1}x_{n-1} = 0 \end{cases} \tag{9.11}$$

となる。

以上を、行列表記すると[*5]

[*3] $g_{ii} = 0$なので、jを単純に1からnまでのすべてについて、g_{ij}を含む項を足し合わせている。

[*4] これは最大化のための1階条件と呼ばれる。

$$\begin{pmatrix} 1 \\ 1 \\ \vdots \\ 1 \end{pmatrix} - \frac{1}{\beta} \begin{pmatrix} x_1 \\ x_2 \\ \vdots \\ x_n \end{pmatrix} + \begin{pmatrix} 0 & x_{12} & x_{13} & \cdots & x_{1n} \\ x_{21} & 0 & x_{23} & \cdots & x_{2n} \\ x_{31} & x_{32} & 0 & \cdots & x_{3n} \\ \vdots & \vdots & \vdots & \ddots & \vdots \\ x_{n1} & x_{n2} & x_{n3} & \cdots & 0 \end{pmatrix} \cdot \begin{pmatrix} x_1 \\ x_2 \\ \vdots \\ x_n \end{pmatrix} = \begin{pmatrix} 0 \\ 0 \\ \vdots \\ 0 \end{pmatrix} \tag{9.12}$$

$$\iff \mathbf{1} - \frac{1}{\beta}\boldsymbol{x} + \boldsymbol{G}\boldsymbol{x} = \mathbf{0} \tag{9.13}$$

となる。両辺に β を掛けて、整理していくと

$$\beta\mathbf{1} - \boldsymbol{x} + \beta\boldsymbol{G}\boldsymbol{x} = \mathbf{0} \tag{9.14}$$

$$\iff \boldsymbol{x} - \beta\boldsymbol{G}\boldsymbol{x} = \beta\mathbf{1} \tag{9.15}$$

$$\iff \left(\boldsymbol{I} - \beta\boldsymbol{G}\right)\boldsymbol{x} = \beta\mathbf{1} \tag{9.16}$$

$$\iff \boldsymbol{x} = \left(\boldsymbol{I} - \beta\boldsymbol{G}\right)^{-1}\left(\beta\mathbf{1}\right) \tag{9.17}$$

が得られる。

　以上で示された行動水準のベクトル $\boldsymbol{x}$ は、他の主体の行動を所与として利得を最大とするように最適な行動をとっている。この状態はナッシュ均衡の定義も満たしており、ゲーム理論におけるナッシュ均衡での行動水準を示している。

　例えば、**図9.2**のような、ネットワークを考えてみよう。$\beta = 0.3$ とすると、以下のように解くことができる。つまり

$$\begin{pmatrix} x_1 \\ x_2 \\ x_3 \\ x_4 \\ x_5 \\ x_6 \end{pmatrix} = \left(\begin{pmatrix} 1 & 0 & 0 & 0 & 0 & 0 \\ 0 & 1 & 0 & 0 & 0 & 0 \\ 0 & 0 & 1 & 0 & 0 & 0 \\ 0 & 0 & 0 & 1 & 0 & 0 \\ 0 & 0 & 0 & 0 & 1 & 0 \\ 0 & 0 & 0 & 0 & 0 & 1 \end{pmatrix} - 0.3 \begin{pmatrix} 0 & 1 & 0 & 0 & 1 & 0 \\ 1 & 0 & 1 & 0 & 1 & 0 \\ 0 & 1 & 0 & 0 & 1 & 1 \\ 0 & 0 & 0 & 0 & 1 & 0 \\ 1 & 1 & 1 & 1 & 0 & 0 \\ 0 & 0 & 1 & 0 & 0 & 0 \end{pmatrix} \right)^{-1} \left(0.3 \begin{pmatrix} 1 \\ 1 \\ 1 \\ 1 \\ 1 \\ 1 \end{pmatrix} \right) \tag{9.18}$$

$$\iff \begin{pmatrix} x_1 \\ x_2 \\ x_3 \\ x_4 \\ x_5 \\ x_6 \end{pmatrix} = \begin{pmatrix} 1.65 & 1.05 & 0.72 & 0.34 & 1.13 & 0.22 \\ 1.05 & 2.08 & 1.15 & 0.42 & 1.41 & 0.35 \\ 0.72 & 1.15 & 1.89 & 0.37 & 1.24 & 0.57 \\ 0.34 & 0.42 & 0.37 & 1.21 & 0.70 & 0.11 \\ 1.13 & 1.41 & 1.24 & 0.70 & 2.35 & 0.37 \\ 0.22 & 0.35 & 0.57 & 0.11 & 0.37 & 1.17 \end{pmatrix} \begin{pmatrix} 0.3 \\ 0.3 \\ 0.3 \\ 0.3 \\ 0.3 \\ 0.3 \end{pmatrix} \tag{9.19}$$

---

*5 行列やベクトルの掛け算と足し算が前提知識となっている。これについては、掛け算については2.5.2項に簡単な解説を、足し算などについては8.9.2項の脚注55に簡単な解説をしているので、適宜戻ってもらいたい。

$$\Longleftrightarrow \begin{pmatrix} x_1 \\ x_2 \\ x_3 \\ x_4 \\ x_5 \\ x_6 \end{pmatrix} = \begin{pmatrix} 1.53 \\ 1.94 \\ 1.78 \\ 0.95 \\ 2.16 \\ 0.83 \end{pmatrix} \tag{9.20}$$

となる。この x で均衡での各ノードの行動水準が示される。**図9.2**では、ノードの横の数値で表している。確認すると、ノード5が最大の行動水準となっており、ノード6が最小の行動水準となっている。直感的に他のノードとつながっているほど、行動水準が大きくなっていることが伺える。これは、他のノードとよりつながっているほど、より大きなピア効果を受けるためと解釈できる。

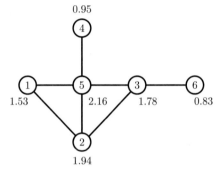

図 9.2　ネットワークとナッシュ均衡としての行動水準

9.2　ボナチッチ・パワー中心性

9.2.1　基本的な考え方と定義

図9.2におけるナッシュ均衡での行動水準は、他のノードとのつながりの程度と関係があるように見えた。実際に、ナッシュ均衡での行動水準は**ボナチッチ・パワー中心性** (Bonacich power centrality) と深い関係がある。そのため、以下では、ボナチッチ・パワー中心性について解説をする[6]。

　ここでは、固有ベクトル中心性から考えを拡張していく。主体1から主体nまでの、固有ベクトル中心性のベクトルを c_E とすると

---

[6]　ボナチッチ・パワー中心性の名称について、以下のように、さまざまな呼び方がある。つまり

- 経済学系の論文ではカッツ・ボナチッチ中心性 (Katz-Bonacich centrality)
- Borgatti et al. (2018)ではベータ中心性 (beta centrality)
- Rのパッケージであるsnaやigraphではボナチッチ・パワー中心性 (Bonacich power centrality)

と呼ばれる。また、鈴木 (2017)では「ボナチッチのパワー中心性」を用いており、やや記述を簡略化して本書では「ボナチッチ・パワー中心性」を用いることにした。

$$c_E = \lim_{k \to \infty} \tilde{G}^k 1 \tag{9.21}$$

という等式が成立した[*7]。

ここで次のような考え方をしていこう。つまり、kが∞となっている状況だけを考えるのではなく、$G1$の効果、$G^2 1$の効果、$G^3 1$の効果などの個別の効果をそれぞれ含めていく。

例えば、グループ内で会議などの回数を重ねることによって、議論が深まるなどの効果は、最終的な案だけではなく、その回数ごとに、会議の参加者は便益を受け、それが蓄積されるという状況である。会議以外にも、グループ内 (例えば大学でのゼミ内) での交流を考え、交流の回数ごと (授業の回数ごとに) に、親睦が深まる、新しい情報が共有されるなどで便益が生じるという状況も考えられる。すなわち

$$G1 + G^2 1 + G^3 1 + G^4 1 + \cdots \tag{9.22}$$

というように各効果を累積的に足していく。この考え方で導いた中心性が、ボナチッチ・パワー中心性である。

もちろん、無限に項を足していくと、値が無限大に発散していく可能性があるので、各値を割り引いていく因子としてβを導入して、以下の中心性 (c)

$$c = G1 + \beta G^2 1 + \beta^2 G^3 1 + \beta^3 G^4 1 + \cdots \tag{9.23}$$

$$= \sum_{k=0}^{\infty} \beta^k G^{k+1} 1 \tag{9.24}$$

を考える。ここで、他者からの正の効果を前提とするので$\beta > 0$としておく[*8]。また、収束を保証するために、$|\beta| < 1$は必ず成立しないといけない[*9]。$|\beta|$を具体的にどれほど小さくしないといけないかは、9.4 節でより詳細に解説する。

実は、このような関係は

$$c = G1 + \beta G c \tag{9.25}$$

から導かれることが知られている。

この定義式を解釈していこう。この等式では、各主体の中心性 (つまり、左辺のc) の定義式の右

[*7] より正確には$c_E // \lim_{k \to \infty} \tilde{G}^k 1$であるが、この章の残りの議論と合わせるために等号で表した。結局のところ $//$ が示すことは、比例の関係であり、ある定数倍を掛けて等しくなるということである。したがって、気になる場合は、その定数倍をして調整をする、もしくは、中心性の総和を1とするように標準化して考えることで、等号にできる。

[*8] より中心性の高い主体と直接つながるときにマイナスの効果が出てしまうという状況に対しては、$\beta < 0$にするとよい場合がある。例えば有力者に近づきすぎると自由が効かなくなって、逆に利得が下がるというような状況である。つまり、$\beta < 0$にすると、$\beta^k G^k$においてkが奇数のときには、負の効果を含めることができる。もちろんkが偶数のときには正の効果となる。こうした点については、Bonacich (1987) を参考にするとよい。

[*9] ここでは、$\beta > 0$を前提としているので、$\beta < 1$とだけ示してもよい。しかしながら、より本質的には、$\lim_{k \to \infty} \beta^n = 0$という性質がより重要なので、それをより意識できるように、そして、一つ前の脚注で述べたようにボナチッチ・パワー中心性ではβを負の値にするときもあるので、$|\beta| < 1$という表現とした。

辺にもcが出てしまっている。これは自分の中心性は他者に依存しているが、他者の中心性も自分に依存しているという、相互依存を示している。つまり、固有ベクトル中心性と同じ性質をもっている。さらに、固有ベクトル中心性のときの議論と同様に以上を関数とみなすと、右辺からインプットしたcが関数によって変換されて、cがまた戻るという均衡を示していることになる。

実際に中心性cを求めるには、この等式をcについて解く。すなわち

$$c = G1 + \beta Gc \tag{9.26}$$

$$\Longleftrightarrow \quad c - \beta Gc = G1 \tag{9.27}$$

$$\Longleftrightarrow \quad (I - \beta G)c = G1 \tag{9.28}$$

$$\Longleftrightarrow \quad c = (I - \beta G)^{-1}(G1) \tag{9.29}$$

となる[*10]。

以上のように、均衡という概念と、連立方程式を解くことによって得られる式の類似性から、いまの段階においても、ピア効果の分析におけるナッシュ均衡とボナチッチ・パワー中心性の類似性を直感的に理解できる。

ここでまとめておくと、以下の分解式

$$(I - \beta G)^{-1}(G1) = G1 + \beta G^2 1 + \beta^2 G^3 1 + \beta^3 G^4 1 + \cdots \tag{9.30}$$

が得られる。この関係式が成立することは、後の9.4節で確認をする。

以上で、基本的な定義の説明は終わりであるが、実際のボナチッチ・パワー中心性では、さらにαというパラメータを付け加えて

$$c = \alpha G1 + \beta Gc \tag{9.31}$$

$$\Longleftrightarrow \quad c - \beta Gc = (\alpha G1) \tag{9.32}$$

$$\Longleftrightarrow \quad (I - \beta G)c = (\alpha G1) \tag{9.33}$$

$$\Longleftrightarrow \quad c = (I - \beta G)^{-1}(\alpha G1) \tag{9.34}$$

$$\Longleftrightarrow \quad c = \alpha G1 + \alpha\beta G^2 1 + \alpha\beta^2 G^3 1 + \alpha\beta^3 G^4 1 + \cdots \tag{9.35}$$

と表現される。繰り返しとなるが、最後の等式の展開は、後の9.4節で確認をする。

以上の式展開からわかることは、αというパラメータはすべての項にかかっており

$$c = \alpha(G1 + \beta G^2 1 + \beta^2 G^3 1 + \beta^3 G^4 1 + \cdots) \tag{9.36}$$

とすることができ、中心性cの全体水準を調整するパラメータといえる。また、中心性は正の値で考えるので、$\alpha > 0$が仮定される。

まとめると、ボナチッチ・パワー中心性（c_B）は$\alpha > 0,\ \beta > 0$として

[*10] これより、もともとの式の左辺と右辺のcが整合的に定義できるかは、逆行列$(I - \beta G)^{-1}$が定義できるかどうかという問題に帰着する。逆行列については、9.4.2項の条件が満たされれば存在することが知られている。また、この条件が満たされるならば、式 (9.23) の右辺の収束も保証される。これらについての数学的な議論については Meyer (2000, p. 618) を確認されたい。

$$\boldsymbol{c}_B = \alpha \boldsymbol{G}\boldsymbol{1} + \alpha\beta \boldsymbol{G}^2 \boldsymbol{1} + \alpha\beta^2 \boldsymbol{G}^3 \boldsymbol{1} + \alpha\beta^3 \boldsymbol{G}^4 \boldsymbol{1} + \cdots \tag{9.37}$$

もしくは

$$\boldsymbol{c}_B = \alpha \boldsymbol{G}\boldsymbol{1} + \beta \boldsymbol{G}\boldsymbol{c}_B \tag{9.38}$$

と定義される。もちろん、これら二つの定義式は同じ中心性の別表現となっている。なお、以上が等しくなるためには隣接行列 $\boldsymbol{G}$ と β に対する追加的な条件が必要であり、これについては9.4.2項で述べる[11]。なお、最初の定義式は、総和を求めるシグマ記号 ($\sum$) を用いると

$$\boldsymbol{c}_B = \alpha \sum_{k=0}^{\infty} \beta^k \boldsymbol{G}^{k+1} \boldsymbol{1} \tag{9.39}$$

とも表現される[12]。二つ目の定義式は $\boldsymbol{c}_B$ について解いて表現すると

$$\boldsymbol{c}_B = (\boldsymbol{I} - \beta \boldsymbol{G})^{-1}(\alpha \boldsymbol{G}\boldsymbol{1}) \tag{9.40}$$

となる。

図9.2と同じネットワークで、$\alpha = 1$、$\beta = 0.3$ としたときのボナチッチ・パワー中心性を**図9.3**に示しておこう。

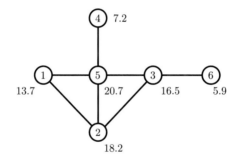

図9.3 ボナチッチ・パワー中心性

9.2.2 ボナチッチ・パワー中心性の解釈 (1)

ここでは、次のボナチッチ・パワー中心性の定義式

$$\boldsymbol{c} = \alpha \boldsymbol{G}\boldsymbol{1} + \beta \boldsymbol{G}\boldsymbol{c} \tag{9.41}$$

に注目して、その具体的な意味を探っていこう。より具体的なイメージをもちやすいように、3人

---

[11] なお、はじめの定義式が成立するかは級数が収束するかという問題に帰着し、二つ目の定義式が成立するかは $\boldsymbol{c}$ について解いたときに逆行列が存在するかという問題に帰着する。実は、級数が収束する場合は必ず逆行列が存在するが (Meyer, 2000, p. 618)、逆行列が存在しても級数は必ずしも収束しないことが知られている (Meyer, 2000, p. 527)。

[12] 念のため、ある値の0乗はどんな値でも1となる。すなわち、$\beta^0 = 1$ となる。

の主体での行列表現で考えていこう。つまり

$$
\begin{pmatrix} c_1 \\ c_2 \\ c_3 \end{pmatrix} = \alpha \begin{pmatrix} 0 & g_{12} & g_{13} \\ g_{21} & 0 & g_{23} \\ g_{31} & g_{32} & 0 \end{pmatrix} \begin{pmatrix} 1 \\ 1 \\ 1 \end{pmatrix} + \beta \begin{pmatrix} 0 & g_{12} & g_{13} \\ g_{21} & 0 & g_{23} \\ g_{31} & g_{32} & 0 \end{pmatrix} \begin{pmatrix} c_1 \\ c_2 \\ c_3 \end{pmatrix} \tag{9.42}
$$

で考えていく。

第1項の縦ベクトルの各要素が1であることは、各主体はつながっている主体から等しく1の資源もしくは情報を得て、それぞれの中心性を1だけ増大させていることとなる。これは他の主体の人的資本の直接的な利用と考えられる。つまり、第1項は直接的な他の主体の人的資本の利用による中心性の増大となる。したがって、ベクトル$\mathbf{1}$という各要素がすべて1のベクトルではなく

$$
\boldsymbol{h} = \begin{pmatrix} h_1 \\ h_2 \\ h_3 \end{pmatrix} \tag{9.43}
$$

というような異なる値のベクトルを用いると、各主体で異なる人的資本をもつ状況を表現できる。

第2項は間接的な他者の最終的な影響力・資源の利用と解釈でき、より中心性の高い人とつながると、自分の中心性もより大きくなるという意味で、固有ベクトル中心性と同じ考え方となっている。

パラメータαとβは、以上の二つの効果について、どちらがより相対的に大きいか小さいかという重みづけを行っている。ただし、先に確認したボナチッチ・パワー中心性の展開式である式(9.35)からわかるように、αはすべての項につくことになるので、中心性$\boldsymbol{c}$の全体水準を調整するパラメータという意味ももつ。例えば、ボナチッチ・パワー中心性の値の総和を1とするような標準化については、定義からは、このパラメータを調整していると考えられる。

先に用いたg_{ij}を用いて、各c_iを表記すると

$$
c_i = \sum_{k \in N} (\alpha + \beta c_k) g_{ik} \tag{9.44}
$$

となる[*13]。

9.2.3 ボナチッチ・パワー中心性の解釈 (2)

ここでは、もう一つのボナチッチ・パワー中心性の定義式

$$
\boldsymbol{c} = \alpha \boldsymbol{G} \mathbf{1} + \alpha\beta \boldsymbol{G}^2 \mathbf{1} + \alpha\beta^2 \boldsymbol{G}^3 \mathbf{1} + \alpha\beta^3 \boldsymbol{G}^4 \mathbf{1} + \cdots \tag{9.45}
$$

に注目して、その具体的な意味を探っていこう。

はじめに第1項の$\alpha \boldsymbol{G} \mathbf{1}$に注目しよう。これは

[*13] 関係の方向性は$i \rightarrow j$だが、得られる中心性の流通の解釈では$i \leftarrow j$となる。

$$\alpha \boldsymbol{G} \boldsymbol{1} = \alpha \begin{pmatrix} - & \boldsymbol{g}_{1\cdot} & - \\ - & \boldsymbol{g}_{2\cdot} & - \\ & \vdots & \\ - & \boldsymbol{g}_{n\cdot} & - \end{pmatrix} \cdot \begin{pmatrix} 1 \\ 1 \\ \vdots \\ 1 \end{pmatrix} = \alpha \begin{pmatrix} \sum_{j=1}^{n} g_{1j} \\ \sum_{j=1}^{n} g_{2j} \\ \vdots \\ \sum_{j=1}^{n} g_{nj} \end{pmatrix} \tag{9.46}$$

となり、ここでの第 i 要素は隣接行列 $\boldsymbol{G}$ の第 i 行の要素の総和に α を掛けたものとなっている。つまり、2.5 節の議論を思い出すと、この値はノード i から他のノードへのリンク数 (に α を掛けたもの) を示している[*14]。

　解釈の一つとしては次のようになる。ノード i から j へのリンクとしては、ノード i から j へ何らかの影響を与えることができる。すると、リンク数が多ければ多いほど、他者への影響が大きくなり、その分だけ中心性が高くなる。もしくは、ノード i から j へのリンクとしては、ノード i が j より有益な情報を引き出せると考えてもよい。この場合でも、リンク数が多ければ多いほど、多くの情報を得て、その分だけ中心性が高くなる。

　つづいて、第 2 項の $\alpha\beta \boldsymbol{G}^2 \boldsymbol{1}$ に注目しよう。ここで、2.5 節の議論を思い出すと

- $\boldsymbol{G}^n$ の (i,j) 要素は
  - ・ノード i からノード j への、距離が n のウォークをすべて含んでおり
  - ・値としては、実際に存在するノード i からノード j へのウォークの数を示している

であった。また、以下の議論での便宜のため、$\boldsymbol{G}^n$ の (i,j) 要素を

$$g_{ij}^{(n)} \tag{9.47}$$

と表記しておき、この第 i 行を

$$\begin{pmatrix} - & \boldsymbol{g}_{i\cdot}^{(n)} & - \end{pmatrix} \tag{9.48}$$

と表記しておく。

　すると

$$\alpha\beta \boldsymbol{G}^2 \boldsymbol{1} = \alpha\beta \begin{pmatrix} - & \boldsymbol{g}_{1\cdot}^{(2)} & - \\ - & \boldsymbol{g}_{2\cdot}^{(2)} & - \\ & \vdots & \\ - & \boldsymbol{g}_{n\cdot}^{(2)} & - \end{pmatrix} \cdot \begin{pmatrix} 1 \\ 1 \\ \vdots \\ 1 \end{pmatrix} = \alpha\beta \begin{pmatrix} \sum_{j=1}^{n} g_{1j}^{(2)} \\ \sum_{j=1}^{n} g_{2j}^{(2)} \\ \vdots \\ \sum_{j=1}^{n} g_{nj}^{(2)} \end{pmatrix} \tag{9.49}$$

を得られる。つまり、第 i 要素は隣接行列 $\boldsymbol{G}^2$ の第 i 行の要素の総和に $\alpha\beta$ を掛けたものとなっている。(i,j) 要素はノード i から j へのウォークの数を示していたから、第 i 行の要素の総和、つまり、$\sum_{j=1}^{n} g_{ij}^{(2)}$ は距離が 2 でノード i から他のノードへのウォークの総数 (に α と β を掛けたもの) を示している。

[*14] ここで重要なのは「リンク数」であり、α は中心性の全体の水準を調整するためのものであり、解釈においては重要な役割を果たさないので、「(に α を掛けたもの)」とカッコを加えた表現とした。

　解釈としては先と同様である。一つは、ノードiからjへのウォークを通じて、ノードiからjへ何らかの影響を与えることができるというものである。すると、ウォーク数が多ければ多いほど、さまざまなルートで、他者への影響を与えることができ、その分だけ中心性が高くなる。ノードiからjへのウォークによって、ノードiがjより情報を引き出せると考えるときは、ウォーク数が多ければ多いほど、各ウォークから多様な情報を得ることができ、その分だけ中心性が高くなる。

　以上についてもう少し式表現に沿って説明する。いま、ノードが1から4までの完備ネットワークを考え、ノード1から2への距離2のウォークを求めてみる。すると

$$1 \to 3 \to 2, \tag{9.50}$$

$$1 \to 4 \to 2 \tag{9.51}$$

と二つある。もちろん、距離1のウォークとして

$$1 \to 2 \tag{9.52}$$

も第1項で考慮される。これら三つのウォークは、すべて考慮されることになる。

　したがって、ノード1のノード2への影響力という意味では、直接の影響、ノード3を通じての影響、そして、ノード4を通じての影響といった複数の間接的な影響を考えている。つまり

- 複数のウォークから、より相手に影響を与えられ、自分の影響力が強化される場合

に、ここでの定式化が妥当する。ノード2から情報を得るということであれば、直接の情報以外に、ノード3を通じての、そして、ノード4を通じての情報を得るということである。ここで同じ情報であれば、意味がないので、ノード3やノード4など

- ウォークの中間に含まれるノードから、付加的な情報が加わったり、もしくは、より内容が精査されるというような効果があり、そのために情報の価値が高まる場合

に当てはまる定式化となっている。

　第n項についても、同様の解釈ができ、このように複数の距離の、そして、複数のウォークを考慮することにより、影響力が強化されたり、情報の多様化や精査によって価値が高まるという状況を示しているのである。

　また、固有ベクトル中心性との違いは次のとおりである。固有ベクトル中心性は、初期ベクトルを$\mathbf{1}$とすると

$$\lim_{k \to \infty} \boldsymbol{G}^k \mathbf{1} \tag{9.53}$$

で示された。つまり、無限の距離だけを考えて、そこに含まれるすべてのウォークを考えた中心性となる。これは、距離1のパスに含まれるウォーク、距離2のパスに含まれるウォークと、順次すべてを足していくボナチッチ・パワー中心性と異なる点である。さらに、ボナチッチ・パワー中心性では、初期値($\boldsymbol{G}\mathbf{1}$)が第1項で残っており、初期値が中心性に影響を与える。他方で、固有ベクトル中心性では初期値の効果が全くなくなるほど$\boldsymbol{G}$を無限回掛け合わせることになる。この点も異なる点といえる。

ナッシュ均衡とボナチッチ・パワー中心性との関係

ナッシュ均衡での行動水準 (**図9.2**) とボナチッチ・パワー中心性 (**図9.3**) を比較すると、ともに、最大値はノード5であり、最小値はノード6となっている。つまり、相対的な関係が似ている。Ballester et al. (2006) によって、ナッシュ均衡における行動水準とボナチッチ・パワー中心性との関係が厳密に示されており、ここでもこれを確認していく。

はじめに、ナッシュ均衡での努力水準 x^* は

$$x^* = (I - \beta G)^{-1} (\beta 1) \tag{9.54}$$

で示されていた。ここでは、ナッシュ均衡であるということを示す記号として $*$ を x の右肩に付記した。

他方で、ボナチッチ・パワー中心性 c は

$$c = (I - \beta G)^{-1} (\alpha G 1) \tag{9.55}$$

と示されていた。

はじめに結論から述べると、これら二つの対応関係は

$$x^* = \frac{\beta^2}{\alpha} c + \beta 1 \tag{9.56}$$

で示される。つまり、ナッシュ均衡での努力水準 x^* はボナチッチ・パワー中心性 c に係数 $\frac{\beta^2}{\alpha}$ を掛け、定数 $\beta 1$ を足したものとなる。

以下で、この関係を導いていく。思いのほか単純ではないので、丁寧に説明する。

ナッシュ均衡での努力水準 x^* とボナチッチ・パワー中心性 c との違いをざっくり見ると、$(I - \beta G)^{-1}$ に (1) が掛けられるのか、それとも $(G 1)$ が掛けられるかである。

これを式の上で表現していく。ここでのトリックとすると

$$I = (I - \beta G)^{-1} (I - \beta G) \tag{9.57}$$

という等式である。右辺を展開すると

$$I = (I - \beta G)^{-1} - (I - \beta G)^{-1} (\beta G) \tag{9.58}$$

となる。ここで右から 1 を掛けると

$$1 = (I - \beta G)^{-1} (1) - (I - \beta G)^{-1} (\beta G 1) \tag{9.59}$$

が得られる。

　後は、パラメータ α と β について、ナッシュ均衡での努力水準 $\boldsymbol{x}^*$ とボナチッチ・パワー中心性 $\boldsymbol{c}$ の表現に合わせる。これは単純で、$\beta \cdot \frac{1}{\beta} = 1$、$\beta \cdot \frac{1}{\beta} \alpha \cdot \frac{1}{\alpha} = 1$ となっていて、これらを各項に掛けても値は変わらないことを利用して、整理していくと[*15]

$$1 = \beta \cdot \frac{1}{\beta}(\boldsymbol{I} - \beta\boldsymbol{G})^{-1}(\boldsymbol{1}) - \beta \cdot \frac{1}{\beta}\alpha \cdot \frac{1}{\alpha}(\boldsymbol{I} - \beta\boldsymbol{G})^{-1}(\beta\boldsymbol{G1}) \tag{9.60}$$

　　　　（第1項の $(\boldsymbol{1})$ が $(\beta\boldsymbol{1})$ に、第2項の $(\beta\boldsymbol{G1})$ が $(\alpha\boldsymbol{G1})$ が変換され、$\boldsymbol{x}^*$ と $\boldsymbol{c}$ へ整理可能にし）

$$\Longleftrightarrow \quad 1 = \frac{1}{\beta}(\boldsymbol{I} - \beta\boldsymbol{G})^{-1}(\beta\boldsymbol{1}) - \beta \cdot \frac{1}{\alpha}(\boldsymbol{I} - \beta\boldsymbol{G})^{-1}(\alpha\boldsymbol{G1}) \tag{9.61}$$

　　　　（第1項で $\boldsymbol{x}^*$ を、第2項で $\boldsymbol{c}$ をだすことができて）

$$\Longleftrightarrow \quad 1 = \frac{1}{\beta}\boldsymbol{x}^* - \beta \cdot \frac{1}{\alpha}\boldsymbol{c} \tag{9.62}$$

$$\Longleftrightarrow \quad \beta\boldsymbol{1} = \boldsymbol{x}^* - \beta^2 \cdot \frac{1}{\alpha}\boldsymbol{c} \tag{9.63}$$

$$\Longleftrightarrow \quad \boldsymbol{x}^* = \frac{\beta^2}{\alpha}\boldsymbol{c} + \beta\boldsymbol{1} \tag{9.64}$$

となっている。最後が目的の式となっている。

　形式的には以上の通りであるが、違いの解釈は展開された式の方が理解しやすい。

　ナッシュ均衡時の努力水準 $\boldsymbol{x}^*$ については、ボナチッチ・パワー中心性の議論と同様に

$$\boldsymbol{x}^* = (\beta\boldsymbol{1}) + (\beta\boldsymbol{G})(\beta\boldsymbol{1}) + (\beta\boldsymbol{G})^2(\beta\boldsymbol{1}) + (\beta\boldsymbol{G})^3(\beta\boldsymbol{1}) + \cdots \tag{9.65}$$

とできる。

　他方で、ボナチッチ・パワー中心性では

$$\boldsymbol{c} = (\alpha\boldsymbol{G1}) + (\beta\boldsymbol{G})(\alpha\boldsymbol{G1}) + (\beta\boldsymbol{G})^2(\alpha\boldsymbol{G1}) + (\beta\boldsymbol{G})^3(\alpha\boldsymbol{G1}) + \cdots \tag{9.66}$$

であった。

　以上を比較すると、ネットワーク上の距離が n のウォークを示す隣接行列の積 $(\beta\boldsymbol{G})^n$ については共通となっている。違いは、初期値としての値もしくは中心性としての、$\beta\boldsymbol{1}$ と $\alpha\boldsymbol{G1}$ である。ナッシュ均衡時の努力水準 $\boldsymbol{x}^*$ では、初期値は $\beta\boldsymbol{1}$ とすべて均等の値となっており、各主体での違いを含めていない。他方で、ボナチッチ・パワー中心性 $\boldsymbol{c}$ では、$\alpha\boldsymbol{G1}$ は自分から相手へのリンクの総数 $\boldsymbol{G1}$（つまり出次数）に α を掛けた値となっている。したがって、リンクの張り方によって、各ノードの違いを初期値の段階で認めているのである。

　このように、初期値の違いによって、ナッシュ均衡時の努力水準 $\boldsymbol{x}^*$ とボナチッチ・パワー中心性 $\boldsymbol{c}$ では、異なる値をとる。しかしながら、その大小関係だけに注目するならば、上記の二つの指標は正の係数を掛けて定数を足しているだけの関係なので実質的な違いはない。例えば、主体1の努

[*15] 以下では数値（これはスカラーと呼ばれる）と行列との掛け算の規則を使う。いま、一つの数値（つまりスカラーを）a として、三つの行列 $\boldsymbol{A}$、$\boldsymbol{B}$、$\boldsymbol{C}$ を考えると

$$a\boldsymbol{ABC} = \boldsymbol{A}(a\boldsymbol{B})\boldsymbol{C} = \boldsymbol{AB}(a\boldsymbol{C})$$

　と数値 a は行列の間を自由に移動できる。これは数値を行列に掛けるときに、すべての行列の要素がすべて数値倍となるということから理解できる。

力水準を x_1^*、主体2の努力水準を x_2^* として、対応するボナチッチ・パワー中心性を c_1、c_2 とすると

$$x_1^* > x_2^* \text{ ならば } c_1 > c_2 \text{ である} \tag{9.67}$$

が成立する。

最後に補足のコメントをしておく。ボナチッチ・パワー中心性での初期値の違いは、出次数の違いで示された。しかし、9.2.2項で述べたように、そもそも各主体がもっている中心性の初期値はそれぞれ1で同じとなっている。この各主体の中心性の初期値についても違いを含めるには以下のようにすればよい。すなわち、初期の中心性ベクトルを

$$\boldsymbol{v} = \begin{pmatrix} v_1 \\ v_2 \\ \vdots \\ v_n \end{pmatrix} \tag{9.68}$$

とする。

このとき、ボナチッチ・パワー中心性と同様の中心性は

$$\boldsymbol{c} = \alpha \boldsymbol{G} \boldsymbol{v} + \beta \boldsymbol{G} \boldsymbol{c} \tag{9.69}$$

となり、他の式表現としては

$$\boldsymbol{c} = (\boldsymbol{I} - \beta \boldsymbol{G})^{-1}(\alpha \boldsymbol{G} \boldsymbol{v}) \tag{9.70}$$

$$= \alpha \boldsymbol{G} \boldsymbol{v} + \alpha \beta \boldsymbol{G}^2 \boldsymbol{v} + \alpha \beta^2 \boldsymbol{G}^3 \boldsymbol{v} + \alpha \beta^3 \boldsymbol{G}^4 \boldsymbol{v} + \cdots \tag{9.71}$$

となる[*16]。

9.4 ボナチッチ・パワー中心性の二つの定義式が同じとなる条件

9.4.1 等式の導出

ここでは、以下で再掲している9.2.1項の最後で示した二つのボナチッチ・パワー中心性の定義、式 (9.37)、(9.38)が等しいことを示す。すなわち

$$\boldsymbol{c} = \alpha \boldsymbol{G} \mathbf{1} + \alpha \beta \boldsymbol{G}^2 \mathbf{1} + \alpha \beta^2 \boldsymbol{G}^3 \mathbf{1} + \alpha \beta^3 \boldsymbol{G}^4 \mathbf{1} + \cdots \tag{9.72}$$

$$\Longleftrightarrow \boldsymbol{c} = \alpha \boldsymbol{G} \mathbf{1} + \beta \boldsymbol{G} \boldsymbol{c} \tag{9.73}$$

という関係を示すことにする。

はじめに、9.2.1項で確認したように、以上の一つ目の式を総和を求めるシグマ記号 ($\sum$) で表

[*16] ボナチッチ・パワー中心性の級数の収束については9.4.2項で議論をしている。そこでは $\lim_{n \to \infty} \beta \boldsymbol{G}^n = 0$ となることがポイントであった。それを踏まえると、ここでも級数の収束について同様の議論が可能となる。

すと

$$c = \alpha \sum_{k=0}^{\infty} \beta^k G^{k+1} \mathbf{1} \tag{9.74}$$

であり、以上の二つ目の式を c で解くと

$$c = (I - \beta G)^{-1}(\alpha G \mathbf{1}) \tag{9.75}$$

であった。

したがって、以下では

$$(I - \beta G)^{-1}(\alpha G \mathbf{1}) = \alpha \sum_{k=0}^{\infty} \beta^k G^{k+1} \mathbf{1} \tag{9.76}$$

という等式を導出することにする。

さて、やや天下り式であるが、等比数列の和の公式の導出と同様に、次の和を考える。つまり、S_n として

$$S_n \equiv G\mathbf{1} + \beta G^2 \mathbf{1} + \cdots + \beta^{n-1} G^n \mathbf{1} \tag{9.77}$$

を定義する。

ここで両辺に βG を左から掛けると

$$\beta G S_n = \beta G^2 \mathbf{1} + \cdots + \beta^{n-1} G^n \mathbf{1} + \beta^n G^{n+1} \mathbf{1} \tag{9.78}$$

となる。

ここで、以上の二つの等式の両辺を互いに引くと

$$S_n - \beta G S_n = G\mathbf{1} - \beta^n G^{n+1} \mathbf{1} \tag{9.79}$$

$$\iff (I - \beta G)S_n = G\mathbf{1} - \beta^n G^{n+1} \mathbf{1} \tag{9.80}$$

となる。

ここで、仮定として

$$\lim_{n \to \infty} \beta^n G^{n+1} \mathbf{1} = 0 \tag{9.81}$$

が成立しているものとする。この等式が成立する条件については、後の 9.4.2 項で確認する。

ここからが、主たる式変形となっていく。先の差し引きの等式から始めていく。

$$(I - \beta G)S_n = G\mathbf{1} - \beta^n G^{n+1} \mathbf{1} \tag{9.82}$$

（両辺で $\lim$ をとって）

$$\iff \lim_{n \to \infty} (I - \beta G)S_n = \lim_{n \to \infty} [G\mathbf{1} - \beta^n G^{n+1} \mathbf{1}] \tag{9.83}$$

（$\lim$ が効いてくる項だけに作用させて）

$$\iff (I - \beta G) \lim_{n \to \infty} S_n = G\mathbf{1} - \lim_{n \to \infty} \beta^n G^{n+1} \mathbf{1} \tag{9.84}$$

（左辺について、S_n の定義から $G1 + \beta G^2 1 + \cdots + \beta^{n-1} G^n 1$ となることを思い出し

さらに、これは総和を求めるシグマ記号（$\sum$）を用いて、$\sum_{k=0}^{n} \beta^k G^{k+1} 1$ と表されるので）

$$\iff (I - \beta G) \lim_{n \to \infty} \sum_{k=0}^{n} \beta^k G^{k+1} 1 = G1 - \lim_{n \to \infty} \beta^n G^{n+1} 1 \tag{9.85}$$

（右辺の第2項については、先の仮定を用いて 0 になり）

$$\iff (I - \beta G) \lim_{n \to \infty} \sum_{k=0}^{n} \beta^k G^{k+1} 1 = G1 \tag{9.86}$$

（$\lim_{n \to \infty}$ の表現を変えて）

$$\iff (I - \beta G) \sum_{k=0}^{\infty} \beta^k G^{k+1} 1 = G1 \tag{9.87}$$

（$(I - \beta G)$ の逆行列を左から両辺に掛けて）

$$\iff \sum_{k=0}^{\infty} \beta^k G^{k+1} 1 = (I - \beta G)^{-1} G1 \tag{9.88}$$

となる。

　最後に、α というパラメータを含めるための微調整をしておく。つまり、両辺に数値の α を掛けて、左辺と右辺を入れ替えると

$$\alpha (I - \beta G)^{-1} G1 = \alpha \sum_{k=0}^{\infty} \beta^k G^{k+1} 1 \tag{9.89}$$

　　（左辺について、脚注15で述べたように、数値の α は式の中を自由に移動できるので）

$$\iff (I - \beta G)^{-1} (\alpha G1) = \alpha \sum_{k=0}^{\infty} \beta^k G^{k+1} 1 \tag{9.90}$$

と目的の式が成立する。

9.4.2　仮定した式が成立する条件について

　目的の式の成立を確認したので、残っている

$$\lim_{k \to \infty} \beta^k G^{k+1} 1 = 0 \tag{9.91}$$

が成立する条件を考えていく。

　ここで次の仮定をしておく、G は以下のような行列の変形ができるものとする。すなわち、これは

$$P^{-1} P = I \tag{9.92}$$

となる行列と、対角要素以外はすべて0となり、対角要素には固有値 λ_{ii} を並べた

$$\mathbf{\Lambda} \tag{9.93}$$

という行列を用意し

$$\mathbf{G} = \mathbf{P}^{-1}\mathbf{\Lambda}\mathbf{P} \tag{9.94}$$

とできるものとする。これは対角化と呼ばれる。

n 行 n 列の正方行列において、対角化可能であるための条件は

- 対称行列である

- n 個の固有値がすべて異なる

- 固有値に対応する固有ベクトルで空間が作られるが、その次元が n となる

などが知られている[17]。

対角化のありがたさは累乗を計算をするときにある。いま $\mathbf{G}^2$ を計算してみると

$$\mathbf{G}^2 = \mathbf{G}\mathbf{G} \tag{9.95}$$

$$= \mathbf{P}^{-1}\mathbf{\Lambda}\mathbf{P} \cdot \mathbf{P}^{-1}\mathbf{\Lambda}\mathbf{P} \tag{9.96}$$

$$(\mathbf{P} の \mathbf{P} \cdot \mathbf{P}^{-1} = \mathbf{I} という性質を利用して)$$

$$= \mathbf{P}^{-1}\mathbf{\Lambda}\mathbf{\Lambda}\mathbf{P} \tag{9.97}$$

$$= \mathbf{P}^{-1}\mathbf{\Lambda}^2\mathbf{P} \tag{9.98}$$

となる。ここで $\mathbf{\Lambda}^2$ は対角行列なので、$\mathbf{\Lambda}$ の対角要素が単に2乗になっているだけである[18]。

---

[17] 固有ベクトルで作られる空間は固有ベクトル空間と呼ばれる。固有ベクトル空間、対角化可能性そして対称行列の関係は、岩崎・吉田 (2006, 3.4節, 4.1節) や Strang (2009, 6.2節, 6.4節) をはじめ、適当な線形代数のテキストにあたってもらいたい。ウェブサイト「理数アラカルト」の「行列が対角化であるための必要十分条件とその証明」(https://risalc.info/src/diagonalizable-matrix-necessary-sufficient-conditions.html) と「実対称行列の4つの大切な性質」の「直交行列によって対角化可能」(https://risalc.info/src/real-symmetric-matrix.html#dia) も参考になる。

[18] 例えば

$$\mathbf{\Lambda} \equiv \begin{pmatrix} \lambda_1 & 0 & 0 \\ 0 & \lambda_2 & 0 \\ 0 & 0 & \lambda_3 \end{pmatrix}$$

とすると

$$\mathbf{\Lambda}^2 = \mathbf{\Lambda} \cdot \mathbf{\Lambda} = \begin{pmatrix} \lambda_1^2 & 0 & 0 \\ 0 & \lambda_2^2 & 0 \\ 0 & 0 & \lambda_3^2 \end{pmatrix}$$

となる。

感覚を掴むために、もう一回 G を掛けてみると

$$G^3 = GGG \tag{9.99}$$

(G^2 の結果を使うためにこの部分をまとめて)

$$= G(G^2) \tag{9.100}$$

(G^2 の結果を代入して)

$$= GP^{-1}\Lambda^2 P \tag{9.101}$$

(G の部分も対角化した行列で示して)

$$= P^{-1}\Lambda PP^{-1}\Lambda^2 P \tag{9.102}$$

(P の $P \cdot P^{-1} = I$ という性質を利用して)

$$= P^{-1}\Lambda\Lambda^2 P \tag{9.103}$$

$$= P^{-1}\Lambda^3 P \tag{9.104}$$

となる。

以上より G^k が、同様の手続きを繰り返して

$$G^k = P^{-1}\Lambda^k P \tag{9.105}$$

となることがわかる。

いま注目している式に合わせるために、以上の両辺に対して β^k を掛けて整理すると

$$\beta^k G^{k+1} = \beta^k P^{-1}\left(\Lambda^{k+1}\right)P \tag{9.106}$$

(β^k は数値であり、行列の積の中で自由に移動ができて)

$$\iff \beta^k G^{k+1} = P^{-1}\left(\beta^k \Lambda^{k+1}\right)P \tag{9.107}$$

となる。ここで、Λ^{k+1} は対角要素以外はすべて 0 である行列であり、(i,i) 要素つまり i 番目の対角要素は

$$\lambda_{ii}^{k+1} \tag{9.108}$$

となっている。これから

$$\beta^k \Lambda^{k+1} \tag{9.109}$$

の i 番目の対角要素は

$$\beta^k \lambda_{ii}^{k+1} \tag{9.110}$$

となる。

ここで λ_{ii} は固有値であるから、β を十分に小さくとり

$$|\beta \cdot \text{固有値の最大値}| < 1 \tag{9.111}$$

となるようにできる[*19]。すると、任意のiで、$|\beta \cdot \lambda_{ii}| < 1$となる。

最後の仕上げをしていく。以上から

$$\lim_{k \to \infty} \beta^k \cdot \lambda_{ii}^{k+1} = \lim_{k \to \infty} \lambda_{ii}(\beta \cdot \lambda_{ii})^k \tag{9.112}$$

$$(k\text{に関係するところだけに}\lim\text{を作用させて})$$

$$= \lambda_{ii} \lim_{k \to \infty} (\beta \cdot \lambda_{ii})^k \tag{9.113}$$

$$(|\beta \cdot \lambda_{ii}| < 1\text{を用いて})$$

$$= \lambda_{ii} \cdot 0 \tag{9.114}$$

$$= 0 \tag{9.115}$$

とすることができる。これより、$\beta^k \mathbf{\Lambda}^{k+1}$の$(i, i)$要素つまり$i$番目の対角要素が

$$\lim_{k \to \infty} \beta^k \lambda^{k+1} = 0 \tag{9.116}$$

となった。これは任意のiについて成立するので、すべての対角要素について成立する。なお、$\beta^k \mathbf{\Lambda}^{k+1}$の対角要素以外の要素はすべて0であった。

したがって

$$\lim_{k \to \infty} \beta^k \mathbf{\Lambda}^{k+1} = \mathbf{0} \tag{9.117}$$

が示された。

再び

---

*19 別表現としては

$$\left| \frac{1}{\beta} \right| > \text{固有値の最大値}$$

もしくは

$$|\beta| < \left| \frac{1}{\text{固有値の最大値}} \right|$$

というものがある。これは

$$|\beta \cdot \text{固有値の最大値}| < 1$$

$$\iff \left| \frac{\text{固有値の最大値}}{\frac{1}{\beta}} \right| < 1$$

$$\iff \left| \text{固有値の最大値} \right| < \left| \frac{1}{\beta} \right|$$

$$\iff \left| \text{固有値の最大値} \right| < \frac{1}{|\beta|}$$

$$\iff |\beta| < \frac{1}{\left| \text{固有値の最大値} \right|}$$

$$\iff |\beta| < \left| \frac{1}{\text{固有値の最大値}} \right|$$

となっていることからわかる。

$$\beta^k G^{k+1} = P^{-1} \left(\beta^k \Lambda^{k+1} \right) P \tag{9.118}$$

に注目しよう。ここから両辺でkを無限大とし

$$\lim_{k \to \infty} \beta^k G^{k+1} = \lim_{k \to \infty} P^{-1} \left(\beta^k \Lambda^{k+1} \right) P \tag{9.119}$$

$$\text{(limを関係する項だけに作用させて)}$$

$$= P^{-1} \lim_{k \to \infty} \left(\beta^k \Lambda^{k+1} \right) P \tag{9.120}$$

$$\text{(先の式 (9.117) の結果を用いて)}$$

$$= P^{-1} 0 P \tag{9.121}$$

$$= 0 \tag{9.122}$$

が示された。

以上に対して、右から1を掛けることにより

$$\lim_{k \to \infty} \beta^k G^{k+1} 1 = 0 \tag{9.123}$$

が得られた[20]。

以上からわかることは、9.2.1 項で述べたボナチッチ・パワー中心性の二つの定義が一致するためには、次の二つの条件が追加的に満たされないといけない。第1に

●隣接行列Gが対角化可能でなければならない

ということである。なお、これについては対称行列ならば必ず対角化可能であることが知られ、無向ネットワークにおいては問題がないことがわかる。逆にいうと、有向ネットワークにおいては対角化可能性について確認をする必要があるということである。

第2の条件としては、隣接行列Gの最大の固有値をλ^*として

●$|\beta \cdot \lambda^*| < 1$

となるようにβを定めなければならない。

9.5 企業ネットワークにおけるボナチッチ・パワー中心性のランキング

ボナチッチ・パワー中心性についてのランキングを表9.1、表9.2に示す。ここでは、役員派遣ネットワークと株式取得ネットワークについても無方向にして、中心性を求めている。また、ボナチッチ・パワー中心性のパラメータであるβについては、役員兼任ネットワークでは$0.95 \times (1/最大固有値)$とし、役員派遣ネットワークでは$0.9 \times (1/最大固有値)$とし、株式取得ネットワークでは$0.9 \times (1/最大固有値)$とした。これは次章で行う推定の際の設定となっている。これ

---

[20] なお、ここでの右辺の0はn行1列の縦ベクトルとなっている。

も次章で確認するが、βが0だと次数中心性と同じになってしまい、βが条件の範囲で限りなく大きくすると固有ベクトル中心性と同じになってしまう。また、固有ベクトル中心性では最大コンポーネントしか正の中心性をもたないという問題が生じる。そのため、次数中心性と相関が大きくならない範囲で、具体的には相関係数0.8より小さくなるようにして、なるべく小さなβを選んだ。

　株式取得ネットワークでは同順位の企業が並んでいて20以上の企業を挙げなければならない場合は、20よりも少ない企業を示している。

　ここでのランキングは固有ベクトル中心性のランキングの特徴と次数中心性のランキングの特徴をあわせもっている。このことは、**表9.2**における2018年の役員兼任ネットワークで顕著である。というのも、10位までの企業とUSEN-NEXT HOLDINGSは固有ベクトル中心性に含まれている企業であり、三菱自動車を除くそれ以外の企業は次数中心性に含まれている企業となっているからである。こうした傾向は他のランキングでも確認することができる。

表 9.1　2008年のボナチッチ・パワー中心性のランキング

	役員兼任ネットワーク			役員派遣ネットワーク（無向化）			株式取得ネットワーク（無向化）	
順位	企業名	ボナチッチ	順位	企業名	ボナチッチ	順位	企業名	ボナチッチ
1	富士急行	15.29	1	三菱UFJフィナンシャル・グループ	42.94	1	三菱商事	29.66
2	トヨタ自動車	14.00	2	みずほフィナンシャルグループ	15.59	2	三井物産	21.19
3	ソニー	13.01	3	りそなホールディングス	5.31	3	トヨタ自動車	13.58
4	古河電気工業	9.93	4	三菱商事	4.98	4	イオン	12.31
5	富士電機ホールディングス	9.44	5	トヨタ自動車	4.28	5	伊藤忠商事	11.52
6	三井住友フィナンシャルグループ	9.23	6	新日本製鐵	4.03	6	かどや製油	7.88
7	阪急阪神電鉄	8.42	7	日本生命保険	4.01	7	日清オイリオグループ	6.82
8	東京急行電鉄	8.40	8	三井物産	3.95	8	新日本製鐵	6.30
9	ADEKA	8.11	9	伊藤忠商事	3.94	9	日立製作所	6.25
10	日本ゼオン	8.03	10	三井住友フィナンシャルグループ	3.71	10	エージービー	5.21
11	横浜ゴム	7.80	11	双日	3.57	11	三菱自動車	5.17
12	日本通運	7.47	12	三菱電機	3.41	11	東京産業	5.17
13	三井物産	7.41	13	三菱重工業	3.27	13	ローソン	5.11
14	損保ジャパン	7.32	14	兼松	3.01	14	丸紅	5.07
15	フジテレビジョン	7.00	15	いすゞ自動車	2.99	15	三菱UFJリース	5.00
16	関西電力	6.96	16	富士ソフト	2.813	16	伊勢化学工業	4.87
17	帝国ホテル	6.79	17	日立製作所	2.811	17	米久	4.82
18	シロキ工業	6.48	18	ピクテクノ	2.76	17	クオール	4.82
19	東京ドーム	6.42	19	ライフコーポレーション	2.75			
20	東急レクリエーション	6.32	20	ホンダ	2.74			

表 9.2 2018年のボナチッチ・パワー中心性のランキング

	役員兼任ネットワーク			役員派遣ネットワーク（無向化）			株式取得ネットワーク（無向化）	
順位	企業名	ボナチッチ	順位	企業名	ボナチッチ	順位	企業名	ボナチッチ
1	GMOペイメントゲートウェイ	14.00	1	三菱UFJフィナンシャル・グループ	39.01	1	三菱商事	24.65
2	GMOクラウド	13.84	2	みずほフィナンシャルグループ	20.29	2	伊藤忠商事	19.03
3	GMOメディア	13.22	3	りそなホールディングス	7.62	3	トヨタ自動車	18.56
4	GMOリサーチ	13.17	4	三菱商事	6.43	4	イオン	18.05
5	GMOペパボ	12.94	5	新日鐵住金	4.90	5	日本製鉄	11.77
5	GMOアドパートナーズ	12.94	6	トヨタ自動車	4.82	6	三井物産	6.46
5	GMOインターネット	12.94	7	三井物産	4.35	7	KDDI	6.27
5	GMO TECH	12.94	8	日立製作所	4.27	8	豊田通商	5.81
9	ネクシィーズグループ	12.45	9	日本銀行	4.04	9	かどや製油	5.73
10	GMOフィナンシャルホールディングス	11.89	10	伊藤忠商事	3.70	10	エージーピー	5.48
11	帝国ホテル	6.56	11	双日	3.40	11	スペースシャワーネットワーク	5.14
12	パナソニック	5.92	12	ソニー	3.37	12	三菱UFJリース	5.00
13	三菱商事	5.50	13	コンコルディア・フィナンシャルグループ	3.20	13	豊田自動織機	4.87
14	関西電力	5.49	14	三菱重工業	2.97	14	ローソン	4.77
15	USEN-NEXT HOLDINGS	5.29	15	パナソニック	2.95	14	北越コーポレーション	4.77
16	コマツ	5.23	16	三菱電機	2.93	14	伊勢化学工業	4.77
17	日本取引所グループ	5.14	17	三井住友トラスト・ホールディングス	2.813			
18	近鉄グループホールディングス	4.85	18	毎日コムネット	2.810			
19	三菱自動車	4.82	19	加賀電子	2.79			
20	イオン	4.48	20	日新製鋼	2.78			

9.6 ボナチッチ・パワー中心性を使うにあたっての考え方

ボナチッチ・パワー中心性は、無向ネットワークであれ、有向ネットワークであれ、隣接行列が対角化可能であれば、あとはパラメータの β を調整することによって、二つの定義を一致させる中心性を求めることができる。また、定義さえできれば、級数の形での定義式と隣接行列がすべて非負であるから、中心性の値も必ず非負となる。

ここにおいて、固有ベクトル中心性と同様に、無向ネットワークの扱いやすさが出てくる。というのも、無向ネットワークの隣接行列は対称行列であり、このときには必ず対角化可能だからである。

他方で、有向ネットワークではこのような望ましさがないので、対角化可能かについての確認が必要となってくる。ただし、無向ネットワークでボナチッチ・パワー中心性を求めるときにも、パラメータの β と最大固有値の積の絶対値を1に近づけすぎると、数値計算上エラーが出ることもある。そのため、特に大規模なネットワークを考えるときなど、有向ネットワークであれ、無向ネットワークであれ、得られた中心性が正確なものかについては注意が必要である。具体的な対処法の一つは、級数の形で近似計算をして得られた値と近くなっているかを確認することが挙げられる。

さらに、ボナチッチ・パワー中心性については、パラメータ β をどのように定めるかで、中心性の値も変わってくるので、どのようにそのパラメータを定めるかについての考察も必要となる。

9.7 Rによるナッシュ均衡とボナチッチ・パワー中心性の導出

9.1 節と 9.2 節で求めたナッシュ均衡での行動水準とボナチッチ・パワー中心性をRで求めていこう。

はじめに隣接行列を

```
G <- matrix(
  c(0, 1, 0, 0, 1, 0,
    1, 0, 1, 0, 1, 0,
    0, 1, 0, 0, 1, 1,
    0, 0, 0, 0, 1, 0,
    1, 1, 1, 1, 0, 0,
    0, 0, 1, 0, 0, 0), nrow=6, ncol=6, byrow =T)
```

として読み込んでおく。対応する単位行列を

```
I <- matrix(
  c(1, 0, 0, 0, 0, 0,
    0, 1, 0, 0, 0, 0,
    0, 0, 1, 0, 0, 0,
    0, 0, 0, 1, 0, 0,
    0, 0, 0, 0, 1, 0,
```

```
        0, 0, 0, 0, 0, 1), nrow=6, ncol=6, byrow =T)
```

として読み込み、すべての要素が1の縦ベクトルとして

```
one <-matrix(
  c(1,
    1,
    1,
    1,
    1,
    1))
```

と読み込んでおき、パラメータ β については

```
b <- 0.3
```

として設定しておく。

　ナッシュ均衡はI −b*Gの逆行列にb*oneを掛けて得られるので

```
solve(I -b*G) %*% (b*one)
```

とすればよい。

　同じ隣接行列でボナチッチ・パワー中心性を得るには以下のようにすればよい。はじめにパラメータ β は0.3のままとして、α は1とする。つまり

```
b <- 0.3
a <- 1
```

とする。定義式より

```
solve(I -b*G) %*% (a*G %*% one)
```

からボナチッチ・パワー中心性が得られる。

　以上のボナチッチ・パワー中心性からナッシュ均衡を再現するには、mybonaにボナチッチ・パワー中心性を読み込んでおき、式 (9.56)で示したように

```
mybona <- solve(I -b*G) %*% (a*G %*% one)
((b^2)/1) * mybona +b*one
```

から得られる。

　R のパッケージの sna で求めるには

```
library(sna)
bonpow(G, exponent = b)
```

とすればよい。igraphで求めるには

```
detach("package:sna", unload = TRUE)
```

```
library(igraph)
myg <- graph_from_adjacency_matrix(G, mode="undirected")
power_centrality(myg, exponent = b)
```

とすればよい。

以上の二つのパッケージで求める場合には、ともに中心性の各値の2乗和がノード数になるように調整されている。定義式やコマンドで求めたボナチッチ・パワー中心性を比較するためには、中心性の各値の和を1と調整してもよい。そうした点も含めて、"ナッシュ均衡とボナチッチ・パワー中心性.r" にもう少し詳しく解説している。

📋 章末まとめ

- ピア効果とは、自分の関わる他者 (仲間から) 影響を受け、自分の行動が変わることである。隣接行列を用いて他者の行動と自分の行動の相乗効果を利得に含めることで、経済モデル (ゲーム理論) によってピア効果を分析することができる。

- ピア効果の経済モデルにおける均衡はボナチッチ・パワー中心性の簡単な変換によって表すことができる。

- ボナチッチ・パワー中心性とは、固有ベクトル中心性と同様の性質をもつ。しかしながら、固有ベクトル中心性は無限回のネットワーク効果を経た先の中心性を考えるが、ボナチッチ・パワー中心性は各回のネットワーク効果をその都度考慮していくという違いがある。

- ボナチッチ・パワー中心性における無限回のネットワーク効果の収束については、行列の対角化を用いて議論することができる。

💬 考えてみよう

1. 自分たちで経験したピア効果を考えてみよう。
   - ピア効果は、高校などの学生生活において、喫煙、飲酒など学生にとってよくない行動を集団でとってしまう状況や、他方、よい面でも、勉強などの面で周りの優秀な学生に引っ張られて自分も勉強する状況などを挙げることができる。また、地域の活動が活発であるか、そうでないかも、頑張っている人がいれば自分も頑張るというような形でピア効果で説明できるかもしれない。

2. ボナチッチ・パワー中心性のより当てはまる状況を、固有ベクトル中心性との比較を通じて、考えてみよう。
   - 前章での「考えてみよう」では、固有ベクトル中心性では、有力者とのつながりでできる最終的な評判を考えた。これは最終的な状態を考えているので、固有ベクトル中心性と整合的と考えた。ボナチッチ・パワー中心性では、最終的な状態だけではなく、$G1$、$G^2 1$ などのそれぞれの中心性の変化の過程も含まれていた。この意味で、こうした初期からの過程も考慮される状況が望ましい。つまり、ある時間幅のある組織内でのプロ

ジェクトにおいて各主体がそれぞれのタイミングで経験や学習から成長し、それら経験や学習の累積で、主体の重要度 (中心性) が決まる状況がより当てはまるであろう。

3. これまで企業ランキングをそれぞれの中心性で求めてきた。自分なりの特徴づけができるか試みてみよう。
   - 初期段階の研究としてのランキングなので、ブレインストーミングとしていろいろな仮説を立てるとよいであろう。

N_0^5 記号や数学に関する確認問題

1. 式 (9.6) の利得関数を前提として、すべての主体が最適な行動をしたときの条件式、つまり式 (9.13) を自分で導出しなさい。

2. 対角化の式 (9.94) を用いて、式 (9.95) から式 (9.98) を導出しなさい。つまり、$G^2 = P^{-1}\Lambda^2 P$ を示しなさい。

3. 他にも行列やベクトルを用いた式展開が多いので、各部分を限定して、本文を見ないで自分で導出できるかを確認しなさい。

R Rを用いて考えよう

- "ナッシュ均衡とボナチッチ・パワー中心性.r"では以下を行っている。
  - ナッシュ均衡を求める。
  - 計算式とコマンドの両方で、ボナチッチ・パワー中心性を求める。
  - ナッシュ均衡とボナチッチ・パワー中心性との対応を確かめる。

> コラム

ネットワークの生成の実証分析

第8章のコラムで、Calvó-Armengol et al. (2009) のネットワークの実証分析を紹介した。これは、ネットワークを与えられたものとして、理論的に示されたナッシュ均衡と現実との対応を明らかにするものであった。

ネットワークそれ自身について、どのように形成されるのかということについての実証分析も同様になされている。社会科学では、二つの代表的なモデルがある。

一つ目は Exponential Random Graph Models (ERGMs もしくは、指数ランダムグラフモデル) と呼ばれるものである。基本的には、ネットワークの生成確率そのものを考えようというものである。これは途方もなく難解なモデルを考えないといけないように感じる。しかし、もし二つのリンクが一つのノードを共有していたら、それらのリンクの実現確率は互いに独立ではないという、非常にシンプルで現実的な仮定のもと (これはマルコフ従属と呼ばれる仮定である)、ネットワークの実現確率は星形ネットワークやトライアングルといった部分ネットワークの数に依存して決まるというように簡略化されて示されることがわかった。これを基礎として、さまざまなモデルが発展してきている。

二つ目は Stochastic Actor-Oriented Models (SAOMs もしくは、確率的アクター指向モデル) である。これは Siena (Simulation Investigation for Empirical Network Analysis) とも呼ばれる。ERGMs とは対照的に、個別のリンクに注目してその生成確率を考えるというものである。生成確率を考察するために基本的には複数期間のネットワークデータを得て、リンクの生成変化をデータとして得なければならない。モデル自身は実際のネットワークの推移に合うように、部分ネットワークを含むさまざまな要因のパラメータを、シミュレーションを通じて調整していくというものである。モデルの考え方としてはERGMsより単純であり、ノードの属性とネットワークとの関係、種類の異なるリンクの生成変化などさまざまなモデルの発展が先駆的になされてきた。

実際の分析としては、Fujimoto et al. (2018) では、ERGMsを用いて、公衆衛生サービスを提供する組織間での、競争ネットワークと照会ネットワークの関係が分析された。そこでは、ともに照会を受けている組織間で競争が起こりやすいことが示された。SOAMs については、Fujiyama and Fujimoto (2018) では大学のゼミ内での会話ネットワークとアドバイスネットワークの共進化が分析されており、会話をするというリンクが基礎となり、アドバイスを求めるというリンクへつながっていることが明らかとなった。アドバイスという、より重要な関係は、より軽い会話という関係を踏まえて成り立ち、こうした段階を踏んでの関係の生成が示された。

最後に、モデルの話に戻ると、いまでは、ERGMsも複数期間のネットワークの変化を取り扱うことができ、SAOMsも1期間のネットワークを取り扱うことができ、お互いの特徴や進歩を取り込みながら発展がなされ、その境界も見えにくくなっている (Block et al., 2016; Fujiyama, 2020b)。また、鈴木 (2017) や Luke (2015) では、データを用いた実際の分析手順が示されており、興味のある読者は参照されるとよい。

第 10 章　社会関係資本と拡散中心性 (三つの中心性の統合)

本章では、社会ネットワークを社会関係資本という、より広い視野から位置づけよう。ここでは、信頼が大きな役割を果たし、ネットワークの重要性もそこから見出される。また、社会関係資本とは社会により高い効率性をもたらす意味で望ましいが、中心性においてもそうした望ましい性質を見出すことができる。ここでは、次数中心性、固有ベクトル中心性、ボナチッチ・パワー中心性を統一的にとらえることができる拡散中心性を紹介し、インドのマイクロファイナンスの普及に関する実証分析を紹介する。また、日本企業のネットワークについては、中心性と利益に関する推定を行った。

10.1　社会関係資本と社会ネットワーク

本章では、社会ネットワークを含むより広い概念である、**社会関係資本** (social capital) を学びつつ、経済学や社会心理学など隣接領域との関係を理解することを試みる。

歴史的経緯をおさえると、産業革命後は、生産過程で用いられる機械が、それぞれの経済発展において決定的なものであり、こうした機械が資本の中心概念としてとらえられてきた (大西, 1992)。しかしながら、この資本の概念は時代を経るごとに拡張されていく。銀行の産業支配が顕著となるなか、**金融資本** (financial capital) というように資本概念は拡張された (Hilferding, 1910)。さらに、1960 年代以降では、労働者自身の技術や能力が生産性に大きな影響を与えるようになり、**人的資本** (human capital) という概念拡張が起こったのである (Becker, 1964)。そして 20 世紀末からは、人々の関係性が生産性に大きな影響を与えることが明らかとなり、社会関係資本 (social capital) にまで資本概念が拡張している (Coleman, 1988; Putnam, 2000; Burt, 1992; Lin, 2001)[*1]。

以上の点をもう少し記号を用いて展開していこう。最も単純にとらえると、資本とは生産のための生産要素となる。伝統的に、経済学では、生産 (y) は**資本** (K) と**労働** (L) を投入することでなされると定式化される。ここで**生産関数** f を考えると

$$y = f(K, L) \tag{10.1}$$

---

*1　以下では、Putnam (2000) を中心に説明を行う。しかしながら、媒介中心性にも近い概念でもある構造的隙間 (structural hole) が企業に利益をもたらすとした Burt (1992) も興味深い。これは、Coleman (1988) の示した閉鎖性としての社会関係資本とは対照的に、開放性としての社会関係資本の意義を見出している。実は、Putnam (2000, p. 22) でも、この社会関係資本の対照性は結束型社会関係資本 (bonding social capital) と 橋渡し型社会関係資本 (bridging social capital) として概念化されており、さらに、コラムで述べた Granovetter (1995) の「弱い紐帯」は、橋渡し型社会関係資本に含まれると述べられている。

と表現される。

　直感的には生産に必要な機械とそれに必要な従業員と考えるとイメージがしやすい。しかしながら、現在のコンピュータと、20年前のコンピュータを比較するとわかるように、性能が大きく異なってくる。このように資本は、技術革新が伴うと生産量は大幅に改善する。これを含めると、生産関数は、技術進歩についてのパラメータを A として

$$y = Af(K, L) \tag{10.2}$$

と表現されることになる。こうすると、同じ量だけ資本と労働を投入しても、技術水準 A が向上すると、生産量も高まるということが表現される。これは資本の質の向上を技術水準として表現していると解釈できる。

　これと同様の考え方は、労働に対しても適用することができる。ここで製造業における製品開発を考えよう。同じ機材を使っていても、労働者の能力によって、製品開発の成果が異なってくるので、労働者がどれだけ優秀であるかという質の問題が生じてくる。ここで出てくる概念が、人的資本 (human capital) である。より質の高い労働者はより人的資本を蓄積した労働者ととらえられることになる[*2]。人的資本の代表例は大学などで学ぶ専門知識であり、高度な専門知識による革新が企業の利潤の源泉となる。他にも、大学においては教養を身につけることも人的資本の蓄積といえる。というのも、さまざまな価値観を理解することができ、他者の立場を踏まえることにより、集団内でより適切なコミュニケーションをできるからである。つまり、組織内でのコミュニケーションコストを小さくし、企業の生産性の向上へ貢献する。

　しかしながら、こうした資本の質、および、労働の質の考慮という資本概念の洗練だけでは、説明できない状況も出てきた。

　例えば、Putnam (1993) では、イタリアの北部と南部に注目し、そこでの格差は単に資本、労働、技術、人的資本といったこれまでの概念ではとらえきれないものであった。それを踏まえ、各地域での主体間の関係それ自身が、社会活動や経済活動に大きな影響を与えることを明らかにし、社会関係資本が概念化されていった。すなわち、社会関係資本を構成する要素として

- **信頼** (trust)

- **規律** (norm)

- **ネットワーク** (network)

が示され (Putnam, 1993, p. 167)、これらにより協調行動が促進され、社会的な効率性がより増すと概念化された。

　これは次のように解釈できる。経済活動においては、信頼できるビジネスパートナーを選ぶことが非常に重要である。というのも、裏切り行為にあうと、経済的な損失を被ってしまう。また、損失とまではいかなくとも、協力的な行動を得られないと、より高い利潤の獲得には結びつかない。こうした中で信頼できる相手とは、裏切りをせず、協力的な行動をとる規律をもった相手とも言い

[*2]　人的資本における代表的な研究者はBeckerであり、その主著はBecker (1993) である。これは第3版であり、1993年に出版されているが、その初版は1964年に出版されている。

換えられる。さらには、ネットワークを通じて、相手の評判を得ることができれば、相手の信頼性や規律に対する情報をより容易に得ることができ、また、そのことを気にするが故に、各主体も容易に裏切りや非協力的な行動をしないという状況が生まれてくる。つまり、信頼、規律、ネットワークはすべて、相手が裏切るかもしれない、非協力的な行動をとるかもしれないという不確実性を解消し、結果として、協調行動が促進され、社会的な効率性がより増すことになる。

10.2 信頼ゲーム

この信頼を理解するときにも、ゲーム理論は有用である。**図 10.1** で示される**信頼ゲーム** (trust game) を考えよう。ここでは主体 I は主体 II を信頼するかしないかを選択する。その後、主体 II は信頼に応えるかどうかを選択する。主体 II は信頼を裏切り、自分だけ得をするという選択もとれる。ここで、わかることは、信頼をする側とされる側の違いである。英語であれば、Trustor と Trustee との違いとして示される。

信頼し信頼されるという状況は、より望ましいと考えられる。このことが、主体 I が信頼し、主体 II が信頼に応えるときに、両主体の利得の総和が 4 となり、総和として最大となっていることで表現されている。

しかしながら、素直に、後ろ向き帰納法で解くと、主体 II は裏切り、それを見越して主体 I は信頼しない (**図 10.2**)。ここでは均衡での両主体の利得の総和は 0 となってしまう。というのも、主体 II には、信頼に応えるインセンティブがないからであり、結局のところ信頼状態が実現できないというジレンマが生じている。

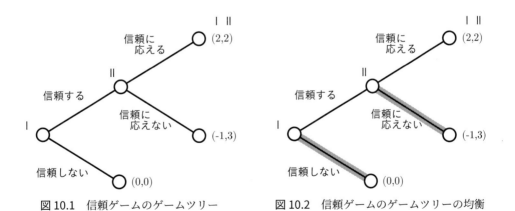

図 10.1　信頼ゲームのゲームツリー　　　図 10.2　信頼ゲームのゲームツリーの均衡

このため、信頼をする・信頼に応えるという均衡を得るためには何らかの別途の要因が必要となることがわかる。基本的には、裏切ること自身が主体 II の利得を下げるような状況があればよい。これは**図 10.3**で示されている状況であり、後ろ向き帰納法で解いて、ここでは信頼が成立する (**図 10.4**)。

では、どのような状況であれば、主体 II の利得が下がるようになるのか。一つは、裏切りにより主体 II の評判が下がるというような状況である。もちろん、このためには、他者が主体 I と II の状

況を観察可能であり、他者も将来的に主体 II と活動をともにするため、主体 II の行動を気にしているという状況が必要である。

　別の言い方をすると、周りの悪い評判とは、信頼に応えない「裏切り者」というレッテルを与えることに他ならず、周りのものが社会的な懲罰 (punishment) を与えていることに他ならない。つまり、そのための交流という、社会的なネットワークが必要となってくるといえる。この論点は、第3章における親による子どもへの懲罰の可能性が子どもの行動を正しい方向へ促すという議論と同じである。つまり、社会的なネットワークの存在と、それがもたらす評判が、**図10.2**から**図10.3**への変換を可能にする。

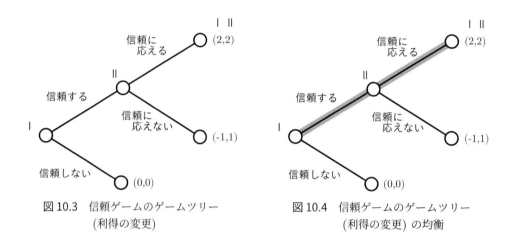

図 10.3　信頼ゲームのゲームツリー　　　　図 10.4　信頼ゲームのゲームツリー
　　　　　(利得の変更)　　　　　　　　　　　　　　(利得の変更) の均衡

　以上のような評判が存在しなくても、規律による利得の変更によっても信頼状態が実現できる。例えば、相手の損を強いる一方的な利益の獲得は望ましくないという規律 (norm) をもっていれば、信頼を裏切ることによる心理的なコストによって、もともとの利得の3から1へ減少するという状況が得られる。こうすると、ゲームツリーが**図10.2**から**図10.3**へと変換される。この意味で、規律も信頼において重要な役割をもつと確認できる。

10.3　一般的信頼

　これまでの議論を踏まえると、信頼できるかできないかにおいて、社会状況および相手との状況を踏まえて**図10.2**のゲームをしているのか、**図10.3**のゲームをしているのかという、見極めが重要となる。

　こうした見極めにおいて、見知らぬ他人を信頼するかしないかの基準値としてとらえられる概念が社会心理学における**一般的信頼** (general trust) である (山岸, 1998, p. 42)。実際に計測される場合の、代表的な質問としては

● 一般的に言って、たいていの人は信頼できると思いますか、それとも、用心するに越したことはないと思いますか

がある*3。もちろん、より一般的信頼が高いほど、信頼し信頼されるという状況が得られやすいと考えられる。逆に、こうした信頼をする人々が、裏切り者から搾取されるということも考えられるため、信頼を試みるものは、相手が信頼するに足るか (trustworthiness) を見極める能力としての**社会的知性** (social intelligence) をもたなければならないとするのが、山岸の信頼理論として知られる (山岸, 1998)。

相手が信頼するに足るかについて、今度は、戦略的な観点から考察をしてみよう。具体例として、インターネット上での商品売買を取り上げる。このとき、インターネット上の店舗は粗悪品を送付して、不当に利益を上げようとできるので、買い手とすると、売り手を信頼できるかどうかは非常に重要となってくる。ここで、信頼するに足る善良な売り手は、粗悪品を送りつける裏切り行為をする店舗との差別化が可能となれば、信頼を得ることになる。このときには、返品はいつでも可能というシグナルを出せばよいことが知られている。そうすると、その店舗は消費者から信頼してもらえるし、もともと粗悪品を送ろうとする店舗は、すべてを返品されては利益を上げることができず、「いつでも返品を受け取る」というシグナルを出すことはできない。

まとめると、戦略的な視点を導入すると、相手に信頼をしてもらうためには、裏切り者では真似できないようなシグナルを出すことが重要となってくる。実は、こうした分析は、ゲーム理論ではシグナリング理論としてよく知られるものである。

他方において、相手を見極める社会的知性であれ、相手の出すシグナルの認識であれ、そうした戦略的な側面ではなく、より道徳的側面を重視する立場もある。Uslaner (2008)では、戦略的な考えが当てはまるのは比較的少数のグループの中だけであり、より広い意味での市民社会への貢献活動 (市民参加、civic engagement) は、戦略的ではない**道徳的な信頼** (moralistic trust) によってもたらされることが強調されている。

---

*3　この質問は、World Value Survey で行われていることから広く用いられるようになっている。原文は、"Generally speaking, would you say that most people can be trusted or that you need to be very careful in dealing with people?" となり、これに対して回答として、「たいていの人は信頼できる (Most people can be trusted)」と「用心するに越したことはない (Need to be very careful)」が用意されている。より詳細な質問としては、

(1) ほとんどの人は基本的に正直である

(2) ほとんどの人は信頼できる

(3) ほとんどの人は基本的に善良で親切である

(4) ほとんどの人は他人を信頼している

(5) 私は、人を信頼するほうである

(6) たいていの人は、人から信頼された場合、同じようにその相手を信頼する

があり、回答としてはリッカート・タイプで5件法である (山岸, 1998; 小杉・山岸, 1998)。リッカート・タイプの5件法とは、「とてもそう思う」「そう思う」「どちらでもない」「そう思わない」「全くそう思わない」というような形の回答である。ここで (4) と (5) は Truster に関する質問であり、(2) については Trustee についてであり、(1) と (3) については、他者がもっている規律に関してである。(6) は条件付きでの信頼であり、つまり、戦略的に人が信頼行動を変えるかについてであるということで興味深い。また、以上の六つの質問のうちの一部を使うこともある (辻・針原, 2010; 藤山, 2014)。なお、一般的信頼についての質問については 金澤 (2019) に詳しいので参考にされたい。

実証的にも、一般的信頼を含む社会関係資本が増加すると、経済成長も促進され (Knack and Keefer, 1997; Whiteley, 2000)、また、市民参加も活性化することが指摘される (Rothstein and Uslaner, 2005; Uslaner and Brown, 2005)。しかしながら、社会関係資本そのものの概念の曖昧性や、実証における問題点も指摘されており (Nannestad, 2008; Sobel, 2002)、さらなる研究の蓄積が求められている分野ともいえる。

このように発展途上の学問分野とはいえ、社会関係資本において、信頼、規律、ネットワークが重要な概念となっていることは確かである。また、これらの概念は互いに深く関係し、ともすると理解が混乱してくる。そうした中で、ゲーム理論および社会ネットワーク分析の概念を踏まえると、不必要な混乱を避けつつ、社会関係資本に対して、より明快な見通しをつけることができる[*4]。

10.4 三つの中心性を統合する拡散中心性

以上のように、社会ネットワークとは、社会関係資本の枠組みの中で理解することができる。また、社会関係資本の多様性を考えるならば、これまで学んできたネットワーク中心性はより限定された概念ともいえる。しかしながら、そうではあっても、その現実妥当性までもが小さいということではない。ここでは、次数中心性、固有ベクトル中心性、ボナチッチ・パワー中心性を包括的にとらえる拡散中心性を紹介し、その後、ネットワーク中心性を用いた実証分析を紹介する。

10.4.1 固有ベクトル中心性とボナチッチ・パワー中心性の関係

はじめに、固有ベクトル中心性とボナチッチ・パワー中心性の関係を確認する。

固有ベクトル中心性 (c_E) とボナチッチ・パワー中心性 (c_B) の定義を確認すると、隣接行列を G として

$$c_E = \frac{1}{\lambda^*} G c_E \tag{10.3}$$

$$c_B = \beta G c_B + \alpha G 1 \tag{10.4}$$

となる。ここで λ^* は隣接行列 G の最大の固有値である。

固有ベクトル中心性と比較して、ボナチッチ・パワー中心性は、α および β という二つのパラメータを導入し、かつ、初期値の項を加えたものとなっている。このように、両者の定義は形式上は似ているが、その解釈は大きく異なった。再度ここでも確認しよう。

固有ベクトル中心性では、中心性の初期値を 1 として、それにどんどん G を掛けて中心性を変化させていき、その極限としての

$$\lim_{k \to \infty} G^n 1 \tag{10.5}$$

を考え、これが固有ベクトル中心性となった。

[*4] 社会関係資本に関して、すでに古典として取り上げられるべき文献は、第3章でも取り上げた Coleman (1988) であり、本章で取り上げた Putnam (1993) と Putnam (2000) である。より教科書的もしくは包括的な文献としては Halpern (2005)、三隅 (2013)、稲葉 (2007) を挙げることができる。

　なお、上記で便宜上用いた $\mathbf{1}$ は他の一般的な $\mathbf{v}$ とおいてもその値は変わらない。したがって、ボナチッチ中心性の定義の初期値に合わせることもできる。つまり、$\mathbf{1}$ ではなく $\alpha\mathbf{G}\mathbf{1}$ を用いても

$$\lim_{n\to\infty}\mathbf{G}^n\mathbf{1}//\lim_{n\to\infty}\mathbf{G}^n(\alpha\mathbf{G}\mathbf{1}) \tag{10.6}$$

となる。

　このように、社会関係の無限の連鎖の収束値において社会的な影響力を測ることが固有ベクトル中心性の解釈となる。

　他方において、ボナチッチ・パワー中心性では、社会的な影響力を連鎖ごとに足し合わせていく。すなわち

$$\alpha\mathbf{G}\mathbf{1} + \beta\mathbf{G}(\alpha\mathbf{G}\mathbf{1}) + \beta^2\mathbf{G}^2(\alpha\mathbf{G}\mathbf{1}) + \cdots \tag{10.7}$$

によって各主体の中心性を表現した。もしパラメータの β が十分小さい場合には、最初の項の比率が十分大きく、各主体の中心性の初期値である $(\alpha\mathbf{G}\mathbf{1})$ を無視できない。これは、中心性の初期値の影響がなくなる固有ベクトル中心性と対照的な性質といえる。

　以上のように、固有ベクトル中心性とボナチッチ・パワー中心性とは、形式的な類似点以上の違いがある。

　しかしながら、これら二つの中心性については深い関係がある。すなわち、無向ネットワークを考え、それぞれが中心性の収束の条件を満たす場合には

$$\lim_{\beta\to\frac{1}{\lambda^*}}\mathbf{c}_B//\mathbf{c}_E \tag{10.8}$$

となるのである。

　無向ネットワークで考えるのは、対称な行列ではスペクトル分解が可能となるからである (Strang, 2009, pp. 334–335)。したがって、有向ネットワークを考えるときには、その都度、スペクトル分解が可能かどうかを確認しないといけない。

　では、スペクトル分解とはなんであろうか。これは、10.7 節で詳細な議論をするが、$\mathbf{G}$ の k 乗が

$$\mathbf{G}^k = \lambda^k\mathbf{v}_1\mathbf{v}_1' + \cdots + \lambda^k\mathbf{v}_n\mathbf{v}_n' \tag{10.9}$$

$$= \sum_{i=1}^{n}\lambda_i^k\mathbf{v}_i\mathbf{v}_i' \tag{10.10}$$

と表現できることである。ここで λ_i は固有値であり、$\mathbf{v}_i$ は対応する固有ベクトルである。

　ここからはボナチッチ・パワー中心性 $\mathbf{C}_B$ をうまく変形していって、固有ベクトル中心性を導いていこう。

　はじめに、次のような変形をする。すなわち

$$\mathbf{c}_B = \alpha\mathbf{G}\mathbf{1} + \alpha\beta\mathbf{G}^2\mathbf{1} + \alpha\beta^2\mathbf{G}^3\mathbf{1} + \cdots \tag{10.11}$$

$$(\mathbf{1}でくくると)$$

$$= \alpha[\mathbf{G} + \beta\mathbf{G}^2 + \beta^2\mathbf{G}^3 + \cdots]\mathbf{1} \tag{10.12}$$

$$\text{(スペクトル分解の結果を用いて)}$$

$$= \alpha \left[\sum_{i=1}^{n} \lambda \boldsymbol{v}_i \boldsymbol{v}_i' + \beta \sum_{i=1}^{n} \lambda^2 \boldsymbol{v}_i \boldsymbol{v}_i' + \beta^2 \sum_{i=1}^{n} \lambda^3 \boldsymbol{v}_i \boldsymbol{v}_i' + \cdots \right] \boldsymbol{1} \tag{10.13}$$

$$\text{(各 } \boldsymbol{v}_i \boldsymbol{v}_i' \text{ でまとめると)}$$

$$= \alpha \Big[(\lambda_1 + \beta \lambda_1^2 + \beta \lambda_1^3 + \cdots) \boldsymbol{v}_1 \boldsymbol{v}_1' + (\lambda_2 + \beta \lambda_2^2 + \beta \lambda_2^3 + \cdots) \boldsymbol{v}_2 \boldsymbol{v}_2' +$$
$$\cdots + (\lambda_n + \beta \lambda_n^2 + \beta \lambda_n^3 + \cdots) \boldsymbol{v}_n \boldsymbol{v}_n' \Big] \boldsymbol{1} \tag{10.14}$$

となる。

ここで、各係数に注目しつつ、それらが数値であることに注意して

$$S = \lambda_i + \beta \lambda_i^2 + \beta^2 \lambda_i^3 + \cdots \tag{10.15}$$

とする。なお、ここでも $|\beta \cdot$ 固有値の最大値$| < 1$ を仮定するので、任意の $i \in \{1, 2, \ldots, n\}$ に対して、$\lim_{k \to \infty} \beta^{k-1} \lambda_i^k = 0$ が成立する[*5]。これより

$$S = \frac{\lambda_i}{1 - \beta \lambda_i} \tag{10.16}$$

が得られる[*6]。

以上を式 (10.14) と合わせて

$$\boldsymbol{c}_B = \alpha \left[\frac{\lambda_1}{1 - \beta \lambda_1} \boldsymbol{v}_1 \boldsymbol{v}_1' + \frac{\lambda_2}{1 - \beta \lambda_2} \boldsymbol{v}_2 \boldsymbol{v}_2' + \cdots + \frac{\lambda_n}{1 - \beta \lambda_n} \boldsymbol{v}_n \boldsymbol{v}_n' \right] \boldsymbol{1} \tag{10.17}$$

となる。

[*5]　これは次のように示すことができる。つまり

$$\beta^{k-1} \lambda_i^k = (\beta \cdot \lambda_i)^{k-1} \cdot \lambda_i$$

となり、$|\beta \cdot$ 固有値の最大値$| < 1$ なので、任意の $i \in \{1, 2, \ldots, n\}$ に対して

$$|\beta \cdot \lambda_i| < 1$$

となる。したがって

$$\lim_{k \to \infty} (\beta \cdot \lambda_i)^{k-1} = 0$$

となる。まとめると

$$\lim_{k \to \infty} \beta^{k-1} \lambda_i^k = \lim_{k \to \infty} (\beta \cdot \lambda_i)^{k-1} \cdot \lambda_i$$
$$= \left(\lim_{k \to \infty} (\beta \cdot \lambda_i)^{k-1} \right) \cdot \lambda_i$$
$$= 0 \cdot \lambda_i$$
$$= 0$$

が得られる。

ここで、最大の固有値 λ^* を λ_1 としておこう[7]。このとき、ボナチッチ・パワー中心性のパラメータ β について、限りなく $1/\lambda_1$ に近づけていくことを考える。すなわち

$$\beta \to \frac{1}{\lambda_1} \tag{10.18}$$

とする。

ここで、式 (10.17) のカッコ内の分母、すなわち、$1 - \beta\lambda_1$, $1 - \beta\lambda_2$, ..., $1 - \beta\lambda_n$ に注目する。このとき、

$$\lim_{\beta \to 1/\lambda_1} (1 - \beta\lambda_1) = 1 - \left(\frac{1}{\lambda_1}\right)\lambda_1 = 0 \tag{10.19}$$

$$\lim_{\beta \to 1/\lambda_1} (1 - \beta\lambda_2) = 1 - \left(\frac{1}{\lambda_1}\right)\lambda_2 = 1 - \frac{\lambda_2}{\lambda_1} \tag{10.20}$$

$$\cdots \tag{10.21}$$

$$\lim_{\beta \to 1/\lambda_1} (1 - \beta\lambda_n) = 1 - \left(\frac{1}{\lambda_1}\right)\lambda_n = 1 - \frac{\lambda_n}{\lambda_1} \tag{10.22}$$

となる。

以上と式 (10.17) を組み合わせると、$\beta \to \frac{1}{\lambda_1}$ とするとき

$$\frac{\lambda_1}{1 - \beta\lambda_1} \boldsymbol{v}_1 \boldsymbol{v}_1' \tag{10.23}$$

の分母の部分が限りなく 0 に近づき、この項の値は限りなく大きくなる。他方で、他の項、すなわち

$$\frac{\lambda_2}{1 - \beta\lambda_2} \boldsymbol{v}_2 \boldsymbol{v}_2', \ldots, \frac{\lambda_n}{1 - \beta\lambda_n} \boldsymbol{v}_n \boldsymbol{v}_n' \tag{10.24}$$

の各分母の部分はある定数に近づき、これらの項全体としてもある定数に近づいていく。すると、第 1 項の値の占める割合が限りなく大きくなっていく。したがって、式 (10.17) において、$\boldsymbol{c}_B$ が

---

[6] これは

$$S = \lambda_i + \beta\lambda_i^2 + \beta^2\lambda_i^3 + \cdots$$

であり、両辺に β を掛けると

$$\beta S = \beta\lambda_i + \beta^2\lambda_i^2 + \beta^3\lambda_i^3 + \cdots$$

となり、以上の二つの等式を互いに引いて、整理すると

$$S - \beta S = \lambda_i$$
$$\iff (1 - \beta)S = \lambda_i$$
$$\iff S = \frac{\lambda_i}{1 - \beta}$$

が得られる。なお、$\lim_{k \to \infty} \beta^{k-1} k \lambda_i^k = 0$ は値が発散せず、以上の引き算が成立するために用いられている。

[7] もちろん、これは特に制約のある想定ではない。というのも、あらかじめ $\lambda_1 > \lambda_2 \geq \lambda_3 \geq \cdots \geq \lambda_n$ としておけばよいからである。また、最大固有値が唯一であることは、固有ベクトル中心性の収束を満たす条件の中に含まれている。

カッコ内の第1項の部分に収束していき、つまり

$$\lim_{\beta \to 1/\lambda_1} \boldsymbol{c}_B = \alpha \frac{\lambda_1}{1 - \beta \lambda_1} \boldsymbol{v}_1 \boldsymbol{v}_1' \boldsymbol{1} \tag{10.25}$$

となる。

さらに$\boldsymbol{v}_1'\boldsymbol{1}$はベクトルどうしの掛け算をすればわかるように数値(つまりスカラー)である。また$\alpha \frac{\lambda_1}{1-\beta\lambda_1}$の部分も数値となっている。ベクトルの部分は$\boldsymbol{v}_1$だけであるので、数値の部分とベクトルをまとめるように整理すると

$$\lim_{\beta \to 1/\lambda_1} \boldsymbol{c}_B = \left(\boldsymbol{v}_1' \boldsymbol{1} \cdot \alpha \frac{\lambda_1}{1 - \beta \lambda_1} \right) \boldsymbol{v}_1 \tag{10.26}$$

と書き直すことができる。以上において

- $\boldsymbol{v}_1$は、最大の固有値λ_1に対応する固有ベクトル

となるので、$\boldsymbol{v}_1$は固有ベクトル中心性となっている。さらに

- $\left(\boldsymbol{v}_1' \boldsymbol{1} \cdot \alpha \frac{\lambda_1}{1-\beta\lambda_1} \right)$は数値であり

したがって、$\beta \to \frac{1}{\lambda_1}$とするとき

$$\boldsymbol{c}_B // \boldsymbol{c}_E \tag{10.27}$$

が示された。

10.4.2　拡散中心性の定義とマイクロファイナンスへの応用

Banerjee et al. (2013b) は次数中心性、固有ベクトル中心性、ボナチッチ・パワー中心性を含む中心性を示した。これはβとTをパラメータとしてもち、**拡散中心性** (diffusion centrality、DC) と呼ばれ

$$DC(\boldsymbol{G}; \beta, T) \equiv (\beta \boldsymbol{G} + (\beta \boldsymbol{G})^2 + \cdots + (\beta \boldsymbol{G})^T) \cdot \boldsymbol{1} \tag{10.28}$$

$$= \left[\sum_{t=1}^{T} (\beta \boldsymbol{G})^t \right] \cdot \boldsymbol{1}. \tag{10.29}$$

と定義される。ここで$\boldsymbol{G}$は隣接行列であり、$\boldsymbol{1}$はすべての要素を1とするベクトルである[*8]。

次数中心性となるパラメータの設定は次の通りである。すなわち、拡散中心性で、$\beta = 1$かつ$T = 1$とする。このとき

$$DC(\boldsymbol{G}; \beta = 1, T = 1) = \boldsymbol{G}\boldsymbol{1} \tag{10.30}$$

[*8]　三つの中心性との対応を得るためには、固有ベクトル中心性とボナチッチ・パワー中心性が収束すること、そして、隣接行列についてスペクトル分解できることが条件となる。10.4.1 項でも述べたように、スペクトル分解を保証するため、原則として無向ネットワークを考えた方がよいであろう。

となる。これは次数に他ならず、次数中心性が得られる。

ボナチッチ・パワー中心性となるパラメータの設定は次の通りである。いま、Tを∞とし、βについて最大の固有値λ^*に対して

$$|\beta \cdot \lambda^*| < 1 \tag{10.31}$$

が成立するようにすると

$$DC(\boldsymbol{G}; \beta, T = \infty) = (\beta \boldsymbol{G} + (\beta \boldsymbol{G})^2 + \cdots) \cdot \boldsymbol{1} \tag{10.32}$$

となる。これはボナチッチ・パワー中心性で$\alpha = 1$としたものとなっている。

固有ベクトル中心性となるパラメータの設定は次の通りである。ここでは、ボナチッチ・パワー中心性が固有ベクトル中心性に収束していく性質を用いる。すなわち、ボナチッチ・パワー中心性を前提として、さらに、10.4.1項の議論から

- βを限りなく$\frac{1}{\lambda^*}$に近づける

とする。このとき

$$DC(\boldsymbol{G}; \beta \to 1/\lambda^*, T = \infty) = (\beta \boldsymbol{G} + (\beta \boldsymbol{G})^2 + \cdots) \cdot \boldsymbol{1} \tag{10.33}$$

は固有ベクトル中心性となる[*9]。

したがって、拡散中心性は次のようにまとめられる。つまり

- $T = 1$かつ$\beta = 1$のときには次数中心性
- $T = \infty$のときには
  - $|\beta\lambda^*| < 1$ならば、$\alpha = 1$のときのボナチッチ・パワー中心性
  - $|\beta\lambda^*| < 1$かつ$\beta \to \frac{1}{\lambda^*}$とするとき、固有ベクトル中心性

になることがわかる。

ここからは、拡散中心性を用いたBanerjee et al. (2013b)の実証分析を紹介しよう。ここでは、インドの南部におけるマイクロファイナンス (microfinance) の普及メカニズムが明らかにされた。

マイクロファイナンスとは信用力の小さい低所得者層に向けての融資である。金額は小さいもののこれを元手にして起業ができるなど、貧困から逃れるための有力な制度となっている。

インドの南部の事例では、Bharatha Swamukti Samsthe という機関によって2007年に実施され、5人の女性で形成された各グループに対して、10000ルピー (おおよそ200米ドル (当時)) からの融資がはじめられた[*10]。

---

*9　念のため、より正確には固有ベクトル中心性と比例するベクトルとなる。もちろん、各要素の総和を1とするような標準化を行うと同じとなる。

*10　5人のグループを作り、連帯責任とすることで、貸し倒れのリスクを小さくしようとした。これも閉鎖的な関係を作り、より望ましい行動を促そうとしたと解釈できる。

　さて、こうした望ましい融資制度も、対象となる貧困家庭がこの制度自体を知らなければ利用もされないことになってしまう。したがって、適切に宣伝をする必要があり、そこで注目された有力な手段が口コミであり、各地域の有力者 (教師、援助団体のリーダー、店主) に情報を伝え、宣伝してもらうという方法がとられた。

　ネットワーク分析としては、各ノードとして世帯がとられた。というのも、各世帯単位で融資が決められるからである。また、リンクとしては、各世帯で交流がある、親族である、食べ物・灯油・金銭などの貸借をする、などの関係が一つでもあれば、リンクがあるとみなされた。こうした交流で情報が流通していくからである。また、各世帯が他の世帯を挙げていくため、データとしては方向性のあるリンクとなったが、コミュニケーションがなされているという意味では方向性は特に問題にならないとされ、方向性のないリンクに直され、世帯交流についての無向ネットワークが構成された (Banerjee et al., 2012, p. 6)。

　また、43の村で以上のデータが取得され、これらは互いに独立したネットワークと見なされた。というのも、これらの村はインド南部の田舎に点在し、互いに十分離れていたためである[*11]。こうした独立性のため、個々の村を一つのデータとみなした分析が進められた。

　実際には、各43の村で、マイクロファイナンスへの参加率と、最初にマイクロファイナンスの情報が伝えられたリーダーの中心性との関係が分析された。仮説とするとより高い中心性をもつリーダーに情報が提供されると、情報がより効率的に伝達され、結果として参加率も高くなるということである。

　分析手法は回帰分析であり、従属変数にはリーダー以外のマイクロファイナンスの参加率がとられ、独立変数には、各村で最初にマイクロファイナンスの情報が伝えられたリーダーの中心性の平均値が用いられた[*12]。

　推定結果は**表 10.1**に示している[*13]。モデル1は、拡散中心性と統制のために用いた変数だけを独立変数として含めた場合である。拡散中心性の各パラメータについては、βは最大の固有値λ^*の逆数、つまり、$\beta = 1/\lambda^*$とされた。また、Tについては、各村でのBharatha Swamukti Samstheの活動期間を何か月かで示し、それを3で割った値にされた[*14]。全体のTの平均値は6.6であった。

　Banerjee et al. (2013b) では統計的な有意性についての情報はないが、カッコ内は標準偏差であり、近似的に検定は可能である。というのも、推定値を標準偏差で割った値がt値となり、正規分布で十分近似できるとした場合は、この値が2以上となると、おおよそ5%の有意水準で統計的に有意と判断できる[*15]。以上の判断から、拡散中心性について、推定値を標準偏差で割った値は、0.022/0.007から3.14となる。したがって、有意な係数が得られたと判断できる。

[*11] 各村の距離の中央値は46 kmであった。

[*12] 中心性の指標以外にも、状況を統制するための変数として、世帯数、貯蓄総額、援助団体への参加率、カーストの構成、リーダーの比率が用いられた。

[*13] 決定係数とは従属変数の変動に対して、推定された式でどれほどの比率が説明されたかという指標であり、0から1の間の値をとり、1に近いほど説明力が高いという解釈になる。

[*14] もちろん、これらのパラメータの値によって、拡散中心性の値は変わってくるが、βを$0.25*(1/\lambda^*)$から$2*(1/\lambda^*)$に変化させ、また、Tも0.25倍から2倍に変化させても、得られる中心性の相関はおおよそ0.98以上となり、質的な変化はほとんどなかったことが確認された (Banerjee et al., 2013a, Table S7)。

表10.1　マイクロファイナンスと中心性

独立変数	モデル1 係数	(標準偏差)	モデル2 係数	(標準偏差)
拡散中心性	0.022	(0.007)	0.018	(0.009)
次数中心性			−0.003	(0.006)
固有ベクトル中心性			3.692	(2.265)
媒介中心性			1.71	(1.687)
ボナチッチ・パワー中心性			−0.106	(0.063)
Decay 中心性			0.034	(0.045)
近接中心性			−0.891	(1.496)
決定係数	0.442		0.515	

従属変数はマイクロファイナンスへの参加率である。
Banerjee et al. (2013b) の Table 3 の一部を修正し作成した。

　モデル2は、他の中心性も含めての推定である。ボナチッチ・パワー中心性では、αは1とし、最大の固有値をλ^*として、$\beta = 0.8 * (1/\lambda^*)$としている (Banerjee et al., 2013a, p. 9)。また、Decay中心性とは、第5章のコネクションモデルの利得でコストの部分を除いた

$$\sum_{i \neq j} \delta^{t_{ij}} \tag{10.34}$$

で定義される[16]。これはノードiのDecay中心性であり、t_{ij}はノードiとノードjの距離であり、δは距離が遠いとより値が小さくなるような$0 < \delta < 1$をとる減衰 (decay) の程度を示すパラメータである。他のノードとより近いほど値が大きくなるという意味で、近接中心性と同じ考え方の中心性である。なお推定においては$\delta = 0.18$とされた (Banerjee et al., 2013a, p. 9)[17]。

　ここでも、推定値を標準偏差で割った数値が2以上となるのは、拡散中心性だけであり、他の中心性の効果を統制したとしても、拡散中心性の効果が統計的に有意であったと判断できる。

　次数中心性は、より直接の交流の多さを示したものであり、より人気のある世帯を示した指標といえる。しかし、これが有意な指標ではないということは、マイクロファイナンスの普及のためには、直接の交流が多い単に人気のある主体を選ぶべきではないということである。

---

[15] もちろん、Wasserstein and Lazar (2016) が指摘するように、p値に代表される統計的な有意性の判断を過度に重要視することは慎まなければならない。つまり、なんらかの科学的な判断を、検定において用いられる一つの値に集約して行うべきではない。他方で、こうした検定は注目する変数の効果がないという帰無仮説に対して、整合的ではない状況を示し、その意味で注目する変数の有意性を担保する重要な情報の一つでもある。ここでは、よりシンプルな説明を行うため、t値による統計的な有意性に注目したが、以上の限界もしくは注意があることも述べておく。

[16] この中心性については、Jackson (2008, p. 39) も参照されたい。

[17] 本来なら、この値についても他の値で変化があるかどうかを調べないといけないが、その点に関する記述はBanerjee et al. (2013b,a) にはなかった。

媒介中心性も、最短距離の情報の流通経路の中にどれだけ各世帯が含まれているかということである。ここでは、情報の伝達において、最短距離のパスのみを考える必要性も少なく、この中心性が有意でないこともうなづける。

近接中心性とDecay中心性においては、他の主体との距離を考える。距離は最短のパスによって定義され、基本的には自分以外のすべての主体にどれだけ近いかの指標となっている。これらも有意なものとはなっていない。これらと拡散中心性との違いは何であろうか。思い出すと、拡散中心性は、距離が1のウォークの数 (つまりノードやリンクの重複も認める道筋の数)、距離が2のウォークの数と続けていき、距離がT (実際には村ごとに異なる値となったが全体の平均では6.6)のウォークの数までをすべて足し合わせたものである。このようにノードとリンクの重複を含んだ情報の流通経路を距離Tまでにどれだけもっているかという中心性となる。したがって、他の世帯との距離を基準とする近接中心性やDecay中心性よりも、情報の流通経路を基準とする拡散中心性が、普及率に対してより適切な中心性であったと解釈できる。

さらに、ボナチッチ・パワー中心性との違いを考えると、ここでは、距離がTまでのウォークにとどまらず、距離が無限大まで、すべて考慮していく。このボナチッチ・パワー中心性が有意になっていないということは、あまり長い距離を考えすぎても、普及の力を図るうえでは、望ましくないことがわかる。

同様のことが、固有ベクトル中心性についても当てはまる。ここでは、十分長い距離のウォークを考えて、そこにおいて各主体から出発するウォークが何個あるかを考え、より個数が多いほどより中心性が高くなる指標である。ここでも固有ベクトル中心性が有意になっていないということは、普及の力の近似としては、有限の距離のウォークに限定した方が望ましいことが示されている[18]。

10.5 企業ネットワークの中心性と利潤

最後に、これまで求めてきた中心性と企業利潤との関係について、簡単にではあるが、推定を試みる。企業利潤には、経常利益をとった。2008年、2013年から2018年の7年分のデータをとっている。企業規模 (総資産と株式資本) と取締役会の大きさと構成メンバーに関する要因を統制している[19]。

役員兼任ネットワーク、役員派遣ネットワーク、および、株式取得ネットワークのそれぞれにつ

---

[18] Banerjee et al. (2013b) のワーキングペーパーに対応するBanerjee et al. (2012) では、固有ベクトル中心性のみに注目して、統計的な有意性を示していた。つまり、ウォークの数が普及率に影響を与えるということを踏まえて、より詳細な分析が可能な拡散中心性をBanerjee et al. (2013b) において導入した経緯をうかがえる。

[19] 以下は、計量経済学の用語が用いられており、それらがわかっている人向けの記述である。推定の方法については、企業と年度の双方の固定効果を含めたパネルデータ分析を行っている。これにより、観測不能な変数の効果を取り除くことができるという利点がある。また、データの取得のタイミングは、株式ネットワークは年度のはじめ、役員兼任および役員派遣ネットワークは年度半ば (7月・8月)、経常利益は年度末となっている。従属変数の前の段階で測定された独立変数を用いることで、内生性の問題の緩和もはかっている。また、撹乱項の分散共分散行列については、ロバスト推定としている。もちろん、この推定では、独立変数と従属変数間の相関を推定しており、因果関係までは示されないことには注意をしないといけない。

いて、次数中心性 (有向ネットワークについては、出次数中心性と入次数中心性) 、媒介中心性、ボナチッチ・パワー中心性を得た[20]。結果として、役員兼任ネットワークの次数中心性、役員派遣ネットワークの出次数中心性とボナチッチ・パワー中心性が有意水準5％で統計的に有意になった。株式取得ネットワークでは有意な変数はなかった。有意であった変数のグラフを図10.5、図10.6、図10.7に示す。

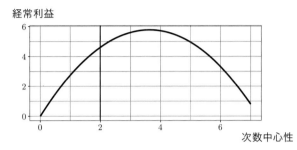

図10.5　役員兼任ネットワークの次数中心性と経常利益

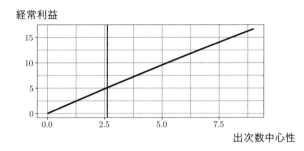

図10.6　役員派遣ネットワークの出次数中心性と経常利益

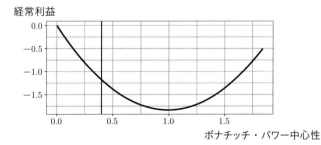

図10.7　役員派遣ネットワークのボナチッチ・パワー中心性と経常利益

---

[20] ボナチッチ・パワー中心性のパラメータ β については、役員兼任ネットワークでは0.95*(1/最大固有値) とし、他は、0.9*(1/最大固有値) とした。これは次数中心性との相関を小さくするように設定した。また、近接中心性と固有ベクトル中心性を含めなかった理由については、最大のコンポーネントが十分に大きくなかったことである。株式取得ネットワークで最大コンポーネントが全体のネットワークに対して10％ほどであり、役員兼任ネットワークでは全体の50％であったためである。なお、役員派遣ネットワークでは全体の90％ほどであったが、他のネットワークと合わせる形で、これらの中心性を含めることはしなかった。

　ここでは、平均を中心に95％のデータが含まれるようにグラフを描いている。図の中の垂直の線は各中心性の平均値を示している。また、経常利益の単位は10億円となっている。

　興味深いのは、役員派遣ネットワークの出次数中心性については直線的な効果を得ているが、他の二つは曲線的な効果となっていることである。また、役員兼任ネットワークの次数中心性と役員派遣ネットワークの出次数中心性は正の効果をもっているが、役員派遣ネットワークのボナチッチ・パワー中心性は負の効果となっている。

　役員兼任ネットワークは、近年、企業ガバナンスの観点から特に重視されてきた社外取締役を通じて構成され、比較的新しい企業ネットワークである。ここで、兼任している役員のネットワークの正の効果を確認できる。しかし、その効果は次数中心性が大きくなると減少してしまう。他方で、役員派遣は伝統的な企業ネットワークといえ、この出次数中心性の正の効果は、伝統的な役員派遣の存在感を示している。しかしながら、この効果は直接的であり、ウォークを含むボナチッチ・パワー中心性では負の効果となっており、ウォークを通じて価値が増大するというシナジー効果は期待できないと解釈できる。

　もちろん、これは最初期の分析であり、今後、より精緻な分析が求められている。ここでは、ネットワークの中心性を用いた分析の有効性もしくは可能性を示すものとしてとらえてもらいたい。

10.6　Rによる四つの異なる中心性の確認

隣接行列は第9章の**図 9.2**と同じものとし

```
G <- matrix(
  c(0, 1, 0, 0, 1, 0,
    1, 0, 1, 0, 1, 0,
    0, 1, 0, 0, 1, 1,
    0, 0, 0, 0, 1, 0,
    1, 1, 1, 1, 0, 0,
    0, 0, 1, 0, 0, 0), nrow=6, ncol=6, byrow = T)
```

と読み込んでおく。

　各中心性はsnaで求めるので、パッケージも

```
library(sna)
```

と読み込んでおく。

　固有ベクトル中心性は

```
myevc <- evcent(G)
```

で得られる。

　固有値の絶対値は

```
myeigen <- eigen(G)
```

```
abs(myeigen$values)
```

で調べることができ、ここから最大値が2.753...であることがわかる。この逆数は0.3631458...となり、この値より小さいがなるべく近い値をパラメータβとしたいので

```
b <- 0.363145
```

とする。

ボナチッチ・パワー中心性は

```
mybona <- bonpow(G, exponent = b, rescale=T)
```

として得られる。ここでは値の総和が1となるように調整されている。したがって、以上の値と、固有ベクトル中心性も同様に調整した

```
myevc/sum(myevc)
```

を比較するとよい。ボナチッチ・パワー中心性は

0.17095916, 0.22342170, 0.19692929, 0.08982454, 0.24735128, 0.07151404

となり、固有ベクトル中心性は

0.17095922, 0.22342172, 0.19692924, 0.08982456, 0.24735123, 0.07151403

となり、十分近い値であることを確認できる。

次に、拡散中心性を求める。隣接行列は同じものを用いる。すべての要素を1とする縦ベクトルも必要となるので

```
one <-matrix(
  c(1,
    1,
    1,
    1,
    1,
    1))
```

としておく。パラメータのβについては、先のボナチッチ・パワー中心性と同じ値である

```
b <- 0.363145
```

を用いる。

$T = 1$のときの拡散中心性は

```
myDC1 <- b*G %*% one
```

となる。

これは次数中心性と同じになるはずなので、次数中心性を

```
mydegc <- degree(G, gmode="graph")
```

として求めておく。

中心性の総和を1とするように調整し

```
myDC1/sum(myDC1)
mydegc/sum(mydegc)
```

とすると、ともに

$$0.1428571, \quad 0.2142857, \quad 0.2142857, \quad 0.07142857, \quad 0.2857143, \quad 0.07142857 \qquad (10.35)$$

という同じ値となることがわかる。

$T = 4$のときの拡散中心性は

```
myDC4 <- (b*G %*% one) +b *((b*G) %*% (b*G) %*% one) + ((b*G) %*% (b*G) %*% (b*G) %*%
one) + ((b*G) %*% (b*G) %*% (b*G) %*% (b*G) %*% one)
```

として得られる。中心性の総和を1とするように調整するためには

```
myDC4/sum(myDC4)
```

として

$$0.1626237, \quad 0.2205412, \quad 0.2025243, \quad 0.08468906, \quad 0.2574415, \quad 0.07218025 \qquad (10.36)$$

が得られる。これらはボナチッチ・パワー中心性と次数中心性の間の値となっており、拡散中心性は$T = 1$のときに次数中心性となり、Tが大きくなるにつれてボナチッチ・パワー中心性へ近づいていくことと整合的な結果が得られた。

10.7　補論：スペクトル分解について

本書で固有ベクトル中心性とボナチッチ・パワー中心性との関係を得るために、スペクトル分解を用いた。このスペクトル分解について解説する。以下では、対称行列、つまり、無向ネットワークを前提として議論していく。

10.7.1　固有ベクトルを用いた対角化

はじめに第8章の復習からはじめよう。いま、n行n列の行列Aを考えて、あるベクトルbと、ある数値λが存在して

$$Ab = \lambda b \qquad (10.37)$$

が成立したとする。このとき、λは固有値と呼ばれ、bは行列Aの固有ベクトルと呼ばれた。

ここではn行n列の対称行列に注目する。このときには、n個の互いに独立な固有ベクトルをも

つ[*21]。この n 個の、固有ベクトルを

$$\boldsymbol{v}_1, \boldsymbol{v}_2, \ldots, \boldsymbol{v}_n \tag{10.38}$$

とし、対応する固有値を

$$\lambda_1, \lambda_2, \ldots, \lambda_n \tag{10.39}$$

と表現しておこう。

もちろん、固有値と固有ベクトルの性質より

$$\boldsymbol{A}\boldsymbol{v}_1 = \lambda_1 \boldsymbol{v}_1, \ \boldsymbol{A}\boldsymbol{v}_2 = \lambda_2 \boldsymbol{v}_2, \ldots, \ \boldsymbol{A}\boldsymbol{v}_n = \lambda_n \boldsymbol{v}_n \tag{10.40}$$

が得られる。このため、いま固有ベクトルを縦に並べた行列 $\boldsymbol{V}$

$$\boldsymbol{V} \equiv \begin{pmatrix} | & | & \cdots & | \\ \boldsymbol{v}_1 & \boldsymbol{v}_2 & \cdots & \boldsymbol{v}_n \\ | & | & \cdots & | \end{pmatrix} \tag{10.41}$$

を考えると、行列の計算規則から

$$\boldsymbol{A}\boldsymbol{V} = \begin{pmatrix} | & | & \cdots & | \\ \boldsymbol{A}\boldsymbol{v}_1 & \boldsymbol{A}\boldsymbol{v}_2 & \cdots & \boldsymbol{A}\boldsymbol{v}_n \\ | & | & \cdots & | \end{pmatrix} = \begin{pmatrix} | & | & \cdots & | \\ \lambda_1\boldsymbol{v}_1 & \lambda_2\boldsymbol{v}_2 & \cdots & \lambda_n\boldsymbol{v}_n \\ | & | & \cdots & | \end{pmatrix} \tag{10.42}$$

となる。

他方で、いま、次のような行列 $(\boldsymbol{\Lambda})$

$$\boldsymbol{\Lambda} \equiv \begin{pmatrix} \lambda_1 & 0 & \cdots & 0 \\ 0 & \lambda_2 & \vdots & 0 \\ \vdots & \vdots & \ddots & \vdots \\ 0 & 0 & \cdots & \lambda_n \end{pmatrix} \tag{10.43}$$

を考える。このとき、行列の計算規則より

$$\boldsymbol{V}\boldsymbol{\Lambda} = \begin{pmatrix} | & | & \cdots & | \\ \boldsymbol{v}_1 & \boldsymbol{v}_2 & \cdots & \boldsymbol{v}_n \\ | & | & \cdots & | \end{pmatrix} \cdot \begin{pmatrix} \lambda_1 & 0 & \cdots & 0 \\ 0 & \lambda_2 & \vdots & 0 \\ \vdots & \vdots & \ddots & \vdots \\ 0 & 0 & \cdots & \lambda_n \end{pmatrix} \tag{10.44}$$

[*21] この点については Strang (2009, p. 334) もしくは笠原 (1982, 定理 8.21, p. 158) などを参照されたい。また、対称行列でない場合でも、n 個の互いに独立な固有ベクトルをもっていれば、以下で述べる対角化の議論は成立する。ただし、10.7.2 項と 10.7.3 項でスペクトル分解に関する議論をするときには対称行列という性質を用いている。

$$= \begin{pmatrix} | & | & \cdots & | \\ \lambda_1 \boldsymbol{v}_1 & \lambda_2 \boldsymbol{v}_2 & \cdots & \lambda_n \boldsymbol{v}_n \\ | & | & \cdots & | \end{pmatrix} \tag{10.45}$$

となっている[*22]。

以上より、式 (10.42) と式 (10.45) から

$$\boldsymbol{A}\boldsymbol{V} = \boldsymbol{V}\boldsymbol{\Lambda} \tag{10.46}$$

となる。以上の等式について、左から $\boldsymbol{V}$ の逆行列 $(\boldsymbol{V}^{-1})$ を掛けると

$$\boldsymbol{V}^{-1}\boldsymbol{A}\boldsymbol{V} = \boldsymbol{V}^{-1}\boldsymbol{V}\boldsymbol{\Lambda} \tag{10.47}$$

$$\Longleftrightarrow \boldsymbol{V}^{-1}\boldsymbol{A}\boldsymbol{V} = \boldsymbol{\Lambda} \tag{10.48}$$

が得られる[*23]。

これは行列の対角化と呼ばれるものである。

10.7.2 興味深い性質：逆行列と転置行列

対称行列の固有ベクトルに関する興味深い性質をみていく。はじめに準備として、任意の $i \in \{1, 2, \ldots, n\}$ に対して、固有ベクトルの自分自身の積を 1 にしておく。すなわち、第 i 番目の固有ベクトルを $\boldsymbol{v}_i$ として

$$\boldsymbol{v}_i' \boldsymbol{v}_i = 1 \tag{10.49}$$

とする。この変換は次のように行う。ここで

$$\boldsymbol{v}_i = \begin{pmatrix} v_{1i} \\ v_{2i} \\ \vdots \\ v_{ni} \end{pmatrix} \tag{10.50}$$

である。また、$\boldsymbol{v}_i'$ は $\boldsymbol{v}_i$ を転置したものであり

$$\boldsymbol{v}_i' = \begin{pmatrix} v_{1i}, v_{2i}, \ldots, v_{ni} \end{pmatrix} \tag{10.51}$$

となる。各要素を示すと

$$\boldsymbol{v}_i' \boldsymbol{v}_i = \sum_{j=1}^{n} v_{ij}^2 \tag{10.52}$$

[*22] 直感的にイメージがつかめない場合は、3 行 3 列ぐらいの行列で計算を確かめるとよい。

[*23] $\boldsymbol{V}$ の逆行列の存在については以下で示される。$\boldsymbol{V}$ は互いに 1 次独立な n 行の固有ベクトルから構成される n 行 n 列の行列であった。また、互いに 1 次独立な行が n 行あるときに、逆行列は存在することが知られている。したがって、逆行列 $\boldsymbol{V}^{-1}$ は存在する。

となる。つまり、示すべきことは

$$\boldsymbol{v}_i' \boldsymbol{v}_i = \sum_{j=1}^{n} v_{ij}^2 = 1 \tag{10.53}$$

となる。これは大きさ1の固有ベクトル$\boldsymbol{v}_i$を示している[*24]。

結果から述べると、$\boldsymbol{v}_i$を$\sqrt{\sum_{j=1}^{n} v_{ij}^2}$で割って

$$\frac{1}{\sqrt{\sum_{j=1}^{n} v_{ij}^2}} \boldsymbol{v}_i = \begin{pmatrix} \dfrac{1}{\sqrt{\sum_{j=1}^{n} v_{ij}^2}} v_{i1} \\ \dfrac{1}{\sqrt{\sum_{j=1}^{n} v_{ij}^2}} v_{i2} \\ \vdots \\ \dfrac{1}{\sqrt{\sum_{j=1}^{n} v_{ij}^2}} v_{in} \end{pmatrix} \tag{10.54}$$

という変換を考えればよい。

というのも、このようにすると

$$\left(\frac{1}{\sqrt{\sum_{j=1}^{n} v_{ij}^2}} \boldsymbol{v}_i \right)' \left(\frac{1}{\sqrt{\sum_{j=1}^{n} v_{ij}^2}} \boldsymbol{v}_i \right) = \left(\frac{1}{\sqrt{\sum_{j=1}^{n} v_{ij}^2}} \right)^2 \boldsymbol{v}_i' \boldsymbol{v}_i = \frac{1}{\sum_{j=1}^{n} v_{ij}^2} \cdot \sum_{j=1}^{n} v_{ij}^2 = 1 \tag{10.55}$$

とできる。つまり、式(10.54)という変換を$\boldsymbol{v}_i$に施して、これを改めて$\boldsymbol{v}_i$とすることによって、固有ベクトル$\boldsymbol{v}_i$の積$(\boldsymbol{v}_i' \boldsymbol{v}_i)$を1とすることができる。

もちろん、固有ベクトル$(\boldsymbol{v}_i)$に、ある定数(ここではaとしよう)を掛けて得られたベクトル$(a\boldsymbol{v}_i)$も固有ベクトルであることに変わりない。確認をすると、固有ベクトルの性質から

$$\boldsymbol{G}\boldsymbol{v} = \lambda \boldsymbol{v} \tag{10.56}$$

が得られ、両辺にaを掛けて整理すると

$$a\boldsymbol{G}\boldsymbol{v} = a\lambda \boldsymbol{v} \tag{10.57}$$

[*24] ベクトルの大きさは各要素の2乗を足し合わせ、それにルートを取ることによって得られる。例えば、二つの要素のベクトル$\boldsymbol{x}$

$$\begin{pmatrix} x_1 \\ x_2 \end{pmatrix}$$

を考えると

$$\sqrt{x_1^2 + x_2^2}$$

となる。これは座標(x_1, x_2)を考えて原点までの距離となっており、この距離でベクトルの大きさが定義される。$\sum_{j=1}^{n} v_{ij}^2$が1ということは、このルートも1なので、同様に固有ベクトルの大きさが1ということに他ならない。

$$\Longleftrightarrow \quad \boldsymbol{G}(a\boldsymbol{v}) = \lambda(a\boldsymbol{v}) \tag{10.58}$$

となる。最後の式は $a\boldsymbol{v}$ が固有ベクトルであることを示している。

　つづいて、異なる固有値に属する固有ベクトルの積は0となることを示そう[*25]。これは対称行列にのみに当てはまる非常に興味深い性質である。つまり

$$\boldsymbol{v}_i'\boldsymbol{v}_j = 0 \qquad (i \neq j) \tag{10.59}$$

とできる。

　はじめに、以下の

$$\lambda_1\boldsymbol{v}_1'\boldsymbol{v}_2 = \lambda_2\boldsymbol{v}_2'\boldsymbol{v}_1 \tag{10.60}$$

という等式が成立しているとすぐに示すことができる。つまり

$$\lambda_1\boldsymbol{v}_1'\boldsymbol{v}_2 = \lambda_2\boldsymbol{v}_2'\boldsymbol{v}_1 \tag{10.61}$$

$$\Longleftrightarrow \lambda_1\sum_{i=1}^{n}v_{1i}v_{2i} = \lambda_2\sum_{i=1}^{n}v_{2i}v_{1i} \tag{10.62}$$

$$\Longleftrightarrow \lambda_1\sum_{i=1}^{n}v_{1i}v_{2i} = \lambda_2\sum_{i=1}^{n}v_{1i}v_{2i} \tag{10.63}$$

$$\Longleftrightarrow (\lambda_1 - \lambda_2)\sum_{i=1}^{n}v_{1i}v_{2i} = 0 \tag{10.64}$$

であり、固有値は互いに異なっており

$$\lambda_1 \neq \lambda_2 \tag{10.65}$$

であるから

$$\sum_{i=1}^{n}v_{1i}v_{2i} = 0 \tag{10.66}$$

となる。以上の各要素の積和は、ベクトル $\boldsymbol{v}_1$ とベクトル $\boldsymbol{v}_2$ の積で示されて

$$\boldsymbol{v}_1'\boldsymbol{v}_2 = 0 \tag{10.67}$$

を得る。

　これより式 (10.60) で示される等式を導こう。左辺から右辺を導く[*26]。すなわち

$$\lambda_1\boldsymbol{v}_1'\boldsymbol{v}_2 = (\lambda_1\boldsymbol{v}_1')\boldsymbol{v}_2 \tag{10.68}$$

$$(固有ベクトルの性質より)$$

$$= (\boldsymbol{G}\boldsymbol{v}_1)'\boldsymbol{v}_2 \tag{10.69}$$

---

*25 なお、二つのベクトルの積が0となる場合、二つのベクトルは直交するという。

$$= (\boldsymbol{v}_1' \boldsymbol{G}') \boldsymbol{v}_2 \tag{10.70}$$

$$= \boldsymbol{v}_1' \boldsymbol{G}' \boldsymbol{v}_2 \tag{10.71}$$

（これは数値なので、転置しても同じ値なので）

$$= (\boldsymbol{v}_1' \boldsymbol{G}' \boldsymbol{v}_2)' \tag{10.72}$$

（行列の積についての転置の規則を用いて）

$$= \boldsymbol{v}_2' (\boldsymbol{G}')' \boldsymbol{v}_1 \tag{10.73}$$

（転置の転置は元に戻るので）

$$= \boldsymbol{v}_2' \boldsymbol{G} \boldsymbol{v}_1 \tag{10.74}$$

（転置の規則を用いて）

$$= (\boldsymbol{G}' \boldsymbol{v}_2)' \boldsymbol{v}_1 \tag{10.75}$$

（$\boldsymbol{G}$ は対称行列なので、$\boldsymbol{G}' = \boldsymbol{G}$ なので）

$$= (\boldsymbol{G} \boldsymbol{v}_2)' \boldsymbol{v}_1 \tag{10.76}$$

$$= (\lambda_2 \boldsymbol{v}_2)' \boldsymbol{v}_1 \tag{10.77}$$

$$= \lambda_2 \boldsymbol{v}_2' \boldsymbol{v}_1 \tag{10.78}$$

が得られる。

これより、$\boldsymbol{V}'\boldsymbol{V}$ を計算してみると

$$\boldsymbol{V}'\boldsymbol{V} = \begin{pmatrix} - & \boldsymbol{v}_1' & - \\ - & \boldsymbol{v}_2' & - \\ & \vdots & \\ - & \boldsymbol{v}_n' & - \end{pmatrix} \begin{pmatrix} | & | & \cdots & | \\ \boldsymbol{v}_1 & \boldsymbol{v}_2 & \cdots & \boldsymbol{v}_n \\ | & | & \cdots & | \end{pmatrix} \tag{10.79}$$

（10.7.4 項の式 (10.116) の式変形の等式を用いて）

$$= \begin{pmatrix} \boldsymbol{v}_1' \boldsymbol{v}_1 & \boldsymbol{v}_1' \boldsymbol{v}_2 & \cdots & \boldsymbol{v}_1' \boldsymbol{v}_n \\ \boldsymbol{v}_1' \boldsymbol{v}_1 & \boldsymbol{v}_2' \boldsymbol{v}_2 & \cdots & \boldsymbol{v}_1' \boldsymbol{v}_n \\ \vdots & \vdots & \ddots & \vdots \\ \boldsymbol{v}_1' \boldsymbol{v}_1 & \boldsymbol{v}_n' \boldsymbol{v}_2 & \cdots & \boldsymbol{v}_1' \boldsymbol{v}_n \end{pmatrix} \tag{10.80}$$

（固有ベクトルの大きさを 1 にしたことと、互いに直行する性質を用いて）

---

*26 ここでは行列の転置についての公式をもう少し述べておく。行列の積の転置の順序を逆にして、各行列を転置する。すなわち

$$(\boldsymbol{ABC})' = \boldsymbol{C}' \boldsymbol{B}' \boldsymbol{A}'$$

となる。また、転置してもう一度転置すると元に戻る。すなわち

$$(\boldsymbol{A}')' = \boldsymbol{A}$$

となる。

$$
= \begin{pmatrix} 1 & 0 & \cdots & 0 \\ 0 & 1 & \vdots & 0 \\ \vdots & \vdots & \ddots & \vdots \\ 0 & 0 & \cdots & 1 \end{pmatrix} \tag{10.81}
$$

となる。これより、$\boldsymbol{V}'$ が逆行列になることがわかる[*27]。

　なお、固有ベクトルが互いに直交し、大きさが 1 である性質を利用すると、直接に $\boldsymbol{V}'\boldsymbol{A}\boldsymbol{V}$ から対角化できることが以下よりわかる。

$$
\boldsymbol{V}'\boldsymbol{A}\boldsymbol{V} = \begin{pmatrix} - & \boldsymbol{v}_1' & - \\ - & \boldsymbol{v}_2' & - \\ & \vdots & \\ - & \boldsymbol{v}_n' & - \end{pmatrix} \boldsymbol{A} \begin{pmatrix} | & | & \cdots & | \\ \boldsymbol{v}_1 & \boldsymbol{v}_2 & \cdots & \boldsymbol{v}_n \\ | & | & \cdots & | \end{pmatrix} \tag{10.82}
$$

$$
(10.7.4 項の式 (10.125) の式変形の等式を用いて)
$$

$$
= \begin{pmatrix} - & \boldsymbol{v}_1'\boldsymbol{A} & - \\ - & \boldsymbol{v}_2'\boldsymbol{A} & - \\ & \vdots & \\ - & \boldsymbol{v}_n'\boldsymbol{A} & - \end{pmatrix} \begin{pmatrix} | & | & \cdots & | \\ \boldsymbol{v}_1 & \boldsymbol{v}_2 & \cdots & \boldsymbol{v}_n \\ | & | & \cdots & | \end{pmatrix} \tag{10.83}
$$

[*27] もう少し細かなことをいうと、行列 $\boldsymbol{A}$ の逆行列 $\boldsymbol{A}^{-1}$ とは右から掛けても、左から掛けても単位行列 ($\boldsymbol{I}$) にしなければならない。したがって、$\boldsymbol{V}'$ が $\boldsymbol{V}$ の逆行列となるためには

$$
\boldsymbol{V}\boldsymbol{V}' = \boldsymbol{I}
$$

も示さなければならない。これは直接には難しそうなので、以下のように間接的に示そう。はじめに、基礎的な点を確認しておく。$\boldsymbol{V}$ は互いに 1 次独立な n 行の固有ベクトルから構成される n 行 n 列の行列である。また、互いに 1 次独立な行が n 行あるときに、逆行列は存在することが知られている。したがって、この逆行列を $\boldsymbol{V}^{-1}$ と表記して

$$
\boldsymbol{V}^{-1}\boldsymbol{V} = \boldsymbol{I} かつ \boldsymbol{V}\boldsymbol{V}^{-1} = \boldsymbol{I}
$$

とすることができる。つづいて、以下のような式変形

$$
\begin{aligned}
\boldsymbol{V}' &= \boldsymbol{V}'\boldsymbol{I} \\
&\quad (逆行列の定義より) \\
&= \boldsymbol{V}'\boldsymbol{V}\boldsymbol{V}^{-1} \\
&\quad (本文で示した \boldsymbol{V}'\boldsymbol{V} = \boldsymbol{I} という性質を用いて) \\
&= \boldsymbol{I}\boldsymbol{V}^{-1} \\
&= \boldsymbol{V}^{-1}
\end{aligned}
$$

を考えると

$$
\boldsymbol{V}' = \boldsymbol{V}^{-1}
$$

を示すことができる。したがって、$\boldsymbol{V}'$ を逆行列として安心して扱うことができる。

(10.7.4 項の式 (10.116) の式変形の等式を用いて)

$$= \begin{pmatrix} v_1' A v_1 & v_1' A v_2 & \cdots & v_1' A v_n \\ v_1' A v_1 & v_2' A v_2 & \cdots & v_1' A v_n \\ \vdots & \vdots & \ddots & \vdots \\ v_1' A v_1 & v_n' A v_2 & \cdots & v_1' A v_n \end{pmatrix} \tag{10.84}$$

(固有ベクトルの性質を使うと)

$$= \begin{pmatrix} v_1'(\lambda_1 v_1) & v_1'(\lambda_2 v_2) & \cdots & v_1'(\lambda_n v_n) \\ v_1'(\lambda_1 v_1) & v_2'(\lambda_2 v_2) & \cdots & v_1'(\lambda_n v_n) \\ \vdots & \vdots & \ddots & \vdots \\ v_1'(\lambda_1 v_1) & v_n'(\lambda_2 v_2) & \cdots & v_1'(\lambda_n v_n) \end{pmatrix} \tag{10.85}$$

$$= \begin{pmatrix} \lambda_1 v_1' v_1 & \lambda_2 v_1' v_2 & \cdots & \lambda_n v_1' v_n \\ \lambda_1 v_1' v_1 & \lambda_2 v_2' v_2 & \cdots & \lambda_n v_1' v_n \\ \vdots & \vdots & \ddots & \vdots \\ \lambda_1 v_1' v_1 & \lambda_2 v_n' v_2 & \cdots & \lambda_n v_1' v_n \end{pmatrix} \tag{10.86}$$

($v_i v_i = 1$ と、$v_i v_j = 0 (i \neq j)$ なので)

$$= \begin{pmatrix} \lambda_1 & 0 & \cdots & 0 \\ 0 & \lambda_2 & \vdots & 0 \\ \vdots & \vdots & \ddots & \vdots \\ 0 & 0 & \cdots & \lambda_n \end{pmatrix} \tag{10.87}$$

となる。

以上から、転置行列 (V') を用いても

$$V' A V = \Lambda \tag{10.88}$$

が示された。

ここで、転置行列 (V') は V の逆行列となった (式 (10.81))。つまり

$$V V' = I \tag{10.89}$$

$$V' V = I \tag{10.90}$$

という性質を用いて、さらに、式 (10.88) を整理していこう。

はじめに、両辺に対して、左から V を掛けて、右から V' を掛けると

$$V V' A V V' = V \Lambda V' \tag{10.91}$$

($V V' = I$ を思い出して、)

$$\iff A = V \Lambda V' \tag{10.92}$$

を得る。

この表現は非常に有益で、例えば、A^3 を計算しようとすると

$$A^3 = (V\Lambda V')^3 \tag{10.93}$$

$$\Longleftrightarrow A^3 = (V\Lambda V')(V\Lambda V')(V\Lambda V') \tag{10.94}$$

$$\Longleftrightarrow A^3 = V\Lambda V'V\Lambda V'V\Lambda V' \tag{10.95}$$

$(V'V = I$ を思い出して、$)$

$$\Longleftrightarrow A^3 = V\Lambda\Lambda\Lambda V' \tag{10.96}$$

$$\Longleftrightarrow A^3 = V\Lambda^3 V' \tag{10.97}$$

となる。ここで、Λ が対角要素以外の要素は 0 なので、直接に計算をして

$$\Lambda^3 = \begin{pmatrix} \lambda_1 & 0 & \cdots & 0 \\ 0 & \lambda_2 & \vdots & 0 \\ \vdots & \vdots & \ddots & \vdots \\ 0 & 0 & \cdots & \lambda_n \end{pmatrix}^3 = \begin{pmatrix} \lambda_1^3 & 0 & \cdots & 0 \\ 0 & \lambda_2^3 & \vdots & 0 \\ \vdots & \vdots & \ddots & \vdots \\ 0 & 0 & \cdots & \lambda_n^3 \end{pmatrix} \tag{10.98}$$

が得られる。

同様に、A の n 乗については

$$A^n = V\Lambda^n V' \tag{10.99}$$

と表現され、ここで

$$\Lambda^n = \begin{pmatrix} \lambda_1^n & 0 & \cdots & 0 \\ 0 & \lambda_2^n & \vdots & 0 \\ \vdots & \vdots & \ddots & \vdots \\ 0 & 0 & \cdots & \lambda_n^n \end{pmatrix} \tag{10.100}$$

となる[*28]。

[*28] もちろん、転置した行列ではなく、単に逆行列を考えて対角化をした式 (10.48) である

$$V^{-1}AV = \Lambda$$

からはじめても同様の結論となる。つまり、左から V を掛けて、右から V^{-1} を掛けても

$$A = V\Lambda V^{-1}$$

を得られ、同様の考え方で

$$A^n = V\Lambda^n V^{-1}$$

が得られる。

10.7.3 興味深い性質：スペクトル分解

もう一つ興味深い表現を紹介しておく。これも前項の結果を用いることからわかるように、対称行列を前提とした議論である。はじめに、式 (10.92) を再掲し

$$\boldsymbol{A} = \boldsymbol{V}\boldsymbol{\Lambda}\boldsymbol{V}' \tag{10.101}$$

からはじめる。ここで、右辺のはじめの二つの行列の積は

$$\boldsymbol{V}\boldsymbol{\Lambda} = \begin{pmatrix} | & | & \cdots & | \\ \boldsymbol{v}_1 & \boldsymbol{v}_2 & \cdots & \boldsymbol{v}_n \\ | & | & \cdots & | \end{pmatrix} \begin{pmatrix} \lambda_1 & 0 & \cdots & 0 \\ 0 & \lambda_2 & \vdots & 0 \\ \vdots & \vdots & \ddots & \vdots \\ 0 & 0 & \cdots & \lambda_n \end{pmatrix} \tag{10.102}$$

(10.7.4 項の式 (10.126) の式変形の等式を用いて)

$$= \begin{pmatrix} | & | & \cdots & | \\ \lambda_1\boldsymbol{v}_1 & \lambda_2\boldsymbol{v}_2 & \cdots & \lambda_n\boldsymbol{v}_n \\ | & | & \cdots & | \end{pmatrix} \tag{10.103}$$

となる。

以上に、右から $\boldsymbol{V}'$ を掛けると

$$\boldsymbol{V}\boldsymbol{\Lambda}\boldsymbol{V}' = \begin{pmatrix} | & | & \cdots & | \\ \lambda_1\boldsymbol{v}_1 & \lambda_2\boldsymbol{v}_2 & \cdots & \lambda_n\boldsymbol{v}_n \\ | & | & \cdots & | \end{pmatrix} \begin{pmatrix} - & \boldsymbol{v}_1' & - \\ - & \boldsymbol{v}_2' & - \\ & \vdots & \\ - & \boldsymbol{v}_n' & - \end{pmatrix} \tag{10.104}$$

(10.7.4 項の式 (10.118) から (10.123) の式変形の等式を用いて)

$$= \lambda_1\boldsymbol{v}_1\boldsymbol{v}_1' + \lambda_2\boldsymbol{v}_2\boldsymbol{v}_2' + \cdots + \lambda_n\boldsymbol{v}_n\boldsymbol{v}_n' \tag{10.105}$$

を得る。

まとめると

$$\boldsymbol{A} = \boldsymbol{V}\boldsymbol{\Lambda}\boldsymbol{V}' \tag{10.106}$$

$$= \lambda_1\boldsymbol{v}_1\boldsymbol{v}_1' + \lambda_2\boldsymbol{v}_2\boldsymbol{v}_2' + \cdots + \lambda_n\boldsymbol{v}_n\boldsymbol{v}_n' \tag{10.107}$$

$$= \sum_{i=1}^{n} \lambda_i\boldsymbol{v}_i\boldsymbol{v}_i' \tag{10.108}$$

を得る。これが行列のスペクトル分解と呼ばれるものである。

さらには

$$\boldsymbol{A}^k = \boldsymbol{V}\boldsymbol{\Lambda}^k\boldsymbol{V}' \tag{10.109}$$

と

$$\boldsymbol{\Lambda}^k = \begin{pmatrix} \lambda_1^k & 0 & \cdots & 0 \\ 0 & \lambda_2^k & \vdots & 0 \\ \vdots & \vdots & \ddots & \vdots \\ 0 & 0 & \cdots & \lambda_n^k \end{pmatrix} \tag{10.110}$$

を思い出すと、同様の手続きで

$$\boldsymbol{A}^k = \boldsymbol{V}\boldsymbol{\Lambda}^k\boldsymbol{V}' \tag{10.111}$$

$$= \lambda_1^k \boldsymbol{v}_1 \boldsymbol{v}_1' + \lambda_2^k \boldsymbol{v}_2 \boldsymbol{v}_2' + \cdots + \lambda_n^k \boldsymbol{v}_n \boldsymbol{v}_n' \tag{10.112}$$

$$= \sum_{i=1}^n \lambda_i^k \boldsymbol{v}_i \boldsymbol{v}_i' \tag{10.113}$$

を得る。

10.7.4　行列の分割とその積

　前項のスペクトル分解の議論では、行列の積が多く出てきた。そこにおいて用いる行列の分割と積に関する公式を紹介しておく[*29]。

　はじめに、行列は列ベクトルの集合もしくは、行ベクトルの集合として理解できる。例えば n 行 n 列の行列 $\boldsymbol{A}$ を考えて、その第 i 列の列ベクトルを $\boldsymbol{a}_i$ として、その第 i 行の行ベクトルを $\boldsymbol{\alpha}_i$ とするならば

$$\boldsymbol{A} = \begin{pmatrix} | & | & \cdots & | \\ \boldsymbol{a}_1 & \boldsymbol{a}_2 & \cdots & \boldsymbol{a}_n \\ | & | & \cdots & | \end{pmatrix} = \begin{pmatrix} - & \boldsymbol{\alpha}_1 & - \\ - & \boldsymbol{\alpha}_2 & - \\ & \vdots & \\ - & \boldsymbol{\alpha}_n & - \end{pmatrix} \tag{10.114}$$

と示すことができる。

　同様に、n 行 n 列の行列 $\boldsymbol{B}$ を考えて

$$\boldsymbol{B} = \begin{pmatrix} | & | & \cdots & | \\ \boldsymbol{b}_1 & \boldsymbol{b}_2 & \cdots & \boldsymbol{b}_n \\ | & | & \cdots & | \end{pmatrix} = \begin{pmatrix} - & \boldsymbol{\beta}_1 & - \\ - & \boldsymbol{\beta}_2 & - \\ & \vdots & \\ - & \boldsymbol{\beta}_n & - \end{pmatrix} \tag{10.115}$$

と示しておこう。

　このとき、$\boldsymbol{A}$ と $\boldsymbol{B}$ の積を考えるとき、各ベクトルをあたかも数値のように考えて、行列演算の積をしてもよいことが知られている。

　はじめに、わかりやすいところから示すと

[*29] すべて行列の計算規則から導出できる。しかしながら、基本的には3行3列ぐらいの簡単な行列で実際に計算をしてみて、なるほど成立するな、という感覚を掴むことも重要である。

$$AB = \begin{pmatrix} - & \boldsymbol{\alpha}_1 & - \\ - & \boldsymbol{\alpha}_2 & - \\ & \vdots & \\ - & \boldsymbol{\alpha}_n & - \end{pmatrix} \begin{pmatrix} | & | & \cdots & | \\ \boldsymbol{b}_1 & \boldsymbol{b}_2 & \cdots & \boldsymbol{b}_n \\ | & | & \cdots & | \end{pmatrix} = \begin{pmatrix} \boldsymbol{\alpha}_1 \boldsymbol{b}_1 & \boldsymbol{\alpha}_1 \boldsymbol{b}_2 & \cdots & \boldsymbol{\alpha}_1 \boldsymbol{b}_n \\ \boldsymbol{\alpha}_2 \boldsymbol{b}_1 & \boldsymbol{\alpha}_2 \boldsymbol{b}_2 & \cdots & \boldsymbol{\alpha}_2 \boldsymbol{b}_n \\ \vdots & \vdots & \ddots & \vdots \\ \boldsymbol{\alpha}_n \boldsymbol{b}_1 & \boldsymbol{\alpha}_n \boldsymbol{b}_2 & \cdots & \boldsymbol{\alpha}_n \boldsymbol{b}_n \end{pmatrix} \tag{10.116}$$

となる。

行ベクトルと列ベクトルがわかりやすいように−や|を行列内に含めたが、これをなくすと

$$AB = \begin{pmatrix} \boldsymbol{\alpha}_1 \\ \boldsymbol{\alpha}_2 \\ \vdots \\ \boldsymbol{\alpha}_n \end{pmatrix} \begin{pmatrix} \boldsymbol{b}_1 & \boldsymbol{b}_2 & \cdots & \boldsymbol{b}_n \end{pmatrix} = \begin{pmatrix} \boldsymbol{\alpha}_1 \boldsymbol{b}_1 & \boldsymbol{\alpha}_1 \boldsymbol{b}_2 & \cdots & \boldsymbol{\alpha}_1 \boldsymbol{b}_n \\ \boldsymbol{\alpha}_2 \boldsymbol{b}_1 & \boldsymbol{\alpha}_2 \boldsymbol{b}_2 & \cdots & \boldsymbol{\alpha}_2 \boldsymbol{b}_n \\ \vdots & \vdots & \ddots & \vdots \\ \boldsymbol{\alpha}_n \boldsymbol{b}_1 & \boldsymbol{\alpha}_n \boldsymbol{b}_2 & \cdots & \boldsymbol{\alpha}_n \boldsymbol{b}_n \end{pmatrix} \tag{10.117}$$

となり、行列の掛け算の基本である「行×列」が再現されていることを確認できる[*30]。

つづく例は次のとおりである。

$$AB = \begin{pmatrix} | & | & \cdots & | \\ \boldsymbol{a}_1 & \boldsymbol{a}_2 & \cdots & \boldsymbol{a}_n \\ | & | & \cdots & | \end{pmatrix} \begin{pmatrix} - & \boldsymbol{\beta}_1 & - \\ - & \boldsymbol{\beta}_2 & - \\ & \vdots & \\ - & \boldsymbol{\beta}_n & - \end{pmatrix} \tag{10.118}$$

$$= \begin{pmatrix} | \\ \boldsymbol{a}_1 \\ | \end{pmatrix} \begin{pmatrix} - & \boldsymbol{\beta}_1 & - \end{pmatrix} + \begin{pmatrix} | \\ \boldsymbol{a}_2 \\ | \end{pmatrix} \begin{pmatrix} - & \boldsymbol{\beta}_2 & - \end{pmatrix} + \cdots + \begin{pmatrix} | \\ \boldsymbol{a}_n \\ | \end{pmatrix} \begin{pmatrix} - & \boldsymbol{\beta}_n & - \end{pmatrix} \tag{10.119}$$

$$= \sum_{i=1}^{n} \begin{pmatrix} | \\ \boldsymbol{a}_i \\ | \end{pmatrix} \begin{pmatrix} - & \boldsymbol{\beta}_i & - \end{pmatrix} \tag{10.120}$$

ここでも、行ベクトルと列ベクトルがわかりやすいように含めた−や|をなくすと

$$AB = \begin{pmatrix} \boldsymbol{a}_1 & \boldsymbol{a}_2 & \cdots & \boldsymbol{a}_n \end{pmatrix} \begin{pmatrix} \boldsymbol{\beta}_1 \\ \boldsymbol{\beta}_2 \\ \vdots \\ \boldsymbol{\beta}_n \end{pmatrix} \tag{10.121}$$

[*30] 対応する行列計算としては、例えば、以下の3行1列の縦ベクトルと1行3列の横ベクトルの掛け算では

$$\begin{pmatrix} 1 \\ 2 \\ 3 \end{pmatrix} \cdot \begin{pmatrix} 4 & 5 & 6 \end{pmatrix} = \begin{pmatrix} 1 \times 4 & 1 \times 5 & 1 \times 6 \\ 2 \times 4 & 2 \times 5 & 2 \times 6 \\ 3 \times 4 & 3 \times 5 & 3 \times 6 \end{pmatrix}$$

となる。ここで縦ベクトルの各行は一つの要素しかなく、横ベクトルの各列も一つの要素しかなく、「行×列」の計算が、単に「数値×数値」となっていることに注意する。

$$= \boldsymbol{a}_1 \boldsymbol{\beta}_1 + \boldsymbol{a}_2 \boldsymbol{\beta}_2 + \cdots + \boldsymbol{a}_n \boldsymbol{\beta}_n \tag{10.122}$$

$$= \sum_{i=1}^{n} \boldsymbol{a}_i \boldsymbol{\beta}_i \tag{10.123}$$

となり、行列の掛け算の基本である「行×列」が再現されていることがここでも確認できる。

　以上については、区分行列 (partitioned matrix) の積という議論で、より一般に成立することが知られている。

　他にも、10.7.2 項と 10.7.3 項の行列計算で用いた公式を示しておく。

　はじめに

$$\boldsymbol{AB} = \boldsymbol{A} \begin{pmatrix} | & | & \cdots & | \\ \boldsymbol{b}_1 & \boldsymbol{b}_2 & \cdots & \boldsymbol{b}_n \\ | & | & \cdots & | \end{pmatrix} = \begin{pmatrix} | & | & \cdots & | \\ \boldsymbol{Ab}_1 & \boldsymbol{Ab}_2 & \cdots & \boldsymbol{Ab}_n \\ | & | & \cdots & | \end{pmatrix} \tag{10.124}$$

である。イメージとしては、左から行列を掛けると右側の列ベクトルに左側の行列が現れることになる。また

$$\boldsymbol{BA} = \begin{pmatrix} - & \boldsymbol{\beta}_1 & - \\ - & \boldsymbol{\beta}_2 & - \\ & \vdots & \\ - & \boldsymbol{\beta}_n & - \end{pmatrix} \boldsymbol{A} = \begin{pmatrix} - & \boldsymbol{\beta}_1 \boldsymbol{A} & - \\ - & \boldsymbol{\beta}_2 \boldsymbol{A} & - \\ & \vdots & \\ - & \boldsymbol{\beta}_n \boldsymbol{A} & - \end{pmatrix} \tag{10.125}$$

も成立する。イメージとしては、右から行列を掛けると左側の行ベクトルに右側の行列が現れることになる[*31]。

　最後に、要素数が n の列ベクトル $\boldsymbol{x}$ を考えると

$$\boldsymbol{Ax} = \begin{pmatrix} | & | & \cdots & | \\ \boldsymbol{a}_1 & \boldsymbol{a}_2 & \cdots & \boldsymbol{a}_n \\ | & | & \cdots & | \end{pmatrix} \begin{pmatrix} x_1 \\ x_2 \\ \vdots \\ x_n \end{pmatrix} = x_1 \begin{pmatrix} | \\ \boldsymbol{a}_1 \\ | \end{pmatrix} + x_2 \begin{pmatrix} | \\ \boldsymbol{a}_2 \\ | \end{pmatrix} + \cdots + x_n \begin{pmatrix} | \\ \boldsymbol{a}_n \\ | \end{pmatrix} \tag{10.126}$$

となる。行列の列ベクトルがわかりやすいように | を含めたが、それをなくすと

$$\boldsymbol{Ax} = \begin{pmatrix} \boldsymbol{a}_1 & \boldsymbol{a}_2 & \cdots & \boldsymbol{a}_n \end{pmatrix} \begin{pmatrix} x_1 \\ x_2 \\ \vdots \\ x_n \end{pmatrix} = x_1 \cdot \boldsymbol{a}_1 + x_2 \cdot \boldsymbol{a}_2 + \cdots + x_n \cdot \boldsymbol{a}_n \tag{10.127}$$

となり、行列の掛け算の基本である「行×列」が再現されていることを確認できる。

[*31] なぜこうなるかは、行列の掛け算の基本である「行×列」を思い出すと、理解しやすいかもしれない。

📖 章末まとめ

- 社会関係資本とは、信頼、規律、ネットワークといった要素から構成され、これによって、社会の協調行動が促進され、社会的な生産性や効率性も高まることになる。

- 信頼ゲームを考えることによって、そもそも信頼がもつジレンマを確認でき、このジレンマを解消するために規律やネットワークが有効であることを確認できる。

- 中心性も社会の生産性や効率性を高める側面がある。拡散中心性は、次数中心性、固有ベクトル中心性、ボナチッチ・パワー中心性を包括する中心性であり、この中心性の高い主体によってより効率的にマイクロファイナンスを普及させることができた。

- 日本企業においても、次数中心性やボナチッチ・パワー中心性と経常利益との間の相関を確認できる。

💭 考えてみよう

1. 自分が経験した社会関係資本を考えてみよう。
   - 学校の校風、企業の社風は社会関係資本の規律や信頼に関係してくるであろう。学校内でみても、例えばクラブ活動でどれだけ熱心に取り組むかも社会関係資本に関係してくるであろう。

2. 中心性と企業利潤の関係について考えてみよう。
   - 本文内では、中心性と企業利潤の関係がグラフで示された。これについて、どのような解釈があり得るか考えてみよう。また、利潤以外にどのような要因が中心性と関係するかを考えてみてもよい。例えば、より中心性の高い企業は企業環境の変動、つまり企業が直面する不確実性やリスクに対してより強いという考え方も出てくる。

$_{0}^{N}5$ 記号や数学に関する確認問題

1. $\beta \to \frac{1}{\lambda^*}$ とするとき、なぜボナチッチ・パワー中心性が固有ベクトル中心性に限りなく近づくか、直感的な説明をしなさい。
   - $\beta \to \frac{1}{\lambda^*}$ にすると、十分に大きな k でも $\boldsymbol{G}^k$ の効果は十分に残ることになる。これより、十分に大きな k の $\boldsymbol{G}^k$ の値と比較して、他の項の値は十分に小さく、無視できるようになってしまう。他方で、固有ベクトル中心性とは、k を限りなく大きくしたときの、$\boldsymbol{G}^k$ の最終的な値であった。したがって、これら二つの値は、$\beta \to \frac{1}{\lambda^*}$ とするとき、同じ (比例すること) になる。

2. スペクトル分解の式 (10.10) を用いて、ボナチッチ・パワー中心性の定義式 (10.11) から、それを展開した式 (10.17) を導出しなさい。

3. 他にも行列やベクトルを用いた式展開が多いので、各部分を限定して、本文を見ないで自分で導出できるかを確認するとよい。特に対角化における固有ベクトルの役割などは興味

深い。

R Rを用いて考えよう

- "固有ベクトル・ボナチッチパワー・Diffusion.r"では以下を行っている。
  - ・固有ベクトル中心性とボナチッチ・パワー中心性の関係を確認している。
  - ・次数中心性、拡散中心性、ボナチッチ・パワー中心性の関係を確認している。

今後の学びのために

　最後に今後の学びのための文献を紹介する。社会ネットワーク分析とゲーム理論を複合的に考えていくという本書に最も近いもので、一般書として読みやすいものは

- Jackson, Matthew O. (2019). *The Human Network: How Your Social Position Determines Uour Power, Beliefs, and Behaviors*: Pantheon Books. (依田光江訳、『ヒューマン・ネットワーク：人づきあいの経済学』、早川書房、2020 年).

である。著者は経済学からの社会ネットワーク分析の第一人者であり、人づきあいから、伝染病、金融危機など、さまざまな現象を社会ネットワークの視点から解説している。本書では紙数の制限から限られたトピックスしか扱えなかったので、社会ネットワーク分析の幅広さを実感できる一冊である。

　同じ著者の大学院レベルのテキストは

- Jackson, Matthew O. (2008). *Social and Economic Networks*: Princeton University Press.

となる。これは、いきなり難易度が上がってしまうが、さまざまな研究で用いられる理論を概観できる。

　世界的に定評があり日本語で読める一般書とすると、公衆衛生の観点から、肥満は遺伝するかなど、興味深い論点を示している

- Christakis, Nicholas A., and James Fowler H. (2009). *Connected: The Surprising Power of Our Social Networks and How They Shape Our Lives*: Little, Brown and Company. (鬼澤忍訳、『つながり：社会的ネットワークの驚くべき力』、講談社、2010 年).

や、複雑ネットワークからも、さまざまな社会のマクロ的な特性が

- Barabási, Albert-Laszlo and Jennifer Frangos (2002). *Linked: The New Science of Networks*: Basic Books. (青木薫訳、『新ネットワーク思考：世界のしくみを読み解く』、NHK出版、2002年).

で興味深く解説されている。

　Rを用いた社会ネットワーク分析のテキストも多い。はじめに、日本語では

- 鈴木努 (2017) 『ネットワーク分析 第2版 (Rで学ぶデータサイエンス8) 』、共立出版。

が充実していて、各種概念をコマンドとともに学ぶことができ、決定版といえる。海外では、著名な著者による定評のある

- Borgatti, Stephen P., Martin Everett G., Jeffrey Johnson C., and Filip Agneessens (2022).

Analyzing Social Networks using R: SAGE Publications.

もよい。もう一つは、"User's Guide" という割り切り方もよく、また、ここの中でのネットワークのデータセットも有益である、

- Luke, Douglas (2015). *A User's Guide to Network Analysis in R*, Use R!: Springer International Publishing.

もお薦めできる。

　ここからは、やや簡便に紹介していこう。本書でも紹介した Coleman (1988) や Granovetter (1995) のもとになった論文である Granovetter (1973) など、ネットワーク分析で重要な論文の翻訳が載っている野沢 (2006) も次に読む文献としてお薦めできる。また、数理社会学における、社会ネットワークと合理的選択理論の複合的な論文集として、佐藤・平松 (2005) がある。

　数学をあまり使わない学部上級からの社会学でのテキストとしては、Kadushin (2011) があり、公衆衛生からの社会ネットワーク分析の第一人者によって書かれた Valente (2010) も日本語で読むことができる良書である。

　つづいて、より本格的なテキストとしては、既に古典ともいえる Wasserman and Faust (1994) がある。複雑系ネットワークも含むネットワークサイエンスのテキストとしては、Newman (2018), Barabási (2016) が挙げられ、経済学と社会ネットワークの複合分野として Jackson (2008) と双璧をなすものとして Goyal (2007) がある。ここでは、ペアワイズ安定のようにリンクの生成は二つの合意で得られるのではなく、一方的にリンクが形成可能であるという状況での均衡が議論される。

　日本語の文献で専門書と一般書の間に位置づけられる文献としては、経営学の組織論という観点からは中野 (2011) はコンパクトにさまざまなトピックスが解説されて読みやすい、詳細な事例の紹介も含めて読みごたえがあるのは西口 (2007) である。

　本書ではネットワークにおける閉鎖性のよさが議論され、他方で「弱い紐帯」による開放性のよさも紹介された。こうした観点から、新型コロナウイルス感染症流行以後の新しい社会像を示す金光 (2020) と、グローバル化する社会の可能性を再検討する戸堂 (2020) は興味深い。また、本書で議論した役員兼任ネットワークについては菊地 (2006) が先駆的な文献といえる。

　社会ネットワーク分析を行うためのソフトウェアとしては、R がまず挙げられる。その中のパッケージの sna と igraph は本書でも紹介したとおりである。また、sna に関しては statnet というパッケージがより統合されたパッケージとなっていて、statnet を読み込めば自動的に sna も読み込まれる。そのほかには有料となるが UCINET が定評のあるものである。また、Pajek も歴史のあるソフトウェアである。ネットワークの可視化のソフトウェアも多くあり、ここでは Gephi だけを述べておく。

　ネットワークのデータセットも現在では、インターネットから取得可能である。R の statnet パッケージにはさまざまなコマンドを試すためのデータが statnet.data に含まれる。また、Luke (2015) でもデータセットがまとめられてインターネットからダウンロード可能となっている。

Pajekにはネットワークデータのサイトがあり無料でダウンロード可能であり[*1]、UCINETでもダウンロード可能なデータが公開されている[*2]。また、カルフォルニア大学アーバイン校は社会学における社会ネットワーク分析の中心の一つであり、snaやstatnetの開発にも大きく貢献をしている。そこでのウェブサイトにも、ネットワークデータに関するリンクがあり大変参考となる[*3]。

[*1]　Pajek datasets：http://vlado.fmf.uni-lj.si/pub/networks/data/

[*2]　UCINET IV Datasets：http://vlado.fmf.uni-lj.si/pub/networks/data/ucinet/ucidata.htm

[*3]　具体的には

  ● Network Data Repository：http://networkdata.ics.uci.edu/index.html
  ● Network Data Repositoryの中のMore Resources：http://networkdata.ics.uci.edu/resources.php

を挙げることができる。

参考文献

Arrow, K. J., and Debreu, G. (1954). "Existence of an equilibrium for a competitive economy," *Econometrica*, Vol. 22, No. 3, pp. 265–290.

Ballester, C., Calvó-Armengol, A., and Zenou, Y. (2006). "Who's who in the networks. Wanted: the key player," *Econometrica*, Vol. 74, No. 5, pp. 1403–1417.

Banerjee, A., Chandrasekhar, A. G., Duflo, E., and Jackson, M. O. (2012). "The diffusion of microfinance," *National Bureau of Economic Research, Working Paper*, No. 17743.

Banerjee, A., Chandrasekhar, A. G., Duflo, E., and Jackson, M. O. (2013a). "Supplementary materials for the diffusion of microfinance," *Science*, Vol. 341, No. 6144.

Banerjee, A., Chandrasekhar, A. G., Duflo E., and Jackson, M. O. (2013b). "The diffusion of microfinance," *Science*, Vol. 341, No. 6144.

Barabási, A.-L. (2016). *Network science*: Cambridge University Press.

Barabási, A.-L., and Jennifer, F. (2002). *Linked: The new science of networks*: Basic Books. (青木薫 訳, 『新ネットワーク思考：世界のしくみを読み解く』, NHK出版, 2002年).

Becker, G. S. (1964). *Human capital: A theoretical and empirical analysis, with special reference to education*: National Bureau of Economic Research. (佐野陽子 訳, 『人的資本：教育を中心とした理論的・経験的分析』, 東洋経済新報社, 1976年).

Becker, G. S. (1993). *Human capital: A theoretical and empirical analysis, with special reference to education*: University of Chicago Press, 3rd edition.

Block, P., Stadtfeld, C., and Snijders, T. A. B. (2019). "Forms of dependence: Comparing SAOMs and ERGMs from basic principles," *Sociological Methods and Research*, Vol. 48, No. 1, pp. 202–239.

Bonacich, P. (1972). "Factoring and weighting approaches to status scores and clique identification," *Journal of Mathematical Sociology*, Vol. 2, No. 1, pp. 113–120.

Bonacich, P. (1987). "Power and centrality: A family of measures," *American Journal of Sociology*, Vol. 92, No. 5, pp. 1170–1182.

Bonacich, P. (1991). "Simultaneous group and individual centralities," *Social networks*, Vol. 13, No. 2, pp. 155–168.

Borgatti, S. P. (2005). "Centrality and network flow," *Social Networks*, Vol. 27, No. 1, pp. 55–71.

Borgatti, S. P., Everett, M. G., and Johnson, J. C. (2018). *Analyzing social networks*: SAGE Publications, 2nd edition.

Borgatti, S. P., Everett, M. G., and Johnson, J. C., and Agneessens F., (2022). *Analyzing social networks using R*: SAGE Publications.

Bramoullé, Y., and Kranton, R. (2007). "Public goods in networks," *Journal of Economic Theory*, Vol. 135, No. 1, pp. 478–494.

Brin, S., and Page, L. (1998). "The anatomy of a large-scale hypertextual Web search engine," *Computer Networks and ISDN Systems*, Vol. 30, pp. 107–117.

Burt, R. S. (1992). *Structural holes: The social structure of competition*: Harvard University Press. (安田雪 訳, 『競争の社会的構造：構造的空隙の理論』, 新曜社, 2006年).

Calvó-Armengol, A., Patacchini, E., and Zenou, Y. (2009). "Peer effects and social networks in education," *Review of Economic Studies*, Vol. 76, No. 4, pp. 1239–1267.

Christakis, N. A., and Fowler, J. H. (2009). *Connected: The surprising power of our social networks and how they shape our lives*: Little, Brown and Company. (鬼澤忍 訳, 『つながり：社会的ネットワークの驚くべき力』, 講談社, 2010年).

Coleman, J. S. (1988). "Social capital in the creation of human capital," *American Journal of Sociology*, Vol. 94, No. 1988, pp. S95–S120.

Debreu, G. (1952). "A social equilibrium existence theorem," *Proceedings of the National Academy of Sciences*, Vol. 38, No. 10, pp. 886–893.

Estrada, E., and Rodríguez-Velázquez, J. A. (2005). "Subgraph centrality in complex networks," *Physical Review E*, Vol. 71, No. 5, 056103.

Freeman, L. C. (1979). "Centrality in social networks conceptual clarification," *Social Networks*, Vol. 1, No. 3, pp. 215–239.

Fujimoto, K., Fujiyama, H., Li, D. H., and Schneider, J. A. (2018). "Multiplex competition: Referral networks of social venues and of health organizations for young men who have sex with men," *Sociological Theory and Methods*（『理論と方法』）, Vol. 33, No. 1, pp. 63–78.

Fujiyama, H. (2020a). "Network centrality, social loops, and optimization," *Evolutionary and Institutional Economic Review*, Vol. 17, No. 1, pp. 39–70.

Fujiyama, H. (2020b). "Recent trends in social network analysis: Report on the 31st Dokkyo International Forum 2019," *Dokkyo University Studies of Economics*（『獨協経済』）, Vol. 106, pp. 93–110.

Fujiyama, H., and Fujimoto, K. (2018). "Stochastic actor-oriented models for multiplex conversation-advice network dynamics based on the self-determination theory," *Sociological Theory and Methods*（『理論と方法』）, Vol. 33, No. 1, pp. 79–93.

Fujiyama, H., Kamo, Y., and Schafer, M. (2021). "Peer effects of friend and extracurricular activity networks on students' academic performance," *Social Science Research*, Vol. 97, 102560.

Goyal, S. (2007). *Connections: An introduction to the economics of networks*: Princeton University Press.

Granovetter, M. S. (1973). "The strength of weak ties," *American Journal of Sociology*, Vol. 78, No. 6, pp. 1360–1380.

Granovetter, M. S. (1995). *Getting a job: A study of contacts and careers*: University of Chicago Press.（渡辺深 訳,『転職：ネットワークとキャリアの研究』, ミネルヴァ書房, 1998年）.

Guan, W., and Kamo, Y. (2016). "Contextualizing depressive contagion: A multilevel network approach," *Society and Mental Health*, Vol. 6, No. 2, pp. 129–145.

Halpern, D. (2005). *Social capital*: Polity Press.

Haveliwala, T. H. (1999). "Efficient computation of PageRank," https://api.semanticscholar.org/CorpusID:12147977.

Hilferding, R. (1910). *Das finanzkapital: Eine Studie über die jüngste Entwicklung des Kapitalismus*: Wiener Volksbuchhandlung.（岡崎次郎 訳,『金融資本論 (上下)』, 岩波書店, 1982年）.

Jackson, M. O. (2008). *Social and economic networks*: Princeton University Press.

Jackson, M. O. (2019). *The human network: How your social position determines your power, beliefs, and behaviors*: Pantheon Books.（依田光江 訳,『ヒューマン・ネットワーク：人づきあいの経済学』, 早川書房, 2020年）.

Jackson, M. O., and Wolinsky, A. (1996). "A strategic model of social and economic networks," *Journal of economic theory*, Vol. 71, No. 1, pp. 44–74.

Kadushin, C. (2012). *Understanding social networks: Theories, concepts, and findings*: Oxford University Press.（五十嵐祐 監訳,『社会的ネットワークを理解する』, 北大路書房, 2015年）.

Knack, S., and Keefer, P.(1997). "Does social capital have an economic payoff? A cross-country investigation," *The Quarterly Journal of Economics*, Vol. 112, No. 4, pp. 1251–1288.

Langville, A. N., and Meyer, C. D. (2009). *Google's PageRank and beyond: The science of search engine rankings*: Princeton University Press.（岩野和生・黒川利明・黒川洋 訳,『Google PageRankの数理：最強検索エンジンのランキング手法を求めて』, 共立出版, 2009年）.

Lin, N. (2001). *Social capital: A theory of social structure and action*: Cambridge University Press.

Luke, D. (2015). *A user's guide to network analysis in R*, Use R!: Springer International Publishing.

Mas-Colell, A., Whinston, M. D., and Green, J. R. (1995). *Microeconomic theory*: Oxford University Press.

Meyer, C. D. (2000). *Matrix analysis and applied linear algebra book*: SIAM: Society for Industrial and Applied Mathematics.

Minc, H. (1988). *Nonnegative matrices*: Wiley-Interscience.

Myerson, R. B. (1977). "Graphs and cooperation in games," *Mathmatics of Operations Research*, Vol. 2, No. 3, pp. 225–229.

Nannestad, P. (2008). "What have we learned about generalized trust, if anything?," *Annual Review of Political Science*, Vol. 11, pp. 413–436.

Nash, J. F. (1950). "Equilibrium points in n-person games," *Proceedings of the National Academy of Sciences*, Vol. 36, No. 1, pp. 48–49.

Nash, J. F. (1951). "Non-cooperative games," *Annals of Mathematics*, Vol. 54, No. 2, pp. 286–295.

Newman, M. E. J. (2003). "The structure and function of complex networks," *SIAM review*, Vol. 45, No. 2, pp. 167–256.

Newman, M. (2018). *Networks*: Oxford University Press, 2nd edition.

De Nooy, W., Mrvar, A., and Batagelj, V. (2018). *Exploratory social network analysis with Pajek*: Cambridge University Press, Third Edition.

Norris, J. R. (1997). *Markov chains*: Cambridge University Press.

Page, L., Brin, S., Motwani, R., and Winograd, T. (1998). "The PageRank citation ranking: Bringing order to the web," Technical Report SIDL-WP-1999-0120, *Stanford Digital Library Technologies*.

Putnam, R. D. (1993). *Making democracy work: Civic traditions in modern Italy*: Princeton University Press. (河田潤一 訳, 『哲学する民主主義：伝統と改革の市民的構造』, NTT出版, 2001年).

Putnam, R. D. (2000). *Bowling alone: The collapse and revival of American community*: Simon & Schuster. (柴内康文 訳, 『孤独なボウリング：米国コミュニティの崩壊と再生』, 柏書房, 2006年).

Rothstein, B., and Uslaner, E. M. (2005). "All for all: Equality, corruption, and social trust," *World Politics*, Vol. 58, No. 1, pp. 41–72.

Sobel, J. (2002). "Can we trust social capital?," *Journal of economic literature*, Vol. 40, No. 1, pp. 139–154.

Strang, G. (2009). *Introduction to linear algebra*: Wellesley-Cambridge Press, 4th edition.

Uslaner, E. M., and Brown, M. (2005). "Inequality, trust, and civic engagement," *American Politics Research*, Vol. 33, No. 6, pp. 868–894.

Valente, T. W. (2010). *Social networks and health: Models, methods, and applications*: Oxford University Press. (森亨・安田雪 訳, 『社会ネットワークと健康：「人のつながり」から健康をみる』, 東京大学出版会, 2018年).

Vega-Redondo, F. (1996). *Evolution, games, and economic behaviour*: Oxford University Press.

Vega-Redondo, F. (2003). *Economics and the theory of games*: Cambridge University Press.

Wasserman, S., and Faust, K. (1994). *Social network analysis: Methods and applications*, Structural analysis in the social sciences: Cambridge University Press. (平松闊・宮垣元 訳, 『社会ネットワーク分析：「つながり」を研究する方法と応用』, ミネルヴァ書房, 2022年, 8章までの訳).

Wasserstein, R. L., and Lazar, N. A. (2016). "The ASA's statement on p-values: Context, process, and purpose," *American Statistician*, Vol. 70, No. 2, pp. 129–133.

Weibull, J. W. (1995). *Evolutionary game theory*: The MIT Press.

Whiteley, P. F. (2000). "Economic growth and social capital," *Political Studies*, Vol. 48, No. 3, pp. 443–466.

Young, H. P. (1998). *Individual strategy and social structure: An evolutionary theory of institutions*: Princeton University Press.

浅古泰史 (2018). 『ゲーム理論で考える政治学：フォーマルモデル入門』, 有斐閣.

東浩紀 (2017). 『ゲンロン0　観光客の哲学』, 株式会社ゲンロン.

稲葉陽二 (2007). 『ソーシャル・キャピタル：「信頼の絆」で解く現代経済・社会の諸課題』, 生産性出版.

岩井克人 (2003). 『会社はこれからどうなるのか』, 平凡社.

岩崎学・吉田清隆 (2006). 『統計的データ解析入門　線形代数』, 東京図書.

大西広 (1992). 『資本主義以前の「社会主義」と資本主義後の社会主義―工業社会の成立とその終焉』, 大月書店.

岡村寛之 (2009). 「マルコフ連鎖の極限推移確率とWebリンク解析」, 『オペレーションズ・リサーチ』, 第

54巻，第12号，739–743頁.

笠原晧司 (1982). 『線形代数学』，サイエンス社.

金澤悠介 (2019). 「一般的信頼についての質問は何を測定しているのか？：潜在クラス分析をもちいたアプローチ」，『社会学年報』，第48号，95–113頁.

金光淳 (2020). 『「3密」から「3疎」への社会戦略：ネットワーク分析で迫るリモートシフト』，明石書店.

神取道宏 (2014). 『ミクロ経済学の力』，日本評論社.

菊地浩之 (2006). 『役員ネットワークからみる企業相関図』，日本経済評論社.

小杉素子・山岸俊男 (1998). 「一般的信頼と信頼性判断」，『心理学研究』，第69巻，第5号，349–357頁.

小山昭雄 (1999). 『経済数学教室　別巻　確率論』，岩波書店.

齋藤正彦 (1966). 『線型代数入門』，東京大学出版会.

佐藤嘉倫・平松闊 (編著) (2005). 『ネットワーク・ダイナミクス：社会ネットワークと合理的選択 (数理社会学シリーズ)』，勁草書房.

数理社会学会数理社会学事典刊行委員会 編 (2022). 『数理社会学事典』，丸善出版.

鈴木努 (2017). 『ネットワーク分析 (Rで学ぶデータサイエンス8) 』，共立出版，第2版.

田口聡志 (2020). 『教養の会計学：ゲーム理論と実験でデザインする』，ミネルヴァ書房.

辻竜平・針原素子 (2010). 「中学生の人間関係の認知・評価と一般的信頼」，『理論と方法』，第25巻，第1号，31–47頁.

戸堂康之 (2020). 『なぜ「よそ者」とつながることが最強なのか：生存戦略としてのネットワーク経済学入門』，プレジデント社.

中野勉 (2011). 『ソーシャル・ネットワークと組織のダイナミクス：共感のマネジメント』，有斐閣.

二階堂副包 (1960). 『現代経済学の数学的方法：位相数学による分析入門』，岩波書店.

二階堂副包 (1961). 『経済のための線型数学 (新数学シリーズ22)』，培風館.

西口敏宏 (2007). 『遠距離交際と近所づきあい：成功する組織ネットワーク戦略』，NTT出版.

沼上幹・軽部大・加藤俊彦・田中一弘・島本実 (2007). 『組織の重さ：日本的企業組織の再点検』，日本経済新聞出版社.

野沢慎司 (編) (2006). 『リーディングス　ネットワーク論：家族・コミュニティ・社会関係資本』，勁草書房.

平岡和幸・堀玄 (2004). 『プログラミングのための線形代数』，オーム社.

藤山英樹 (2007). 『統計学からの計量経済学入門』，昭和堂.

藤山英樹 (2013). 「ボナチッチの2つの中心性概念について」，『情報学研究』，第2巻，84–91頁.

藤山英樹 (2014). 「社会関係資本と大学のゼミナール活動：CPZ(2009) モデルによるネットワーク効果を中心に」，『理論と方法』，第29巻，167–189頁.

増田直紀・今野紀雄 (2010). 『複雑ネットワーク：基礎から応用まで』，近代科学社.

三隅一人 (2013). 『社会関係資本：理論統合の挑戦 (叢書・現代社会学)』，ミネルヴァ書房.

三宅敏恒 (1991). 『入門線形代数』，培風館.

森見登美彦 (2005). 『四畳半神話大系』，太田出版.

安田雪 (2001). 『実践ネットワーク分析：関係を解く理論と技法』，新曜社.

山岸俊男 (1998). 『信頼の構造：こころと社会の進化ゲーム』，東京大学出版会.

渡辺隆裕 (2008). 『ゼミナール　ゲーム理論入門』，日本経済新聞出版社.

A

B

C

D

E

F

G

H

I

〈著者略歴〉

藤 山 英 樹 （ふじやま　ひでき）

1995 年　京都大学 経済学部 経済学科 卒業
2000 年　京都大学大学院 経済学研究科 博士後期課程 単位取得満期退学
2000 年　獨協大学 経済学部 経済学科 専任講師
2003 年　京都大学 博士（経済学）
2013 年　獨協大学 経済学部 国際環境経済学科 教授、現在に至る。

〈主な著作〉
『情報財の経済分析』（昭和堂、2005）
『統計学からの計量経済学入門』（昭和堂、2007）
Fujiyama, H. (2020). "Network centrality, social loops, and optimization," *Evolutionary and Institutional Economic Review*, Vol. 17, No. 1, pp. 39–70.
Fujiyama, H., Kamo, Y., and Schafer, M. (2021). "Peer effects of friend and extracurricular activity networks on students' academic performance," *Social Science Research*, Vol. 97, 102560.
Fujiyama, H., and Fujimoto, K. (2018). "Stochastic actor-oriented models for multiplex conversation-advice network dynamics based on the self-determination theory," *Sociological Theory and Methods* (『理論と方法』), Vol. 33, No. 1, pp. 79–93.

●装幀・本文デザイン　田中雪穂（画房 雪）

ゲーム理論からの社会ネットワーク分析

2023 年 10 月 25 日　　第 1 版第 1 刷発行

著　　者　藤 山 英 樹
発 行 者　村 上 和 夫
発 行 所　株式会社 オーム社
　　　　　郵便番号　101-8460
　　　　　東京都千代田区神田錦町 3-1
　　　　　電話　03(3233)0641（代表）
　　　　　URL https://www.ohmsha.co.jp/

© 藤山英樹 2023

組版 Green Cherry　印刷・製本　三美印刷
ISBN978-4-274-23089-9　Printed in Japan

本書の感想募集 https://www.ohmsha.co.jp/kansou/
本書をお読みになった感想を上記サイトまでお寄せください。
お寄せいただいた方には、抽選でプレゼントを差し上げます。